Noack · Unger · Geretschläger · Stocker

Mathe mit dem Känguru 3

AF720816

Mathe mit dem Känguru

Herausgeber sind die leitenden Organisatoren des Känguru-wettbewerbs in ihren Ländern.

Dr. Monika Noack, Deutschland
http://www.mathe-kaenguru.de

Dipl.-Math. Alexander Unger, Deutschland
http://www.mathe-kaenguru.de

Dr. Robert Geretschläger, Österreich
http://www.kaenguru.at

Hansjürg Stocker, dipl. Math. ETH, Schweiz
http://www.vsmp.ch/dmk

Mathe mit dem Känguru 3

Die schönsten Aufgaben von 2009 bis 2011

von Monika Noack, Alexander Unger,
Robert Geretschläger und Hansjürg Stocker

Fachbuchverlag Leipzig
im Carl Hanser Verlag

Herausgeber

Dr. rer. nat. Monika Noack

Humboldt-Universität zu Berlin
Institut für Mathematik

Dipl.-Math. Alexander Unger

Humboldt-Universität zu Berlin
Institut für Mathematik

Dr. Robert Geretschläger

Bundesrealgymnasium Kepler Graz

Hansjürg Stocker, dipl. Math. ETH

Freies Gymnasium Zürich

Bibliografische Information der Deutschen Nationalbibliothek
Die Deutsche Nationalbibliothek verzeichnet diese Publikation in der Deutschen Nationalbibliografie; detaillierte bibliografische Daten sind im Internet über http://dnb.d-nb.de abrufbar.

ISBN 978-3-446-42820-1
E-Book-ISBN 978-3-446-42943-7

Fachbuchverlag Leipzig im Carl Hanser Verlag

Vilshofener Straße 10 | 81679 München | info@hanser.de
http://www.hanser.de
Lektorat: Christine Fritzsch
Herstellung: Katrin Wulst
Satz: Monika Noack, Berlin
Druck und Binden: CPI books GmbH, Leck

Printed in Germany

Vorwort

Als im Jahre 1994 in zehn europäischen Ländern ein Mathematikwettbewerb ins Leben gerufen wurde mit dem Ziel, möglichst viele Schülerinnen und Schüler zu erreichen und ihnen Lust auf Mathematik und Freude beim Lösen mathematischer Aufgaben zu bereiten, begann damit eine erstaunliche Erfolgsgeschichte. Die Wettbewerbsidee kommt aus Australien und war der Grund für die Wahl des Namens „Känguru der Mathematik“. Eine stetig wachsende Zahl von Teilnehmerländern und Teilnehmenden hat „Känguru der Mathematik“ mit mehr als 6 Millionen Teilnehmern inzwischen zum weltweit größten Mathematikwettbewerb werden lassen.

Mit interessanten, abwechslungsreichen Aufgaben und damit, dass es sich um einen Multiple-Choice-Wettbewerb handelt, bei dem eine gefundene, manchmal nur erahnte Lösung nicht schriftlich exakt begründet werden muss, gelingt es, Schülerinnen und Schüler für die Teilnahme zu gewinnen. Die Attraktivität der Aufgaben rührt daher, dass alle Teilnehmerländer ihre Ideen dazu einbringen, dass sich darin die unterschiedlichen mathematischen und mathematikdidaktischen Traditionen dieser Länder wiederfinden – und dass sie mit Liebe und Witz in die jeweilige Landessprache übertragen werden. Die Aufgaben sind natürlich nicht nur im Wettbewerb zu nutzen. Sie können in Zirkeln und Arbeitsgemeinschaften, in der Familie, in Vertretungsstunden und ebenso, wenn es gut passt, direkt im Unterricht Verwendung finden – dann besser ohne Antwortenvorgabe.

Beim Wettbewerb gibt es fünf Teilnehmergruppen: Ecolier, Benjamin, Cadet, Junior und Student, die den Altersgruppen der Klassenstufen 3/4 bis 11/13 entsprechen. Für jede Gruppe gibt es ein Paket von 30 Aufgaben (für die Jüngeren etwas weniger), die in 75 Minuten zu lösen sind. In jedem Jahr ist am 3. Donnerstag im März „Kängurutag“. Dann knobeln überall in den Teilnehmerländern Schülerinnen und Schüler über den gleichen Aufgaben.

Die Lösungshinweise beginnen mit der Angabe des richtigen Lösungsbuchstabens. Beim Formulieren der Hinweise wurde im Regelfall berücksichtigt, für welche Klassenstufen die entsprechende Aufgabe gestellt wurde, etwas ausführlicher sind sie also, wenn der ursprüngliche Adressat ein Teilnehmer aus der 3. und 4. Klassenstufe (Ecolier) war und knapper für die Sekundarstufe II (Student).

In jedem Jahr gibt es Aufgaben, die wegen ihres interessanten mathematischen Gehalts in mehr als einer Klassenstufe ausgewählt werden. Dann sollen durch unterschiedliche Modelle oder durch Änderungen in den Werten die Aufgaben an die verschiedenen Klassenstufen angepasst werden. Einige solcher „Doppelaufgaben“ sind auch im Buch enthalten. Zu Beginn der Kapitel wird darauf hingewiesen. Damit soll eine Anregung gegeben werden, wie mit dem mathematischen Inhalt bekannter Aufgaben neue, vielleicht auch das Umfeld einer Klasse oder Gruppe einbeziehende Aufgaben entstehen können.

Die Herausgeber sind in ihren Ländern Ansprechpartner für den Känguruwettbewerb. Sie haben für die vorliegende Sammlung die anregendsten, mathematisch interessantesten Aufgaben herausgesucht und inhaltlich sortiert. In den einzelnen Abschnitten sind die Aufgaben nach steigender Schwierigkeit geordnet.
Am Ende einer jeden Aufgabe findet sich kleingedruckt die Angabe, in welcher Altersgruppe und als wievielte Aufgabe das Beispiel in welchem Jahr im Wettbewerb zu lösen war. Während die Aufgaben für die deutschen und die deutschschweizerischen Teilnehmer von den Organisatoren aus beiden Ländern gemeinsam aus den international erarbeiteten Aufgabenvorschlägen in eine deutsche Fassung gebracht werden und folglich identisch sind, übertragen die österreichischen Organisatoren die Aufgaben separat. Da es gemäß Satzung gestattet ist, je Altersgruppe fünf der Aufgaben gegen andere zu tauschen, was vor allem dann zum Einsatz kommt, wenn die Voraussetzungen zum Lösen einer Aufgabe durch den Schullehrplan nicht gegeben sind, finden sich in der Sammlung auch Aufgaben, die nur in Deutschland und der Schweiz oder nur in Österreich im Wettbewerb gestanden haben.

Am Entstehen der vorliegenden Aufgabensammlung haben viele mitgewirkt. Das sind zuallererst die Erfinder der Aufgaben in den vielen Teilnehmerländern. Es folgen jene, die an der Erarbeitung der deutschsprachigen Aufgabenstellungen und an der Ausarbeitung und Korrektur der Lösungshinweise mitgewirkt haben. Neben den Herausgebern waren dies Ulf Hutschenreiter, Antje Noack und Dorothea Vigerske aus Deutschland, Gottfried Perz und Gerhard Plattner aus Österreich sowie Meike Akveld, Maria Cannizzo und Alfred Vogelsanger aus der Schweiz. Die Zeichnungen wurden von Carina Hübner, Alexander Unger und Monika Noack angefertigt.

Frau Christine Fritzsch vom Fachbuchverlag Leipzig hat auch den Entstehungsprozess des dritten Bandes „Mathe mit dem Känguru“ in vielen wertvollen Diskussionen sachkundig und ideenreich unterstützt. Für die sehr angenehme, vertrauensvolle Zusammenarbeit sprechen ihr die Herausgeber ein weiteres Mal ihren herzlichen Dank aus.

Berlin, Graz, Zürich, im Herbst 2011 — Die Herausgeber

Inhaltsverzeichnis

1 Zahlen und Rechnen

1.1 Rechnereien zum Aufwärmen

Die ersten Aufgaben im dritten Kängurubuch sind wie in den beiden Vorgängerbüchern Aufwärmübungen. Bevor es richtig losgeht, soll die „Denkmechanik“ erst einmal geschmiert und in Gang gesetzt werden und dabei gleichzeitig auch Lust auf das wirkliche Knobeln entstehen. Dazu sind Rechenübungen bestens geeignet, zumal wenn sie nicht zu ernst daherkommen.

Ähnliche Aufgaben: **1.4**, **1.5** und **1.14**

A 1.1 Wie viel ist $12 + 23 + 34 + 45 + 56 + 67 + 78 + 89$?

(**A**) 303 (**B**) 389 (**C**) 396 (**D**) 404 (**E**) 438

A-Kad (1), D/CH-7/8 (1) -10

A 1.2 Vier der fünf eingerahmten Zahlen sind in die Additionsaufgabe einzusetzen, sodass diese korrekt ist. Welche der eingerahmten Zahlen ist *nicht* dabei?

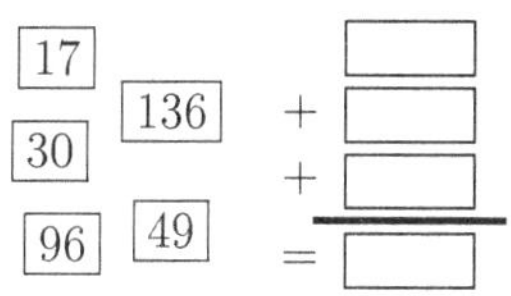

(**A**) 17 (**B**) 30 (**C**) 49 (**D**) 96 (**E**) 136

D/CH-5/6 (4) -11

A 1.3 Anstatt $25 \cdot 84$ zu rechnen, bilde ich zuerst $100 \cdot 84$. Was muss ich danach tun, um das Resultat von $25 \cdot 84$ zu erhalten?

(**A**) durch 4 teilen (**B**) mit 4 multiplizieren (**C**) 75 abziehen
(**D**) 75 addieren (**E**) durch 0,25 teilen

D/CH-5/6 (2) -09

A 1.4 Wenn die Summe in beiden Reihen gleich groß ist, welche Zahl gehört dann an die Stelle des ★?

1	2	3	4	55
11	12	13	14	★

(**A**) 10 (**B**) 12 (**C**) 14 (**D**) 15 (**E**) 16

A-Eco (17), D/CH-3/4 (13) -10

A 1.5 Wenn die Summe der Zahlen in beiden Zeilen der Tabelle gleich ist, welche Zahl gehört dann an die Stelle des Sterns?

1	2	3	4	5	12345
−1	−2	−3	−4	−5	★

(A) 12465 (B) 12321 (C) 12456 (D) 12375 (E) 12330

A-Stu (2), D/CH-11/13 (2) -10

Jonglieren mit den Jahreszahlen

Um die Rechenübungen abwechslungsreicher zu gestalten, um ihnen das Mechanische, das ja zu jedem Üben gehört, ein wenig zu nehmen bzw. es in den Hintergrund zu drängen, ist es hilfreich, „attraktive" Zahlen zu verwenden. So lässt es sich z. B. gut mit den Jahreszahlen knobeln, wie die folgenden Aufgaben zeigen.

A 1.6 $200 \cdot 9 + 200 + 9 =$

(A) 418 (B) 1909 (C) 2009 (D) 4018 (E) 20009

A-Eco (1), D/CH-3/4 (1) -09

A 1.7 Wie viel ist $20 : 10 + 20 \cdot 10 - 201 + 0$?

(A) 2010 (B) 20 (C) 10 (D) 1 (E) 0

D/CH-3/4 (3) -10

A 1.8 $2011 - 1102 =$

(A) 909 (B) 1809 (C) 1109 (D) 1009 (E) 809

D/CH-5/6 (3) -11

A 1.9 Welche Zahl ist um 201 kleiner als 2010?

(A) 1809 (B) 1909 (C) 1899 (D) 1999 (E) 1989

D/CH-3/4 (5) -10

A 1.10 $200 \cdot 9 + 20 \cdot 9 + 2 \cdot 9 + 9 + 2 =$

(**A**) 1998 (**B**) 1999 (**C**) 2008 (**D**) 2009 (**E**) 2010

D/CH-7/8 (1) –09

A 1.11 Welcher der folgenden Ausdrücke hat einen Wert, der von dem der anderen verschieden ist?

(**A**) $20 \cdot 10 + 20 \cdot 10$ (**B**) $(20 : 10) \cdot 20 \cdot 10$ (**C**) $20 \cdot 10 \cdot (20 : 10)$
(**D**) $20 \cdot 10 + 10 \cdot 20$ (**E**) $(20 : 10) \cdot 20 + 10$

A-Ben (11) –10

A 1.12 Bei welcher der folgenden Rechnungen ist das Ergebnis eine gerade Zahl?

(**A**) $2009 \cdot 2009$ (**B**) 200×9 (**C**) $9-0+0-2$ (**D**) $200 - 9$ (**E**) $200 + 9$

A-Ben (2) und Cad (1), D/CH-5/6 (1) –09

A 1.13 Welche der folgenden Zahlen ist durch 3 teilbar?

(**A**) 2009 (**B**) $2 + 0 + 0 + 9$ (**C**) $200 - 9$
(**D**) 2^9 (**E**) $(2 + 0) \cdot (0 + 9)$

A-Jun (1) –09

A 1.14 Wenn die Summe der Zahlen in beiden Zeilen der Tabelle gleich ist, welche Zahl gehört dann an die Stelle des ★?

1	2	3	4	5	6	7	8	9	10	2010
11	12	13	14	15	16	17	18	19	20	★

(**A**) 1010 (**B**) 1020 (**C**) 1910 (**D**) 1990 (**E**) 2020

A-Jun (3), D/CH-9/10 (1) –10

A 1.15 Was ist das Resultat der Division von 20102010 durch 2010?

(**A**) 11 (**B**) 101 (**C**) 1001
(**D**) 10001 (**E**) es ist keine ganze Zahl

A-Jun (1), D/CH-9/10 (2) –10

A 1.16 Welcher der folgenden Werte ist am größten?

(**A**) 2011^1 (**B**) 1^{2011} (**C**) $1 \cdot 2011$ (**D**) $1 + 2011$ (**E**) $\frac{1}{2011}$

A-Kad (1), D/CH-7/8 (2) –11

A 1.17 Wie viele ganze Zahlen liegen zwischen 19,03 und 2,009?

(**A**) 14 (**B**) 15 (**C**) 16 (**D**) 17 (**E**) mehr als 17

A-Ben (3), D/CH-5/6 (6) –09

A 1.18 $\frac{2011 \cdot 20{,}11}{2{,}011 \cdot 201{,}1} =$

(**A**) 0,01 (**B**) 0,1 (**C**) 1 (**D**) 10 (**E**) 100

A-Kad (11), D/CH-7/8 (7) –11

Bemerkenswerte Bruchrechnung

Zur Lösung der folgenden Aufgaben ist zwar die Beherrschung der oft gefürchteten Regeln der Bruchrechnung erforderlich, jedoch sind die Aufgaben sehr abwechslungsreich, keine gleicht der anderen, und jede liefert mit ihrem Ergebnis gleich noch ein Stück Erkenntnis über die Welt der gebrochenrationalen Zahlen.

A 1.19 Auf dem Zahlenstrahl sind die Brüche $\frac{1}{5}$ und $\frac{1}{3}$ eingetragen. Wo befindet sich $\frac{1}{4}$?

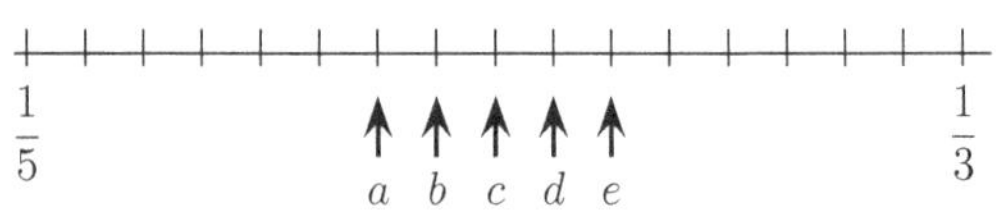

(**A**) in a (**B**) in b (**C**) in c (**D**) in d (**E**) in e

A-Kad (23), D/CH-7/8 (28) –09

A 1.20 $\frac{1}{2 \cdot 2009} + \frac{1}{3 \cdot 2009} + \frac{1}{6 \cdot 2009} =$

(**A**) $\frac{1}{2009}$ (**B**) $\frac{2}{2009}$ (**C**) $\frac{1}{2 \cdot 2009}$ (**D**) $\frac{12}{2009}$ (**E**) $\frac{1}{12 \cdot 2009}$

D/CH-9/10 (1) –09

A 1.21 Es ist $\frac{1}{2}$ von $\frac{2}{3}$ von $\frac{3}{4}$ von $\frac{4}{5}$ von $\frac{5}{6}$ von $\frac{6}{7}$ von $\frac{7}{8}$ von $\frac{8}{9}$ von $\frac{9}{10}$ von 1000 gleich

(**A**) 2500 (**B**) 250 (**C**) 200
(**D**) 100 (**E**) nichts von alledem

A-Jun (6), D/CH-9/10 (3) -09

A 1.22 Was ist am größten?

(**A**) $\frac{2}{3}$ von 4 (**B**) $\frac{3}{4}$ von 5 (**C**) $\frac{4}{5}$ von 6 (**D**) $\frac{5}{6}$ von 7 (**E**) $\frac{6}{7}$ von 8

D/CH-7/8 (11) -11

A 1.23 Wie viele Nullen müssen an die Stelle des $*$ bei dem Dezimalbruch $1,{*}1$ geschrieben werden, damit die entstehende Zahl kleiner als $\frac{2009}{2008}$, aber größer als $\frac{20009}{20008}$ ist?

(**A**) 1 (**B**) 2 (**C**) 3 (**D**) 4 (**E**) 5

A-Jun (21), D/CH-9/10 (19) -09

A 1.24 Das kleinste gemeinsame Vielfache von 24 und x ist kleiner als das kleinste gemeinsame Vielfache von 24 und y. Welchen der folgenden Werte kann $\frac{x}{y}$ *nicht* annehmen?

(**A**) $\frac{7}{8}$ (**B**) $\frac{8}{7}$ (**C**) $\frac{2}{3}$ (**D**) $\frac{6}{7}$ (**E**) $\frac{7}{6}$

D/CH-7/8 (30) -10

1.2 Aufgepasst! Zum Abzählen gehört Akkuratesse!

Es gibt Mathematikaufgaben, bei denen wir das Gefühl haben, dass sie fast mit gesundem Menschenverstand allein zu lösen sind. Wir brauchen Textverständnis, die Fähigkeit, einfache Strukturen zu erkennen, die Fähigkeit zu zählen, man könnte zu der Auffassung kommen, es seien nahezu keine Voraussetzungen aus dem Schulstoff vonnöten.

Allerdings erlernen wir vom eben Erwähnten vieles dennoch tatsächlich gerade im Mathematikunterricht, wenn auch nahezu nebenbei. Eine Unterrichtseinheit „Textverständnis" wird sich schwer finden lassen, obwohl doch das Lösen der bei vielen Schülerinnen und Schülern ungeliebten Textaufgaben zu einem wesentlichen Teil die genaue Analyse des Aufgabentextes beinhaltet.

A 1.25 Bei einem Regenguss ist vor der Haustür eine große Schlammpfütze entstanden. Ilona und Tino wollen gerade ins Haus gehen, als sie beide mit je einem Bein hinein geraten: Ilona mit dem linken, Tino mit dem rechten. Bis zu den Hausschuhen macht Ilona 12 und Tino 8 Schritte. Wie viele Schlammtapsen hinterlassen die beiden?

(**A**) 8 (**B**) 10 (**C**) 11 (**D**) 12 (**E**) 20

D/CH-3/4 (8) –09

A 1.26 Bea hilft Lea beim Streichen der langen Wand im Flur. Lea möchte senkrechte Streifen, abwechselnd rote und gelbe, je 50 cm breit. Der erste und der letzte Streifen sollen rot sein. Bea misst die Wand und stellt fest: „Das werden insgesamt 6 rote Streifen, das geht genau auf." Wie lang ist die Wand?

(**A**) 4,50 m (**B**) 5,50 m (**C**) 6,50 m (**D**) 7,50 m (**E**) 8,50 m

A-Kad (3), D/CH-7/8 (1) –11

A 1.27 Zum Kängurutag soll ein großer bunter Würfel gleich am Eingang unserer Schule aufgehängt werden. Wenzel streicht alle Seitenflächen des Würfels, an jedem Tag genau eine. Am Mittwoch streicht er die erste. Wann ist die letzte Seitenfläche dran?

(**A**) am Sonntag (**B**) am Montag (**C**) am Dienstag
(**D**) am Mittwoch (**E**) am Donnerstag

A-Ben (1), D/CH-5/6 (1) –11

A 1.28 Für das Aneinanderschweißen dreier Rohrabschnitte zu einem langen Rohr werden 18 Minuten benötigt. Wie viel Zeit muss dann – gleiche Arbeitsgeschwindigkeit vorausgesetzt – für das Aneinanderschweißen von sechs Rohrabschnitten zu einem Rohr geplant werden?

(**A**) 27 Minuten (**B**) 30 Minuten (**C**) 36 Minuten
(**D**) 42 Minuten (**E**) 45 Minuten

A-Kad (14), D/CH-7/8 (6) –10

A 1.29 Im Stadion sitzt Ines direkt neben einer großen Anzeige. Darauf sind die Zuschauerzahlen zu sehen. Sie werden mit quadratischen Klapptafeln gebildet, die eine graue und eine weiße Seite haben. Ines liest die Zahl 860 und stellt fest, dass durch Umklappen einer Tafel aus der 8 eine 9 werden könnte. Wie viele Tafeln müssten insgesamt umgeklappt werden, damit aus der 860 die 903 wird?

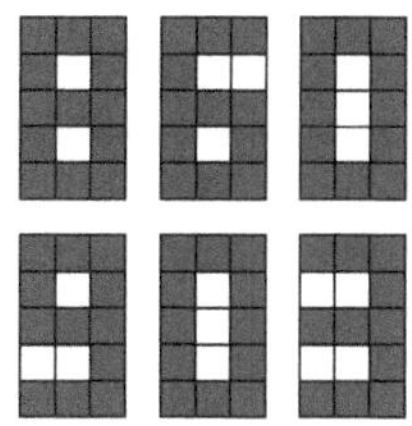

(**A**) 5 (**B**) 6 (**C**) 7 (**D**) 8 (**E**) 9

A-Eco (4), D/CH-3/4 (6) –09

A 1.30 „Ferienzeit ist Eiszeit!“ jubeln vier Freunde, bevor sie zum 15 km entfernten Badesee radeln. Der Weg dorthin gabelt sich zweimal an sumpfigen Wiesen. „Lasst uns den Weg mit den meisten Eisdielen finden!“ lautet die Devise. Jeder der vier wählt eine der vier möglichen Strecken und zählt beim Radeln die Eisdielen am Wegesrand. Welche Zahl kann *keiner* erhalten?

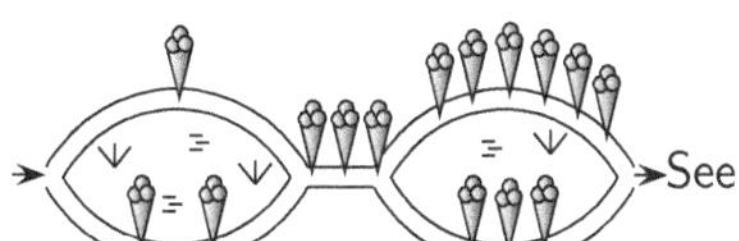

(**A**) 7 (**B**) 8 (**C**) 9 (**D**) 10 (**E**) 11

A-Ben (3), D/CH-5/6 (5) –10

A 1.31 Nina und Leo haben mit ihren Eltern hoch in einer alten Eiche ein Baumhaus gebaut. Eine Strickleiter mit 21 Sprossen führt nach oben. Als Nina runterklettern will, ruft Leo: „Pass auf, Nina, die 6. Sprosse von unten ist schmutzig!“ Bei der wievielten Sprosse von oben soll Nina aufpassen?

(**A**) bei der 16. (**B**) bei der 15. (**C**) bei der 14. (**D**) bei der 13. (**E**) bei der 12.

A-Ben (4), D/CH-5/6 (6) –10

A 1.32 In der Schlange an der Kinokasse entdecke ich meine Lehrerin. Hinter ihr stehen noch 8 Leute, auch Kai, mit dem ich für den Film verabredet bin. Er steht 3 Plätze hinter meiner Lehrerin und ruft mir zu: „Vor mir sind noch 12 Leute, dann bin ich dran!“ Wie lang ist die Schlange?

(**A**) 21 (**B**) 20 (**C**) 19 (**D**) 18 (**E**) 17

D/CH-7/8 (17) -09

A 1.33 Alex lädt Lotte zu sich zum Lernen ein. „Die Straße, in der ich wohne, beginnt am Park. Wenn du von dort kommst, ist es das 28. Haus auf der linken Straßenseite. Kommst du aber vom anderen Ende, dann ist es das 14. Haus auf der rechten Seite“, erklärt Alex.

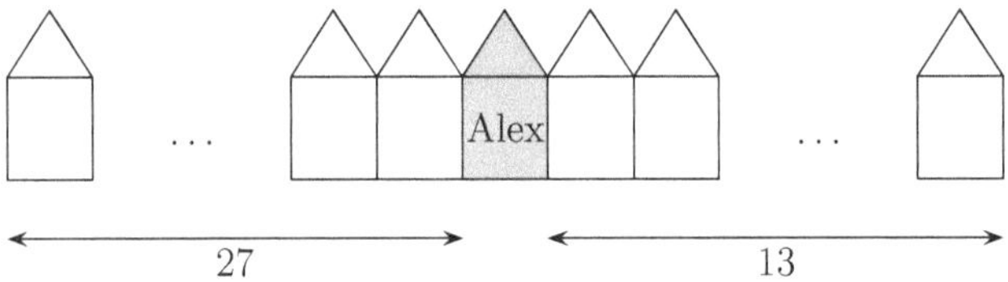

„Dann wohnst du ja ganz nah bei Paul“, sagt Lotte, „Pauls Haus ist das mittlere auf deiner Straßenseite.“ Wie viele Häuser sind zwischen denen von Alex und Paul?

(**A**) 6 (**B**) 7 (**C**) 8 (**D**) 14 (**E**) 21

A-Eco (18), D/CH-3/4 (18) -09

A 1.34 Ingo und Tom wohnen im selben Hochhaus, Ingo zwölf Stockwerke höher als Tom. Wenn Tom Ingo besucht, läuft er die Treppen hoch und macht nach der Hälfte des Wegs, das ist im achten Stock, eine Pause. In welchem Stockwerk wohnt Ingo?

(**A**) im 12. (**B**) im 14. (**C**) im 16. (**D**) im 20. (**E**) im 22.

A-Eco (11), D/CH-3/4 (21) -10

1.3 Kleine Rechengeschichten

Es folgen Aufgaben, bei denen aus der kleinen Geschichte zuerst herauszufiltern ist, was gerechnet werden muss. Dazu ist es zum Teil vernünftig, Gleichungen zu bilden. Viele der noch gut zu überblickenden Aufgaben können jedoch auch mit einer kleinen Nebenrechnung oder sogar im Kopf gelöst werden, ohne dass explizit eine Gleichung aufgestellt wird.

Ähnliche Aufgaben: **1.39** und **1.42**

A 1.35 Gestern habe ich im Garten 16 sonnenreife Äpfel gepflückt. Die Hälfte gab ich meiner Mutter für den Sonntagskuchen. Dann hab ich drei gegessen, und mein Vater aß den Rest. Wie viele Äpfel hat mein Vater gegessen?

(**A**) 3 (**B**) 4 (**C**) 5 (**D**) 6 (**E**) 8

A-Eco (3), D/CH-3/4 (3) -09

A 1.36 Ein Spielwürfel hat auf seinen Seiten 1, 2, 3, 4, 5 und 6 Punkte. Die beiden Würfel auf dem Bild sind mit ihren 6-Punkt-Seiten zusammengeklebt. Wie viele Punkte sind auf allen anderen Seiten zusammen?

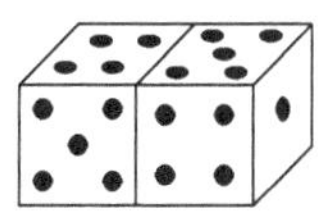

(**A**) 15 (**B**) 18 (**C**) 20 (**D**) 25 (**E**) 30

D/CH-3/4 (8) -10

A 1.37 Während einer Party wurden zwei gleiche Kuchen in je vier gleiche Stücke geschnitten. Jedes dieser Stücke wurde wieder in drei gleiche Stücke geschnitten. Jeder Partybesucher bekam ein Stück, und es blieben drei Stück übrig. Wie viele Besucher waren bei der Party?

(**A**) 24 (**B**) 21 (**C**) 18 (**D**) 27 (**E**) 13

A-Eco (16) -11

A 1.38 Ole will sich ein Heft und eine Buchhülle kaufen. An der Kasse sieht er Isa und Ron. Isa bezahlt gerade 1,80 € für 3 Hefte. Und Ron bezahlt 0,85 € für eine Buchhülle. Da weiß Ole, wie viel er bezahlen muss. Es sind

(**A**) 1,10 € (**B**) 1,15 € (**C**) 1,25 € (**D**) 1,30 € (**E**) 1,45 €

A-Eco (6), D/CH-3/4 (7) -11

A 1.39 Beim Sportunterricht waren wir heute 24 Kinder, und zwar zwei Mädchen mehr als Jungen. Wie viele Jungen waren beim Sport?

(**A**) 8 (**B**) 10 (**C**) 11 (**D**) 14 (**E**) 15

D/CH-3/4 (7) –10

A 1.40 Jörg ist stolzer Besitzer von 20 prächtigen Rassekaninchen. Heute sollte jedes Kaninchen eine Möhre bekommen. Leider waren die Möhren auf dem Markt fast ausverkauft. Jörg bekam nur 8 Stück, allerdings recht große. Er bricht einige Möhren einzeln in Stücke, um für jedes Kaninchen genau ein Stück zu haben. Wie oft muss er die Möhren insgesamt brechen?

(**A**) 8-mal (**B**) 9-mal (**C**) 12-mal (**D**) 14-mal (**E**) 20-mal

D/CH-7/8 (4) –10

A 1.41 Gestern gab es zur Erwärmung in der Mathe-AG ein Wettrechnen mit 10 Aufgaben. Zu Beginn hat jeder 10 Punkte bekommen. Für jede richtige Lösung gab es einen Punkt dazu. Für jede falsche Lösung wurde ein Punkt abgezogen. Gisa hat für ihre 10 Lösungen insgesamt 16 Punkte bekommen. Wie viele Aufgaben hatte sie richtig?

(**A**) 5 (**B**) 6 (**C**) 7 (**D**) 8 (**E**) 9

A-Eco (14), D/CH-3/4 (11) –11

A 1.42 Ein schwarzes und ein weißes Schaf brachten zusammen 6 kg Wolle bei der Schur. Das weiße Schaf ist ein bisschen größer und lieferte darum 1 kg Wolle mehr als das schwarze Schaf. Wie viel Wolle lieferte das weiße Schaf?

(**A**) $5\,\text{kg}$ (**B**) $4{,}5\,\text{kg}$ (**C**) $4{,}25\,\text{kg}$ (**D**) $4\,\text{kg}$ (**E**) $3{,}5\,\text{kg}$

A-Eco (17), D/CH-3/4 (10) –09

A 1.43 Am Stadtmarathon haben in diesem Jahr 2009 Läufer teilgenommen. Die Zahl derjenigen, die Karla dabei besiegen konnte, ist dreimal so groß wie die Zahl der Läufer, die besser als Karla waren. Welchen Platz hat Karla belegt?

(**A**) 500 (**B**) 502 (**C**) 503 (**D**) 1505 (**E**) 1507

A-Jun (3), D/CH-9/10 (2) –09

A 1.44 Der Preis der Wegglis, die Ilse immer zum Frühstück kauft, liegt unter dem durchschnittlichen Brötchenpreis bei ihrem Bäcker. Als der Bäcker Rögglis als neue Sorte zu seinem Angebot dazunimmt, liegt der Weggli-Preis über dem Durchschnittspreis aller Brötchen. Dann gilt sicher:

(**A**) Rögglis sind billiger als Wegglis.
(**B**) Wegglis waren die billigsten Brötchen.
(**C**) Rögglis sind die billigsten Brötchen.
(**D**) Wegglis waren billiger als die Hälfte der Brötchen.
(**E**) Rögglis sind billiger als die Hälfte der Brötchen.

D/CH-9/10 (12) -09

Aufgaben mit Datum und Uhrzeit

A 1.45 Susi wird heute verreisen. Als ihr Vater sie wecken kommt, spielt sie bereits. Susi ist schon vor einer halben Stunde aufgestanden. Nun müssen noch 3 und eine halbe Stunde bis zur Zugabfahrt vergehen. Wie viele Stunden vor Abfahrt des Zuges ist Susi aufgestanden?

(**A**) 1 (**B**) 2 und eine halbe (**C**) 3
(**D**) 3 und eine halbe (**E**) 4

A-Eco (4), D/CH-3/4 (4) -11

A 1.46 Freitags kommt Elsas Mutter früher von der Arbeit nach Haus. Pünktlich um 15:50 Uhr startet sie dann für Elsa und ihre Freunde eine Märchenlesezeit. Die dauert immer eine halbe Stunde. Am letzten Freitag flog exakt nach der Hälfte der Zeit ein Maikäfer ins Zimmer. Das war genau um

(**A**) 16:00 Uhr (**B**) 16:05 Uhr (**C**) 16:10 Uhr (**D**) 16:15 Uhr (**E**) 16:20 Uhr

A-Eco (2), D/CH-3/4 (6) -10

A 1.47 Mein Bruder fährt für zwei Monate zum Praktikum, vom 1. Tag des ersten bis zum letzten Tag des zweiten Monats. Welche Zahl kann nicht die Anzahl seiner Tage am Praktikumsort sein?

(**A**) 62 (**B**) 61 (**C**) 60 (**D**) 59 (**E**) 58

D/CH-5/6 (4) -09

A 1.48 Unsere schöne alte Schuluhr schlägt zu jeder vollen Stunde die Stundenzahl, also um 7:00 Uhr 7-mal, um 8:00 Uhr 8-mal usw. Zu den halben Stunden, also um 7:30 Uhr, um 8:30 Uhr usw. schlägt sie jeweils einmal. Heute kam ich schon kurz vor 7:30 Uhr in die Schule. Um 10:15 Uhr verlasse ich die Schule zum Schwimmunterricht. Wie oft schlägt die Schuluhr heute, während ich in der Schule bin?

(**A**) 22-mal (**B**) 27-mal (**C**) 30-mal (**D**) 37-mal (**E**) 43-mal

A-Eco (7), D/CH-3/4 (13) –11

A 1.49 Tobias schreibt gern Geschichten. In seiner neuesten Geschichte gibt es einen Geist, der um 6:15 Uhr verschwindet und ab diesem Moment alle Uhren rückwärts laufen lässt. Um ihn zu besiegen, muss der Held der Geschichte herausfinden, welche Zeit die verzauberten Uhren zeigen, wenn der Geist um 19:30 Uhr (normale Zeit) zurückkehrt. Sie zeigen dann

(**A**) 17:00 (**B**) 17:45 (**C**) 18:30 (**D**) 19:00 (**E**) 19:15

A-Eco (22), D/CH-3/4 (17) –09

A 1.50 Der berühmte Chemie- und Friedensnobelpreisträger Linus Pauling wurde an einem Donnerstag geboren, in einem Monat, der nur 4 Donnerstage hatte. Im darauffolgenden Monat gab es 5 Freitage, 5 Samstage und 5 Sonntage. Für den auf diesen folgenden Monat traf dann gewiss zu: Er hatte

(**A**) genau 4 Dienstage (**B**) genau 4 Mittwoche (**C**) 5 Donnerstage
(**D**) 5 Freitage (**E**) 5 Samstage

A-Jun (11), D/CH-9/10 (13) –11

A 1.51 Wenn in einem Monat drei Dienstage auf ein geradzahliges Tagesdatum fallen, dann fällt der 21. dieses Monats auf einen

(**A**) Mittwoch (**B**) Donnerstag (**C**) Freitag (**D**) Samstag (**E**) Sonntag

A-Jun (17), D/CH-9/10 (15) –10

1.4 Primzahlen, Teilbarkeit und mehr

Natürliche Zahlen, denen wir im alltäglichen Leben überall begegnen, beim Zählen und Sortieren und Verteilen, aber auch beim Schätzen und beim Messen, gehören – wie ihr Name es treffend ausdrückt – unmittelbar zu unserem Leben. Und schnell werden wir bei etwas genauerer Betrachtung auch gewahr, dass sie Eigenschaften haben, die sich hervorragend eignen, Vorgänge zu erkennen und zu beschreiben bzw. kleine Alltagsprobleme zu lösen. Die folgenden Aufgaben sind Beispiele dafür. Es beginnt recht einfach, nimmt aber dann schnell an Schwierigkeit zu. Das mathematische Rüstzeug zum Lösen wird bereits in den unteren Schuljahren erworben, die Schlüsse allerdings, die zur Bewältigung der folgenden Beispiele erforderlich sind, setzen doch einige Übung in der Mathematik voraus.

Nicht ganz leicht, aber auch für Jüngere machbar

A 1.52 Das Produkt zweier Zahlen ist 48 und die Summe dieser beiden Zahlen ist 16. Um welche zwei Zahlen handelt es sich?

(**A**) 6 und 10 (**B**) 16 und 3 (**C**) 24 und 2 (**D**) 12 und 4 (**E**) 8 und 6

D/CH-3/4 (11) -09

A 1.53 Die Großmutter hat ein großes Blech Streuselkuchen für ihre Enkel gebacken. Als sie den Kuchen aufschneiden will, fällt ihr auf, dass sie gar nicht weiß, ob 3, 5 oder alle 6 Enkel kommen. Sie überlegt, wie sie den Kuchen teilen muss, damit sie jedem Kind gleich viele Stücke geben kann – egal ob 3, 5 oder 6 Kinder kommen. Sie möchte, wenn die Kinder da sind, nicht noch einmal zum Messer greifen. Welches ist die kleinste Anzahl von Stücken, in die sie teilen muss?

(**A**) 12 (**B**) 15 (**C**) 18 (**D**) 24 (**E**) 30

A-Kad (11), D/CH-7/8 (11) -10

A 1.54 Aus den Ziffern 1, 2, 3, 4 und 5 bilden wir alle möglichen 5-stelligen Zahlen, wobei jede Ziffer genau einmal benutzt wird. Gesucht sind nun jene Zahlen $\overline{abcde}$ unter ihnen, für die gilt: Die Zahl $\overline{a}$ ist durch 1, die Zahl $\overline{ab}$ durch 2, die Zahl $\overline{abc}$ durch 3, die Zahl $\overline{abcd}$ durch 4 und die Zahl $\overline{abcde}$ ist durch 5 teilbar. Wie viele solche Zahlen gibt es?

(**A**) keine (**B**) eine (**C**) zwei (**D**) fünf (**E**) 60

A-Ben (24), D/CH-5/6 (24) -11

A 1.55 Rike stellt Paolo ein Rätsel: „Ich addiere die kleinste dreistellige Zahl mit Ziffernsumme 8 und die größte dreistellige Zahl mit Ziffernsumme 8. Was ist mein Ergebnis?“

(A) 707 (B) 907 (C) 916 (D) 1000 (E) 1001

A-Kad (9), D/CH-7/8 (8) –11

Jetzt wird es komplizierter

A 1.56 Wie viele der ungeraden Zahlen, die größer 0 und kleiner als 54 sind, sind *nicht* durch 3 teilbar?

(A) 18 (B) 15 (C) 10 (D) 9 (E) 7

D/CH-11/13 (4) –11

A 1.57 Die fünfstellige Zahl 24X8Y ist durch 4, 5 und 9 teilbar. Wie groß ist die Summe von X und Y?

(A) 13 (B) 10 (C) 9 (D) 5 (E) 4

A-Kad (21) –11

A 1.58 Von einer sechsstelligen, durch 12 teilbaren Zahl sind nur die ersten fünf Ziffern bekannt: 25762. Wie lautet die letzte Ziffer dieser Zahl?

(A) 0 (B) 2 (C) 4 (D) 6 (E) 8

D/CH-7/8 (15) –11

A 1.59 Das Produkt von vier voneinander verschiedenen natürlichen Zahlen ist 100. Dann ist die Summe dieser vier Zahlen

(A) 10 (B) 12 (C) 15 (D) 16 (E) 18

A-Kad (6) und Jun (5), D/CH-7/8 (5) –09

A 1.60 Welches ist die letzte Ziffer der Zahl $17^3 \cdot 22^4 \cdot 33^4$?

(A) 2 (B) 3 (C) 4 (D) 6 (E) 8

D/CH-11/13 (8) –10

A 1.61 Es sei N der größte Wert, den der Term $1 \star 2 \star 3 \star 4 \star 5 \star 6 \star 7 \star 8 \star 9 \star 10$ annehmen kann, wenn jedes Sternchen entweder durch „+“ oder durch „·“ ersetzt wird. Welches ist der kleinste Primfaktor von N?

(**A**) 2 (**B**) 3 (**C**) 5
(**D**) 7 (**E**) eine Primzahl größer als 7

A-Stu (18), D/CH-11/13 (17) -10

A 1.62 Für wie viele ganze Zahlen n $(1 \leq n \leq 100)$ ist n^n eine Quadratzahl?

(**A**) für 10 (**B**) für 50 (**C**) für 51 (**D**) für 54 (**E**) für 55

A-Jun (24), D/CH-9/10 (29) -10

Abstrakt und zunehmend anspruchsvoll

A 1.63 Für wie viele positive ganze Zahlen a stimmt die Anzahl der Ziffern der Zahlen a^2 und a^3 überein?

(**A**) 2 (**B**) 3 (**C**) 4
(**D**) 9 (**E**) für unendlich viele

A-Jun (9), D/CH-9/10 (10) -09

A 1.64 Für wie viele positive ganze Zahlen n ist $n^2 + n$ eine Primzahl?

(**A**) für unendlich viele (**B**) für keine (**C**) für eine
(**D**) für 2 (**E**) für mehr als 2, jedoch endlich viele

A-Stu (3), D/CH-11/13 (4) -09

A 1.65 Gibt es eine natürliche Zahl a mit folgenden Eigenschaften: $a + 1$ ist durch 2 teilbar, $a + 2$ ist durch 3 teilbar, $a + 3$ ist durch 4 teilbar, $a + 4$ ist durch 5 teilbar, $a + 5$ ist *nicht* durch 6 teilbar?

(**A**) Nein, sie existiert nicht. (**B**) Ja, die kleinste ist 2-stellig.
(**C**) Ja, die kleinste ist 4-stellig. (**D**) Ja, die kleinste ist 5-stellig.
(**E**) Ja, die kleinste ist 7-stellig.

D/CH-11/13 (22) -11

A 1.66 Es sei Z die Anzahl aller 8-stelligen Zahlen mit 8 voneinander und von 0 verschiedenen Ziffern. Wie viele dieser Zahlen sind durch 9 teilbar?

(A) $\frac{Z}{8}$ (B) $\frac{Z}{3}$ (C) $\frac{Z}{9}$ (D) $\frac{8Z}{9}$ (E) $\frac{7Z}{8}$

A-Stu (22), D/CH-11/13 (23) -09

Teilbarkeit im Text versteckt

A 1.67 Marie, Nina und Peer sitzen für die Vorbereitung auf eine Prüfung in einer stillen Ecke in einem Café. Im Laufe des Nachmittags bestellen sie jeder 3 Tee, 2 Stück Apfelkuchen und 1 Paar Würstchen. Welches könnte der Betrag auf ihrer gemeinsamen Rechnung sein?

(A) 39,20 € (B) 38,20 € (C) 37,20 € (D) 36,20 € (E) 35,20 €

A-Stu (4), D/CH-11/13 (3) -09

A 1.68 Bei Sonnenaufgang erwartet die Tauprinzessin ihre 11 Elfen zum Verteilen der Tautropfen. „Da haben doch tatsächlich welche verschlafen!" stellt sie fest. Also verteilt sie ihre 121 Tautropfen-Kännchen auf die Elfen, die gekommen sind. Jede bekommt die gleiche Anzahl. Es bleiben 4 Tautropfen-Kännchen übrig, die sie nicht mehr gerecht aufteilen kann. Wie viele Elfen haben verschlafen?

(A) eine (B) zwei (C) drei (D) vier (E) fünf

A-Ben (20), D/CH-5/6 (17) -11

A 1.69 Claire, unser Mathegenie, hat in diesem Jahr die Schultombola vorbereitet. Sie hat die Lose mit lauter verschiedenen natürlichen Zahlen beschriftet. Als ich sie frage, wie viele Lose es gibt, sagt sie, dass von den Zahlen, die sie auf die Lose geschrieben habe, genau 30 durch 6 teilbar seien, genau 20 seien durch 7 und genau 10 durch 42 teilbar. Wie viele Lose sind demzufolge mindestens in der Tombola?

(A) 30 (B) 40 (C) 53 (D) 54 (E) 60

A-Stu (21), D/CH-11/13 (13) -11

A 1.70 Bei der Stadtmeisterschaft im Eiskunstlauf erwartet Robin nach seiner Kür gespannt die Bewertung der 12 Preisrichter. Er bekommt ausnahmslos die Noten 4 und 5. Da ruft Aljona aus dem Publikum: „Hey, die Summe aller Noten ist ja durch 11 teilbar!“ Wie oft erhielt Robin die Note 5?

(**A**) 4-mal (**B**) 5-mal (**C**) 6-mal (**D**) 7-mal (**E**) 9-mal

A-Kad (25), D/CH-7/8 (22) -10

A 1.71 Als unsere Mathelehrerin neulich Geburtstag hatte, erzählte sie uns, dass das Produkt aus ihrem Alter und dem Alter ihres Vaters 2010 sei. Wie alt ist sie geworden?

(**A**) 28 (**B**) 30 (**C**) 35 (**D**) 36 (**E**) 40

A-Jun (13), D/CH-9/10 (11) -10

A 1.72 Auf der Einkaufsliste, die meine Mutter für mich vorbereitet hat, stehen alle Artikel und die jeweils benötigte Anzahl säuberlich untereinander. Mir fällt auf, dass all diese Zahlen voneinander verschieden sind, keine ist größer als 10, und ulkigerweise ist von je zwei direkt untereinanderstehenden Zahlen stets eine der beiden durch die andere teilbar. Wie viele Positionen kann die Einkaufsliste höchstens haben?

(**A**) 10 (**B**) 9 (**C**) 8 (**D**) 7 (**E**) 6

A-Kad (29), D/CH-7/8 (30) -09

A 1.73 Eine Primzahl wird „prima“ genannt, wenn sie entweder einstellig ist oder – falls sie mehr als eine Stelle hat – sowohl nach Streichen der ersten Ziffer als auch nach Streichen der letzten Ziffer, jeweils eine „prima“ Primzahl übrigbleibt. Wie viele „prima“ Primzahlen gibt es?

(**A**) 6 (**B**) 7 (**C**) 8
(**D**) 9 (**E**) unendlich viele

A-Jun (30), D/CH-9/10 (30) -09

A 1.74 Lydia denkt sich eine natürliche Zahl N, die Jakob erraten soll. Lydia sagt: „Der größte Teiler meiner Zahl N, der ungleich N ist, ist genau 45-mal so groß wie der kleinste Teiler meiner Zahl N, der ungleich 1 ist.“ Wie viele natürliche Zahlen N besitzen diese Eigenschaft?

(**A**) keine (**B**) eine (**C**) zwei
(**D**) drei (**E**) mehr als drei

A-Kad (25) und Jun (24), D/CH-7/8 (27) und 9/10 (26) –09

A 1.75 Unter den positiven ganzen Zahlen x, die kleiner als 100 sind, suchen wir alle diejenigen, für die $x^2 - 81$ durch 100 teilbar ist und summieren sie. Diese Summe ist gleich

(**A**) 100 (**B**) 91 (**C**) 200 (**D**) 181 (**E**) 81

A-Stu (26), D/CH-11/13 (23) –11

A 1.76 Ein großes Quadrat ist in 2009 kleinere Quadrate zerteilt worden, sämtlich mit ganzzahligen Seitenlängen. Welches ist die kleinstmögliche Seitenlänge des großen Quadrats?

(**A**) 44 (**B**) 45 (**C**) 46
(**D**) 503 (**E**) das ist nicht möglich

D/CH-11/13 (26) –09

A 1.77 Wir stellen uns vor, dass in ein 4×3-Kästchenpapier 12 voneinander verschiedene natürliche Zahlen geschrieben wurden. Dabei haben Zahlen in benachbarten Zellen, d. h. solchen, die eine gemeinsame Seite haben, einen gemeinsamen Teiler größer als 1. Wir bezeichnen die größte dieser 12 Zahlen mit G. Wie groß muss G mindestens sein?

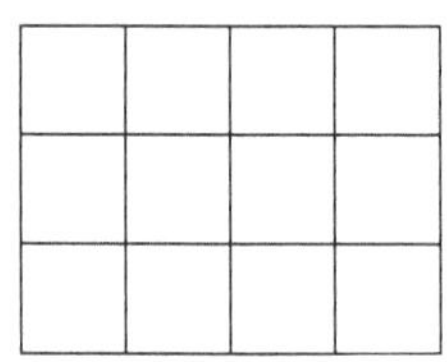

(**A**) 15 (**B**) 16 (**C**) 18 (**D**) 20 (**E**) 21

A-Stu (29), D/CH-11/13 (29) –11

2 Gleichungen, Ungleichungen und Funktionen

2.1 Lineare Gleichungen

Um die ersten Aufgaben dieses Gleichungs-Kapitels zu lösen, ist es durchaus nicht zwingend, eine Gleichung aufzustellen. Vielmehr werden viele, vor allem Jüngere, bereits durch kleine Hilfsrechnungen – oft einfach im Kopf – zum richtigen Ergebnis gelangen. Die Überschaubarkeit der Aufgabenstellung lässt diese Beispiele jedoch geeignet erscheinen, um das Aufstellen von Gleichungen zu üben und die Frage nach dem, was gesucht und was bekannt ist, erfolgreich zu untersuchen.

A 2.1 Wenn $\clubsuit + \clubsuit + 6 = \clubsuit + \clubsuit + \clubsuit + \clubsuit$ gilt, welche Zahl verbirgt sich dann unter dem Kleeblatt?

(**A**) 2 (**B**) 3 (**C**) 4 (**D**) 5 (**E**) 6

A-Ben (1) und Eco (9), D/CH-5/6 (3) und 3/4 (2) –10

A 2.2 Der zerstreute Dieter hat von den Zahlen 65 und 47 statt der Summe die Differenz gebildet. Um wie viel unterscheidet sich die Differenz von der Summe?

(**A**) um 18 (**B**) um 44 (**C**) um 94 (**D**) um 112 (**E**) um 130

D/CH-3/4 (15) –09

A 2.3 Tinko wollte eine Zahl mit 301 multiplizieren, hat jedoch die 0 dabei vergessen und nur mit 31 multipliziert. Sein Ergebnis war 372. Was hätte er erhalten, wenn er mit 301 multipliziert hätte?

(**A**) 3010 (**B**) 3612 (**C**) 3702 (**D**) 3720 (**E**) 30720

A-Ben (15), D/CH-5/6 (13) –11

A 2.4 Tarek hat sich eine Zahl ausgedacht, hat sie durch 7 dividiert, dann 7 addiert und das Ergebnis mit 7 multipliziert. Herausbekommen hat er 777. Welche Zahl hat sich Tarek ausgedacht?

(**A**) 111 (**B**) 7 (**C**) 722 (**D**) 567 (**E**) 728

A-Ben (13), D/CH-5/6 (10) –10

Von Hund und Katz und anderen Tieren

A 2.5 Eine Fliege hat 6 Beine, eine Spinne sogar 8. Zusammen haben 2 Fliegen und 3 Spinnen genau so viele Beine wie 10 Hühner und

(**A**) 2 Katzen (**B**) 3 Katzen (**C**) 4 Katzen (**D**) 5 Katzen (**E**) 6 Katzen

A-Ben (6) und Kad (3), D/CH-5/6 (7) –10

A 2.6 Drei Eichkatzerl Anni, Asia und Elli haben 7 Nüsse gesammelt. Sie haben alle verschieden viele Nüsse gesammelt. Jede hat mindestens eine Nuss gefunden. Anni hat am wenigsten gesammelt und Asia am meisten. Wie viele Nüsse hat Elli gesammelt?

(**A**) 1 (**B**) 2 (**C**) 3
(**D**) 4 (**E**) Das kann nicht bestimmt werden.

A-Eco (15) –09

A 2.7 Viele Kinder in der Klasse meines Bruders Uli haben ein Haustier. Insgesamt sind es 8 Katzen, 5 Hunde, 6 Kaninchen und 1 Schildkröte. Tim, Lea und Mia haben kein Haustier. Aber es gibt Kinder, die sogar 2 Tiere haben: Emma hat 2 Hunde, Rufus 2 Katzen und Peter außer der Schildkröte noch ein Kaninchen. Wie viele Kinder sind in Ulis Klasse?

(**A**) 17 (**B**) 20 (**C**) 22 (**D**) 23 (**E**) 24

A-Eco (10), D/CH-3/4 (16) –11

A 2.8 Nach unserem Urlaub auf dem Bauernhof fragt meine Tante neugierig: „Wie viele Schafe und Ziegen gab es denn dort?“ Ich antworte ziemlich frech, dass es doppelt so viele Schafsbeine wie Ziegenköpfe zu zählen gab. Nun weiß die Tante immerhin, es sind

(**A**) halb so viele Schafe wie Ziegen.
(**B**) gleich viele Schafe wie Ziegen.
(**C**) doppelt so viele Schafe wie Ziegen.
(**D**) ein Viertel so viele Schafe wie Ziegen.
(**E**) ein Sechstel so viele Schafe wie Ziegen.

A-Ben (10) und Kad (7), D/CH-5/6 (10) und 7/8 (8)–09

A 2.9 Hundertfüßler Herbert hat 102 Füße. Zum Sommer hat er sich 17 Paar Sandalen gekauft – für mehr hat das Geld nicht gereicht. Leider sind nun 14 Füße noch immer ohne Schuhe. An wie vielen seiner Füße trug Herbert schon vor dem Sandalenkauf Schuhe?

(**A**) an 27 (**B**) an 44 (**C**) an 54 (**D**) an 66 (**E**) an 71

A-Eco (8), D/CH-3/4 (18) –10

A 2.10 Lorenz hat begonnen, Postkarten mit Tierfotos zu sammeln. 25 Katzen- und 19 Hundefotos hat er schon. Vom Taschengeld will er jede Woche 3 Hundefotos und 2 Katzenfotos dazu kaufen. Dies will er so lange tun, bis er gleich viele Postkarten von beiden Tierarten hat. Nach wie vielen Wochen ist das der Fall?

(**A**) 6 (**B**) 5 (**C**) 4 (**D**) 3 (**E**) 2

A-Eco (9), D/CH-3/4 (12) –09

A 2.11 Als meine Schwester vor zwei Jahren ihren 15. Geburtstag feierte, waren unsere beiden Kater Bommel und Stepke zusammen auch gerade 15 Jahre alt. Jetzt ist Bommel 13. In wie vielen Jahren wird Stepke 9 Jahre alt sein?

(**A**) in einem Jahr (**B**) in 2 Jahren (**C**) in 3 Jahren
(**D**) in 4 Jahren (**E**) in 5 Jahren

A-Eco (19), D/CH-3/4 (19) –10

A 2.12 An Tagen, an denen Kater Hugo einfach nur herumspaziert, trinkt er 60 ml Milch. An Tagen, an denen Hugo auf Mäusejagd geht, trinkt er jedoch ein Drittel mehr. In den letzten 14 Tagen war Hugo jeden zweiten Tag auf Mäusejagd. Wie viel Milch musste ich ihm da insgesamt bereitstellen?

(**A**) 840 ml (**B**) 980 ml (**C**) 1050 ml (**D**) 1120 ml (**E**) 1960 ml

A-Ben (10), D/CH-5/6 (10) –11

Geschickt verteilt

A 2.13 Till verbringt die Ferien auf dem Bio-Bauernhof seiner Tante. Heute früh hat er 66 Eier eingesammelt. Für den Verkauf verteilt er sie auf Schachteln für 6 Stück und für 12 Stück. Till soll mit so wenig Schachteln wie möglich auskommen. Wie viele Schachteln sind das?

(**A**) 5 (**B**) 6 (**C**) 8 (**D**) 9 (**E**) 11

A-Eco (9), D/CH-3/4 (9) -11

A 2.14 Unser Geld reicht auf dem Jahrmarkt entweder für 12-mal Riesenrad oder für 20-mal Flipper. Wenn wir 9-mal Riesenrad fahren, wie oft könnten wir dann höchstens vom Restgeld Flipper fahren?

(**A**) 2-mal (**B**) 4-mal (**C**) 5-mal (**D**) 6-mal (**E**) 8-mal

D/CH-5/6 (17) -09

A 2.15 Familie Gärtner hat zur Einfassung zweier Beete *dieselbe* Zahl von grauen und von braunen Steinen gekauft. Der Vater hat 45 graue und 35 braune Steine zu den Beeten gekarrt. Die restlichen Steine tragen Oskar und Adele. Sie laufen zu zweit hin und her, beide gleich oft, bis alle Steine weg sind. Jedes Mal trägt Oskar 4 graue und Adele 6 braune Steine. Wie viele Steine sind es insgesamt?

(**A**) 100 (**B**) 110 (**C**) 120 (**D**) 130 (**E**) 140

A-Ben (13), D/CH-5/6 (18) -09

A 2.16 Heute ist Donnerstag und Clara beginnt, ein 302 Seiten dickes spannendes Buch zu lesen. An den 5 Schultagen gestattet sie sich nur 6 Seiten pro Tag, am Samstag und Sonntag aber jeweils 25. Sie überlegt, wie viele Tage sie braucht, bis sie mit dem Buch fertig sein wird, und stellt fest: es sind

(**A**) 35 Tage (**B**) 32 Tage (**C**) 30 Tage (**D**) 27 Tage (**E**) 25 Tage

A-Ben (16), D/CH-5/6 (20) -09

A 2.17 Beim Handballspiel warfen Adi, Jens, Gerd und Tim zusammen 10 Tore, wobei keiner torlos blieb. Jeder erzielte eine andere Anzahl Treffer. Jens warf mehr Tore als Adi. Tim war am torreichsten, und die anderen drei trafen insgesamt ebenso oft wie Tim und Jens zusammen. Wer hatte die geringste Torzahl?

(**A**) Adi (**B**) Jens (**C**) Gerd
(**D**) Tim (**E**) das ist unbestimmt

A-Ben (19), D/CH-5/6 (22) -09

Bunt gemischt und ziemlich knifflig

A 2.18 Ich möchte die Zahl 96 als Summe von mindestens 2 *aufeinanderfolgenden* natürlichen Zahlen schreiben. Wie viele Zahlen brauche ich dafür?

(**A**) 2 (**B**) 3 (**C**) 4 (**D**) 5 (**E**) 6

D/CH-7/8 (9) -11

A 2.19 Meine Mutter schwört auf selbst gemixte Kräutertees. Ihre neueste Erfindung enthält Augentrost, Fenchel und Kamille im Verhältnis 2 : 3 : 5. Heute will sie gleich eine größere Menge mixen. Vom Fenchel hat sie eine 125-g-Tüte, Kamille hat sie selbst genügend gepflückt und getrocknet. Ich soll Augentrost einkaufen. Wie viel wird für die Mischung benötigt, wenn die 125 g Fenchel verbraucht werden sollen?

(**A**) ca. 75 g (**B**) ca. 85 g (**C**) ca. 95 g (**D**) ca. 105 g (**E**) ca. 115 g

D/CH-7/8 (13) -10

A 2.20 Theo hat die nebenstehende Tabelle nach folgendem Schema erstellt: In die erste Zeile hat er die zwei Zahlen 10 und 3 eingetragen. In jede folgende Zeile schreibt er links die Summe und rechts die Differenz der beiden Zahlen aus der Zeile darüber. Lina hat nach dem gleichen Muster eine etwas längere Tabelle angefertigt, in der in der siebten Zeile die Zahlen 96 und 64 stehen. Dann ist die Summe ihrer beiden Startzahlen aus der ersten Zeile gleich

10	3
13	7
20	6
26	14

(**A**) 8 (**B**) 10 (**C**) 12 (**D**) 20 (**E**) 24

D/CH-5/6 (30) -09

A 2.21 Welche der Zahlen 11, 20, 21, 23 und 25 ist das arithmetische Mittel der anderen vier?

(**A**) 11 (**B**) 20 (**C**) 21 (**D**) 23 (**E**) 25

D/CH-7/8 (11) -09

A 2.22 Von den acht Zahlen $17, 13, 5, 10, 14, 9, 12, 16$ sind zwei zu streichen. Dabei soll der Durchschnitt der verbleibenden sechs Zahlen gleich dem der ursprünglichen acht Zahlen sein. Welche zwei Zahlen müssen gestrichen werden?

(**A**) 5 und 17 (**B**) 9 und 16 (**C**) 10 und 12 (**D**) 10 und 14 (**E**) 9 und 13

A-Kad (14), D/CH-7/8 (18) -11

A 2.23 Zur Hochzeit der ältesten Tochter hat Familie Holde viele Freunde und Verwandte aus nah und fern eingeladen. Die drei Schwestern der Braut zählen aufgeregt die Gäste. „Es sind 111!“ „Nein, 99!“ „Ich habe 102 gezählt.“ So rufen sie der Mutter zu. Die Mutter lacht: „Ihr habt euch in eurer Aufregung alle drei verzählt, und zwar eine um 4, eine um 5 und eine um 8, mal zu viel, mal zu wenig.“ Mit diesem Hinweis lässt sich die Anzahl der Gäste errechnen. Es sind

(**A**) 104 (**B**) 105 (**C**) 106 (**D**) 107 (**E**) 108

A-Eco (21), D/CH-3/4 (23) -10

A 2.24 Einen Strauß aus 12 Rosen – das hatte sich Rosa zum 12. Geburtstag gewünscht. Von jeder Rose hat sie ein Blütenblatt getrocknet, gepresst und in eine Mappe geklebt. Seither bekommt sie jedes Jahr einen „Lebensalterrosenstrauß“ mit genau so vielen Rosen, wie ihr Alter angibt. Und jedes Jahr klebt sie von *jeder* Rose ein Blütenblatt in ihre Mappe. Nach dem diesjährigen Aufkleben sind es insgesamt schon 105 Rosenblätter. Wie alt ist sie geworden?

(**A**) 21 (**B**) 20 (**C**) 19 (**D**) 18 (**E**) 17

A-Jun (5), D/CH-9/10 (5) -10

A 2.25 Björn rechnet die Summe der ersten drei von sieben aufeinanderfolgenden natürlichen Zahlen aus. Sie ist 33. „Dann kann ich die Summe der *letzten drei* dieser sieben Zahlen sagen“, teilt Janina mit. Diese Summe ist

(**A**) 39 (**B**) 37 (**C**) 42 (**D**) 48 (**E**) 45

A-Kad (7), D/CH-7/8 (14) -10

A 2.26 Beim Sportfest kontrolliert Moritz die 9 Hindernisläufer, die die Startnummern von 1 bis 9 tragen. Die ersten 8 Läufer erscheinen paarweise bei Moritz, der aus Spaß jeweils die Summe beider Nummern notiert: 17, 13, 7, 5. Immerhin ist jetzt klar: der letzte Läufer trägt die Nummer

(**A**) 1 (**B**) 2 (**C**) 3 (**D**) 4 (**E**) 5

A-Kad (12), D/CH-7/8 (12) -11

A 2.27 Nick und Johanna aus der 9. Klasse sind in diesem Monat für die Schulzeitung verantwortlich. Für die nummerierten 60 Seiten müssen sie 15 große Papierblätter in der Mitte zusammenheften. Plötzlich stellt Johanna fest, dass sie nur 14 Blätter hat. Seite 7 fehlt ihr. Welche Seiten fehlen dann noch?

(**A**) 8, 9 und 10 (**B**) 8, 42 und 43 (**C**) 6, 48 und 49
(**D**) 6, 52 und 53 (**E**) 8, 53 und 54

A-Ben (15), D/CH-5/6 (20) -10

A 2.28 Das Windspiel, das ich gebaut habe, befindet sich im Gleichgewicht. Die aufgehängten Figuren wiegen zusammen 112 Gramm. Wie viel Gramm (g) wiegt der Stern?

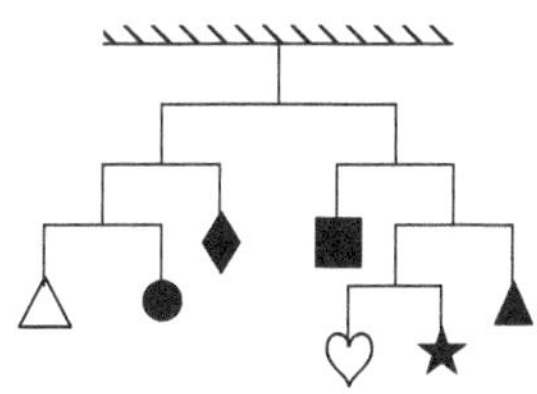

(**A**) 7 g (**B**) 10 g (**C**) 12 g (**D**) 13 g (**E**) 15 g

A-Ben (19), D/CH-5/6 (17) -10

A 2.29 Verringert man Zähler und Nenner des Bruchs $\frac{3}{4}$ um dieselbe natürliche Zahl, so verdoppelt sich der Wert des Bruchs. Welche natürliche Zahl ist gemeint?

(**A**) 1 (**B**) 2 (**C**) 18
(**D**) eine andere Zahl (**E**) eine solche Zahl existiert nicht

D/CH-7/8 (19) -09

A 2.30 Wenn $a \square b = ab + a + b$ und $3 \square 5 = 2 \square x$, dann ist $x =$

(**A**) 3 (**B**) 6 (**C**) 7 (**D**) 10 (**E**) 12

A-Jun (16), D/CH-9/10 (14) -09

A 2.31 Astrid und Jens trainieren für ihr Sportabitur. Runde für Runde drehen sie in der Halle. Jens, der schneller als Astrid ist, braucht 3 Minuten für eine Runde. Sie sind zusammen losgelaufen, und nach 8 Minuten hat Jens Astrid zum ersten Mal überholt. Wie lange braucht Astrid für eine Runde?

(**A**) 6 min (**B**) 8 min (**C**) 4 min 30 s (**D**) 4 min 48 s (**E**) 4 min 20 s

A-Stu (21), D/CH-11/13 (14) –09

A 2.32 Wenn $9^n + 9^n + 9^n = 3^{2011}$ ist, dann ist $n =$

(**A**) 671 (**B**) 1005 (**C**) 1011 (**D**) 2010 (**E**) 2011

A-Jun (13), D/CH-9/10 (18) –11

A 2.33 Auch bei der Fluggesellschaft X gibt es eine Grenze, bis zu der das Gepäck ohne Aufpreis mitbefördert wird. Bei Übergepäck ist ein fester Betrag pro kg zu entrichten. Ein Ehepaar, das zusammen 60 kg Gepäck aufgibt, hat 30 € für Übergepäck zu bezahlen. Ein Einzelreisender würde für 60 kg Gepäck 105,00 € bezahlen. Bis zu welcher Grenze erfolgt die Beförderung von Gepäck ohne Aufpreis?

(**A**) 15 kg (**B**) 16 kg (**C**) 18 kg (**D**) 20 kg (**E**) 25 kg

A-Stu (25), D/CH-11/13 (18) –11

A 2.34 Am Pokerturnier „Viertel-Cup“ nahmen diesmal exakt 100 Spieler teil. Das Originelle ist, dass bei diesem Turnier jeder Platz vom Ersten bis zum Hundertsten ausgespielt wird und am Ende jeder für Essen und Getränke so viele Viertel-Euro bezahlt, wie seine Platzierung angibt: Der Sieger zahlt also 0,25 €, der zweite 0,50 €, der dritte 0,75 € usw. Als der Veranstalter die Einnahmen des Abends zählt, kommt er auf 1207 €. „Gemeinheit, da haben ja welche geschummelt“, murrt er. Was ist die kleinstmögliche Anzahl an Teilnehmern, die einen falschen Betrag gezahlt haben?

(**A**) 3 (**B**) 4 (**C**) 5 (**D**) 6 (**E**) 7

D/CH-11/13 (20) –10

Prozentrechnung

A 2.35 200 Fische hab ich in meinem Aquarium, davon ist 1 % blau, der Rest gelb. Wie viele gelbe Fische müsste ich aus dem Aquarium nehmen, um zu erreichen, dass unter den im Aquarium verbleibenden Fischen 2 % blau sind?

(**A**) 2 (**B**) 4 (**C**) 50 (**D**) 98 (**E**) 100

A-Stu (1), D/CH-11/13 (1) -09

A 2.36 Moritz führt über alles Statistik. Als zu Beginn des Schuljahres ein neues Mädchen in die Klasse kam, stellte Moritz sofort fest, dass der Mädchenanteil in der Klasse von 50 % auf 52 % gestiegen ist. Wie viele Jungen sind in der Klasse?

(**A**) 10 (**B**) 12 (**C**) 13 (**D**) 14 (**E**) 15

D/CH-7/8 (21) -10

A 2.37 Wenn die Länge einer Seite eines Rechtecks um 20 % zunimmt, während die andere um 20 % kürzer wird, dann gilt für den Flächeninhalt des Rechtecks:

(**A**) Er nimmt um 20 % ab. (**B**) Er nimmt um 4 % ab.
(**C**) Er bleibt unverändert. (**D**) Er wächst um 20 %.
(**E**) Er wächst um 4 %.

D/CH-11/13 (7) -09

A 2.38 Bei der Stichwahl um den Vorsitz unseres Karnevalsvereins war ich bei der Stimmenauszählung dabei. Als ich kurz den Raum verließ, waren bereits 62 % der ausgezählten Stimmen auf meinen Freund Kurt und 38 % auf seinen Gegenkandidaten gefallen. Ich fragte mich, wie viel Prozent der Stimmen (in ganzen Zahlen) zu diesem Zeitpunkt bereits ausgezählt sein müssten, damit die Wahl von Kurt *schon jetzt sicher* ist – vorausgesetzt, dass alle noch auszuzählenden Stimmen gültig sind. Es sind

(**A**) 74 % (**B**) 75 % (**C**) 81 % (**D**) 84 % (**E**) 89 %

D/CH-9/10 (24) -09

2.2 Einige nichtlineare Gleichungen und Gleichungssysteme

Ähnliche Aufgaben: **2.40** und **2.41** sowie **2.44** und **2.45**

A 2.39 Während unsere Eltern noch an der Supermarktkasse stehen, warten wir draußen neben zwei Reihen säuberlich ineinandergeschobener Einkaufswagen. Meine kleine Schwester probiert ihr neues Bandmaß aus und misst 2,9 m für die kürzere Wagenschlange, zu der 10 Wagen gehören. In der längeren Schlange zählt meine Schwester 20 Wagen, und für die Länge misst sie 4,9 m. Wie lang ist ein Einkaufswagen?

(**A**) 0,8 m (**B**) 0,9 m (**C**) 1,0 m (**D**) 1,1 m (**E**) 1,2 m

A-Jun (21), D/CH-9/10 (19) –10

A 2.40 In jeder Woche ist am Donnerstag hinter dem Rathaus Tauschmarkt, bei dem vor allem Frisches über die Tische geht. Die heutigen Tauschregeln für Geflügel sind der Tafel rechts zu entnehmen. Wie viele Hennen muss Frau Gacker mitbringen, wenn sie im Tausch eine Gans, einen Truthahn und einen Hahn dafür bekommen will?

Fairer Tausch!!!		
1 Truthahn	$\Longleftrightarrow$	5 Hähne
1 Gans + 2 Hennen	$\Longleftrightarrow$	3 Hähne
4 Hennen	$\Longleftrightarrow$	1 Gans

(**A**) 20 (**B**) 18 (**C**) 16 (**D**) 15 (**E**) 12

A-Kad (23), D/CH-7/8 (25) –10

A 2.41 In jeder Frühstückspause findet auf dem Schulhof ein reger Tauschmarkt statt. Die Konditionen sind allen bekannt. Zora will sich mit Gummibärchen einen Apfel, ein halbes Wurstbrot und eine Streuselschnecke ertauschen. Wie viele Gummibärchen muss sie dafür hergeben?

1 Streuselschnecke	$\Longleftrightarrow$	3 halbe Wurstbrote
1 Apfel + 9 Gummibärchen	$\Longleftrightarrow$	2 halbe Wurstbrote
16 Gummibärchen	$\Longleftrightarrow$	1 Apfel

(**A**) 55 (**B**) 66 (**C**) 77 (**D**) 88 (**E**) 99

D/CH-11/13 (11) –10

A 2.42 Holger hat eine Folge von Zahlen aufgeschrieben. Von der dritten Zahl an ist jede Zahl der Folge die Summe ihrer beiden Vorgängerzahlen. Wenn die vierte Zahl eine 6 und die sechste eine 15 ist, welche Zahl steht dann an siebter Stelle?

(**A**) 9 (**B**) 16 (**C**) 21 (**D**) 22 (**E**) 24

A-Jun (11), D/CH-9/10 (7) -09

A 2.43 Wie viele Paare reeller Zahlen (a, b) sind Lösung der Gleichung $(a-3)^2 + (b-2)^2 = 0$?

(**A**) 1 (**B**) 2 (**C**) 6 (**D**) 36 (**E**) 0

A-Stu (9), D/CH-11/13 (4) -10

A 2.44 Um die Leistung seiner Hühner zu prüfen, führt Bauer Franz eine Eier-Statistik. Diese Woche war ein Viertel der Hühner faul und legte kein einziges Ei. Seine fleißigsten Hühner hingegen legten ein jedes 7 Eier, und genauso viele Hühner legten je 6 Eier. Die restlichen Hühner legten je 5 Eier. Insgesamt legten die Hühner diese Woche 99 Eier. Wie viele Hühner hat Bauer Franz?

(**A**) 8 (**B**) 12 (**C**) 16 (**D**) 20 (**E**) 24

A-Kad (25), D/CH-7/8 (22) -11

A 2.45 Myshko schießt auf eine Zielscheibe. Er trifft nur die Zahlen 5, 8 und 10. Dabei trifft er 8 und 10 gleich oft und erreicht eine Gesamtpunktzahl von 99. Bei 25 % seiner Schüsse hat er die Zielscheibe ganz verfehlt. Wie oft hat er auf die Zielscheibe geschossen?

(**A**) 10-mal (**B**) 12-mal (**C**) 16-mal (**D**) 20-mal (**E**) 24-mal

A-Kad (25), D/CH-7/8 (22) -11

A 2.46 Die ganzen Zahlen x und y erfüllen die Gleichung $2x = 5y$. Nur eine der folgenden Zahlen kann unter dieser Bedingung $x + y$ sein. Welche?

(**A**) 27 (**B**) 30 (**C**) 32 (**D**) 35 (**E**) 41

A-Stu (13), D/CH-11/13 (13) -10

A 2.47 Für wie viele verschiedene geordnete Paare natürlicher Zahlen (x, y) gilt die Gleichung $\frac{1}{x} + \frac{1}{y} = \frac{1}{3}$?

(A) 0 (B) 1 (C) 2 (D) 3 (E) 4

A-Jun (26), D/CH-9/10 (23) -11

A 2.48 Wenn $2^x = 15$ und $15^y = 32$ ist, dann ist $x \cdot y =$

(A) 5 (B) $\log_2 47$ (C) 7
(D) $\sqrt{47}$ (E) $\log_2 15 + \log_{15} 32$

A-Stu (3), D/CH-11/13 (9) -11

2.3 Anordnungen und Ungleichungen

A 2.49 Gunda zählt auf dem Spielplatz ihre Schritte vom Klettergerüst bis zur Wippe. Es sind 11. Kay braucht für dieselbe Strecke 14 Schritte, David zählt 12, Olga 10 und Hans braucht 13 Schritte. Wer von den fünf Kindern hat die längsten Schritte gemacht?

(A) Kay (B) David (C) Olga (D) Hans (E) Gunda

A-Eco (16), D/CH-3/4 (12) -10

A 2.50 Franz spielt mit seinen kleinen Schwestern Jette und Jule ein Brettspiel, bei dem gewürfelt wird, wie weit man ziehen darf. Gleich zu Beginn führt Franz vor Jette. Jule liegt knapp hinter Jette. Zum Vergnügen der Kleinen vertauscht sich mehrmals die Reihenfolge. Jette zählt die Wechsel der Reihenfolge: 4-mal zwischen ihr und Franz, 3-mal zwischen Jule und Franz und 3-mal zwischen ihr und Jule. Wie ist die Reihenfolge am Spielende?

(A) Franz vor Jette vor Jule (B) Jette vor Jule vor Franz
(C) Franz vor Jule vor Jette (D) Jule vor Jette vor Franz
(E) Jule vor Franz vor Jette

A-Jun (12) und Stu (2), D/CH-9/10 (8) und 11/13 (2) -11

A 2.51 In Gerdas Gewächshaus reifen köstliche Melonen. In den letzten 3 Wochen konnte Gerda schon 12 Melonen ernten. In der 2. Woche erntete sie mehr Melonen als in der 1. Woche. Und in der 3. Woche erntete sie mehr Melonen als in der 2. Woche, allerdings waren das nicht so viele wie in den ersten beiden Wochen zusammen. Wie viele Melonen hat Gerda in der 3. Woche geerntet?

(**A**) 8 (**B**) 7 (**C**) 6 (**D**) 5 (**E**) 4

A-Kad (8), D/CH-7/8 (14) -11

A 2.52 Es ist $a-1=b+2=c-3=d+4=e-5$. Welche der Zahlen a, b, c, d, e ist die größte?

(**A**) a (**B**) b (**C**) c (**D**) d (**E**) e

A-Kad (20), D/CH-7/8 (16) -10

A 2.53 Wenn $R=2\cdot 3+3\cdot 4+4\cdot 5$, $S=2^2+3^2+4^2$ und $T=1\cdot 2+2\cdot 3+3\cdot 4$, dann gilt

(**A**) $T<S<R$ (**B**) $S<R<T$ (**C**) $R<S=T$ (**D**) $R<S<T$ (**E**) $R=S<T$

A-Jun (3), D/CH-9/10 (2) -11

A 2.54 Welche der folgenden Zahlen ist am größten?

(**A**) $\sqrt{2}-\sqrt{1}$ (**B**) $\sqrt{3}-\sqrt{2}$ (**C**) $\sqrt{4}-\sqrt{3}$ (**D**) $\sqrt{5}-\sqrt{4}$ (**E**) $\sqrt{6}-\sqrt{5}$

A-Stu (2), D/CH-11/13 (2) -09

A 2.55 Wenn $a=\dfrac{2009}{2010}$, $b=\dfrac{2010}{2011}$ und $c=\dfrac{2011}{2012}$ ist, welche Relation ist dann richtig?

(**A**) $a<b<c$ (**B**) $a<c<b$ (**C**) $c<a<b$ (**D**) $c<b<a$ (**E**) $a=b=c$

D/CH-9/10 (10) -10

A 2.56 Es sei $a=2^{25}$, $b=8^8$ und $c=3^{11}$. Dann gilt

(**A**) $a<b<c$ (**B**) $b<a<c$ (**C**) $c<a<b$ (**D**) $b<c<a$ (**E**) $c<b<a$

A-Jun (23), D/CH-9/10 (23) -09

A 2.57 Die Zahl a ist größer als 0, aber kleiner als 1. Die Zahl b ist größer als 1. Welcher der folgenden Ausdrücke hat den größten Wert?

(A) $a \cdot b$ (B) $a + b$ (C) $a : b$ (D) b (E) $\frac{1}{a} + b$

A-Kad (19), D/CH-7/8 (20) -11

A 2.58 Die Zahlen x und y sind beide größer als 1. Welcher der folgenden Brüche hat den größten Wert?

(A) $\frac{x}{y-1}$ (B) $\frac{x}{y+1}$ (C) $\frac{2x}{2y-1}$ (D) $\frac{2x}{2y+1}$ (E) $\frac{3x}{3y-1}$

A-Jun (23), D/CH-9/10 (14) -11

A 2.59 Der Mittelwert (Durchschnitt bzw. arithmetisches Mittel) von 100 gegebenen Zahlen sei 100. Wir nehmen 111 weitere Zahlen hinzu und finden als Mittelwert der 211 Zahlen 111. Dann gilt für den Mittelwert M_{111} dieser 111 Zahlen

(A) $M_{111} < 111$ (B) $M_{111} = 111$ (C) $111 < M_{111} < 222$
(D) $M_{111} = 222$ (E) $M_{111} > 222$

D/CH-9/10 (24) -10

A 2.60 Alfons schrieb die 9 Zahlen von 1 bis 9 in irgendeiner Reihenfolge nebeneinander in eine Zeile. Dann schrieb er in die Zeile darunter immer zwischen zwei benachbarte Zahlen ihren Mittelwert und addierte all diese Mittelwerte, wobei er 41 erhielt. Wie groß hätte diese Summe bei anderer Anordnung der Zahlen *höchstens* sein können?

(A) 41,5 (B) 42 (C) 42,5 (D) 43 (E) 43,5

D/CH-9/10 (20) -11

A 2.61 Die Zahlen $\sqrt{n}$ und 10 unterscheiden sich um höchstens 1. Für wie viele natürliche Zahlen n ist das wahr?

(A) 19 (B) 20 (C) 39 (D) 40 (E) 41

A-Jun (18), D/CH-9/10 (17) -09

2.4 Folgen und Funktionen

A 2.62 Die drei Zahlen $\sqrt{7}$, $\sqrt[3]{7}$ und $\sqrt[6]{7}$ sind unmittelbar aufeinanderfolgende Elemente einer geometrischen Folge. Dann ist das nächste Element in dieser Folge

(A) $\sqrt[9]{7}$ (B) $\sqrt[12]{7}$ (C) $\sqrt[5]{7}$ (D) $\sqrt[10]{7}$ (E) 1

A-Stu (11), D/CH-11/13 (15) -10

A 2.63 Um die Reise von Zugvögeln zu erforschen, werden einige Vögel mit Sendern versehen. Bei einer Untersuchung von Kranichen, Schwalben, Saatgänsen, Schnepfen und Kiebitzen wurde aus den Daten von fünf Vögeln ein Diagramm erstellt, aus dem sich Reisestrecke und Reisedauer der Schwärme ablesen lassen – und auch die durchschnittliche Reisegeschwindigkeit. Welche Vogelart hatte die größte durchschnittliche Reisegeschwindigkeit?

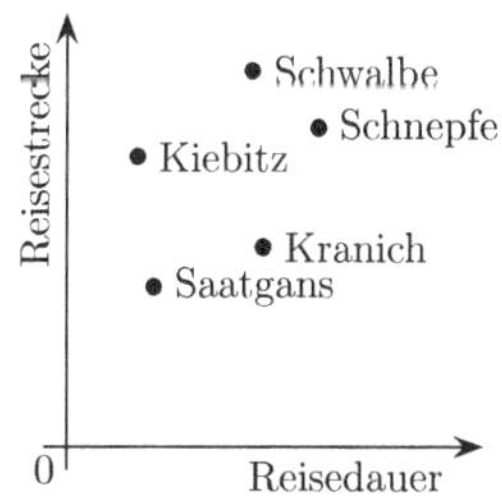

(A) Kranich (B) Saatgans (C) Schwalbe (D) Schnepfe (E) Kiebitz

A-Jun (19), D/CH-9/10 (16) -10

A 2.64 Die Abbildung rechts zeigt die Graphen der reellen Funktionen f und g. Welche der folgenden Relationen könnte zwischen den beiden Funktionen bestehen?

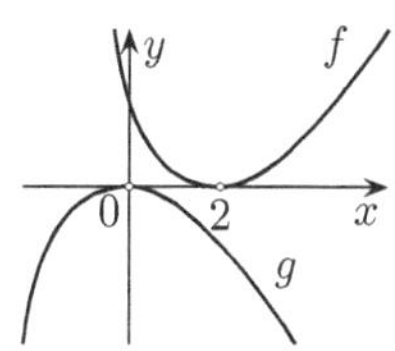

(A) $g(x-2) = -f(x)$ (B) $g(x) = f(x+2)$
(C) $g(x) = -f(-x+2)$ (D) $g(-x) = f(-x+2)$
(E) $g(2-x) = -f(x)$

A-Stu (17), D/CH-11/13 (18) -09

A 2.65 Die reellwertige Funktion f erfüllt für alle reellen Zahlen $x > 0$ die Gleichung $2f(x) + 3f\left(\frac{100}{x}\right) = 5x$. Welchen Wert hat $f(1)$?

(A) 1 (B) 298 (C) 77 (D) 0 (E) 1011

A-Stu (29), D/CH-11/13 (26) -10

A 2.66 Welcher der in (**A**) bis (**E**) dargestellten Graphen gehört zur Lösungsmenge der Gleichung $(x - |x|)^2 + (y - |y|)^2 = 4$?

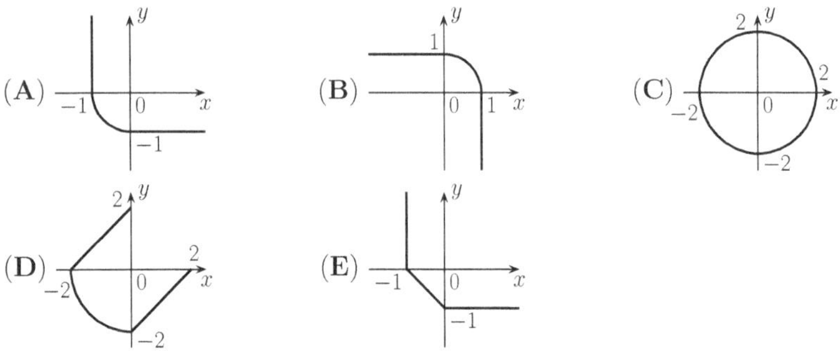

A-Stu (16), D/CH-11/13 (29) –10

A 2.67 Wir betrachten die arithmetischen Folgen $\{1, 20, 39, 58, \ldots\}$ und $\{35, 61, 87, 113 \ldots\}$. Wie viele verschiedene arithmetische Folgen von positiven ganzen Zahlen gibt es, die diese beiden Folgen als Teilfolgen enthalten?

(**A**) keine (**B**) eine (**C**) zwei
(**D**) vier (**E**) unendlich viele

A-Stu (22), D/CH-11/13 (25) –11

A 2.68 Die Folge von Funktionen $f_1(x), f_2(x), \ldots$ erfüllt die Bedingungen $f_1(x) = x$ und $f_{n+1}(x) = \dfrac{1}{1 - f_n(x)}$. Dann ist $f_{2011}(2011) =$

(**A**) 2011 (**B**) $-\dfrac{1}{2010}$ (**C**) $\dfrac{2010}{2011}$ (**D**) 1 (**E**) -2011

A-Stu (23) –11

A 2.69 Die Folge $\{a_n\}$ von ganzen Zahlen ist folgendermaßen definiert: $a_0 = 1$, $a_1 = 2$, $a_{n+2} = a_n + a_{n+1}^2$ für $n \geq 0$. Dann ist der Rest, den a_{2009} bei Division durch 7 lässt, gleich

(**A**) 0 (**B**) 1 (**C**) 2 (**D**) 5 (**E**) 6

A-Stu (30), D/CH-11/13 (28) –09

3 Kombinatorik – mit Zahlen und Figuren

Im Kapitel „Kombinatorik“ sind neben Aufgaben, in denen die Anzahl von Vertauschungen, von Auswahlmöglichkeiten u. ä. erfragt wird, auch eine Reihe von mathematischen Beispielen enthalten, in denen nach einer Anzahl gefragt wird, die sich innerhalb der Fragestellung etwas versteckt. Da kommt es dann darauf an, sich erst einmal die Struktur des Problems klar zu machen, bevor es ans Zählen geht. Kombinatorische Fragestellungen aus der Geometrie stehen am Schluss des Kapitels. Auch dort geht es darum, Regelmäßigkeiten zu entdecken und sich damit einen möglichst einfachen Weg zur Lösung zu erarbeiten.
Viele Aufgaben dieses Kapitels sind fast ohne Altersbeschränkung lösbar, Pfiffigkeit und – besonders von den Jüngeren – auch Ausdauer sind allerdings vonnöten.

3.1 Wie geht es weiter? – Muster und Regeln

Im täglichen Leben sind oft Entscheidungen nach Regeln zu treffen, die nicht explizit formuliert wurden, die vielmehr aus einer zu beobachtenden Folge erschlossen werden müssen. Lesen wir z. B. auf einer Seite einer Straße aufeinanderfolgend die Hausnummern 9, 11, 13, so erwarten wir als nächste Nummer die auf 13 folgende ungerade Zahl 15. Stellen wir fest, dass der Fahrstuhl in den Etagen 2, 5, 8 hält, so erwarten wir als nächsten Haltepunkt die 11. Etage. Wir entdecken – anscheinend ganz nebenbei – Regeln. Und darum geht es auch in den ersten Aufgaben.

A 3.1 Timo hat sich von seiner Schwester Jana einen blau-rot-grün-schwarz-weiß gestreiften Fan-Schal seiner Schulmannschaft gewünscht. Den ersten Streifen strickt Jana mit blauer Wolle, dann folgt rot. Nach dem 13. Streifen macht sie eine Pause. Mit welcher Farbe muss sie weiterstricken?

(**A**) blau (**B**) rot (**C**) grün (**D**) schwarz (**E**) weiß

D/CH-3/4 (15) –10

A 3.2 Manchmal spielen wir zum Beginn unserer Mathe-AG ein Konzentrationsspiel. Wir 14 Kinder sagen der Reihe nach alle ungeraden Zahlen, jedes Kind eine Zahl. Allerdings lassen wir die Zahlen aus, die als Ziffer die 3 enthalten. Das erste Kind nennt 1, das nächste nicht 3, sondern 5, das nächste 7 usw. Welche Zahl muss das 14. Kind nennen?

(**A**) 17 (**B**) 23 (**C**) 29 (**D**) 41 (**E**) 45

A-Ben (4), D/CH-5/6 (5) –11

A 3.3 Hans beginnt eine E-Mail-Kette. Er schickt eine E-Mail an seinen Freund Peter. Dieser soll die E-Mail an zwei weitere Personen schicken, und jeder, der die E-Mail erhält, schickt sie wieder an zwei weitere. Nach drei Runden haben $1+2+4=7$ Personen die E-Mail erhalten. Wie viele Personen haben die E-Mail nach fünf Runden erhalten?

(**A**) 15 (**B**) 16 (**C**) 31 (**D**) 33 (**E**) 63

A-Eco (15) -10

A 3.4 Um das letzte Stück von Lenis Geburtstagstorte zu vergeben, stellen sich Leni, Sarah, Hannes, Esra und Arno in dieser Reihenfolge im Uhrzeigersinn im Kreis auf und zählen im Uhrzeigersinn ab: KÄN-GU-RU-RAUS-BIST-DU. Es wird silbenweise abgezählt. Wer das „DU“ abbekommt, scheidet aus. Das im Uhrzeigersinn folgende Kind beginnt das Abzählen erneut, bis ein weiteres ausscheidet usw., bis nur noch ein Kind übrig ist. Geburtstagskind Leni darf wählen, bei wem das Abzählen beginnt. Wen muss sie wählen, damit ihr Freund Arno das Tortenstück bekommt?

(**A**) sich selbst (**B**) Sarah (**C**) Hannes (**D**) Esra (**E**) Arno

A-Ben (21), D/CH-5/6 (15) -10

A 3.5 Aus dem rechts stehenden Bild lässt sich ablesen, dass $1+3+5+7=4\cdot 4$ ist. Welchen Wert hat $1+3+5+7+9+11+13+15+17$?

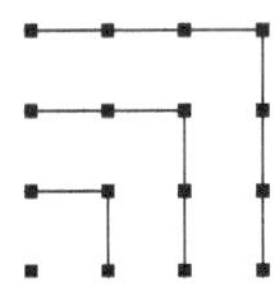

(**A**) $14\cdot 14$ (**B**) $9\cdot 9$ (**C**) $11\cdot 11$ (**D**) $16\cdot 16$ (**E**) $13\cdot 13$

A-Jun (7), D/CH-9/10 (6) -10

A 3.6 Es gibt Spiegel unterschiedlicher Größe, deren Rahmen aus kleinen quadratischen Mosaiksteinen bestehen (siehe Bild). Der Rahmen des kleinsten Spiegels besteht aus 28 Mosaiksteinen, der des zweiten aus 36 usw. Wie viele Mosaiksteine umrahmen den siebten Spiegel dieser Serie?

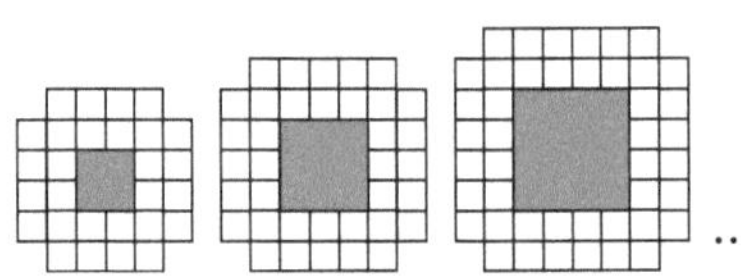

(**A**) 100 (**B**) 92 (**C**) 84 (**D**) 80 (**E**) 76

A-Kad (20), D/CH-7/8 (20) -09

A 3.7 Sylvia zeichnet Figuren aus Sechsecken wie im Bild. Wie viele Sechsecke wird es im 5. Bild geben, wenn sie auf diese Art weiter zeichnet?

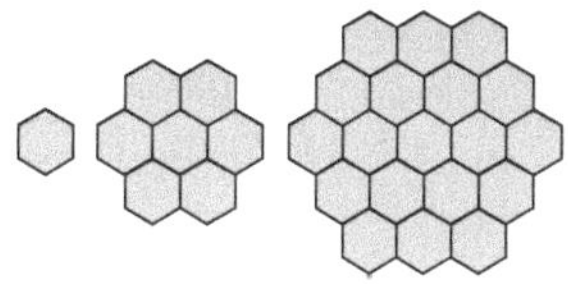

(A) 37 (B) 49 (C) 57 (D) 61 (E) 64

A-Eco (24) -11

A 3.8 Im Garten wollen wir eine große quadratische Tanzfläche bauen: Quadratische Fliesen in weiß und schwarz, in den Ecken schwarze Fliesen und zwischen zwei schwarzen Fliesen liegt immer eine weiße. Ein Teil der Fläche ist schon fertig (siehe Bild). Wie viele weiße Fliesen brauchen wir insgesamt, wenn wir 25 schwarze Fliesen verlegen wollen?

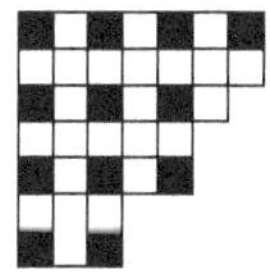

(A) 25 (B) 39 (C) 45 (D) 56 (E) 81

A-Ben (14), D/CH-5/6 (12) -11

3.2 Kombinatorik mit Zahlen

Strukturieren erleichtert das Zählen

Ähnliche Aufgaben: **3.9**, **3.13** und **3.14**, **3.15** und **3.16** sowie **3.26** und **3.27**

A 3.9 Ich habe ein Computerspiel, bei dem ich ein Labyrinth durchlaufen und dabei „Juwelen“ einsammeln muss. In jeder Zelle ist ein „Juwel“, aber ich darf keine der Zellen zweimal betreten. Ich möchte so viele „Juwelen“ wie möglich sammeln. Wie viele sind das?

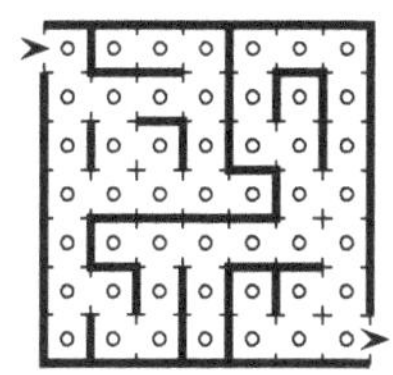

(A) 17 (B) 33 (C) 37 (D) 41 (E) 49

A-Eco (15), D/CH-3/4 (15) -11

A 3.10 Ersetze ich die Sternchen in 5★4★1★3★4 durch + oder −, so entsteht eine Rechenaufgabe. Wie viele Möglichkeiten gibt es, die Sternchen so zu ersetzen, dass das Ergebnis 9 ist?

(A) 2 (B) 3 (C) 4 (D) 5 (E) 6

D/CH-3/4 (19) -11

A 3.11 Samstags verteilt Antonia Kataloge, in jedes Haus einen. „Nun noch die Häuser auf der linken Straßenseite mit den ungeraden Hausnummern“, denkt sie, „dann bin ich fertig. Die erste Hausnummer ist 15, und mit Nummer 53 ist dann Schluss.“ Wie viele Häuser muss Antonia noch beliefern?

(**A**) 19 (**B**) 20 (**C**) 27 (**D**) 38 (**E**) 53

A-Kad (4) und Jun (4), D/CH-7/8 (3) –09

A 3.12 Ein 3×3-Feld wurde an die Tafel gezeichnet. Wie viele Möglichkeiten gibt es, darin vier Zellen auszumalen, die keine gemeinsame Seite haben, das Beispiel rechts eingeschlossen?

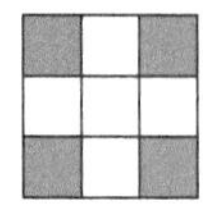

(**A**) 3 (**B**) 4 (**C**) 5 (**D**) 6 (**E**) 7

D/CH-5/6 (13) –09

A 3.13 Heute hat Hamster Hannibal Hochzeitstag. Hurtig huscht er hin zu Hanna, seinem Hamsterweibchen. Auf dem Weg durch das Tunnelsystem liegen Haselnüsse (siehe Bild). Hannibal will möglichst viele für Hanna sammeln. Um schnell zu sein, geht er kein Wegstück zweimal und betritt auch keinen Kreuzungspunkt zweimal. Welche größte Anzahl von Haselnüssen kann er sammeln?

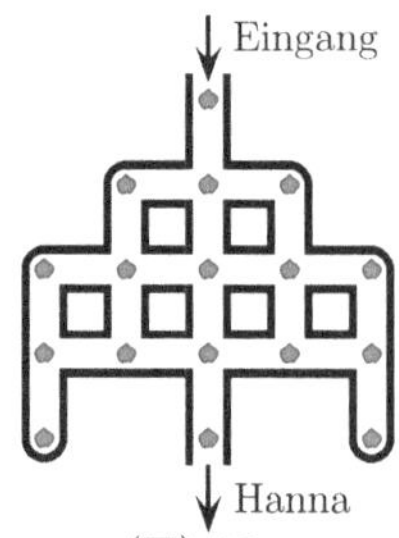

(**A**) 9 (**B**) 10 (**C**) 11 (**D**) 12 (**E**) 13

A-Ben (11), D/CH-5/6 (8) –11

A 3.14 Um das legendäre Schlaraffenland zu erreichen, muss Hamster Fridolin durch ein unterirdisches Labyrinth laufen. In den Tunneln locken 22 knackige Kürbiskerne (siehe Bild). Fridolin stopft sich die Backen voll. Er darf aber keine Strecke und keine Kreuzung mehr als einmal betreten. Wie viele der Kürbiskerne kann Fridolin höchstens sammeln?

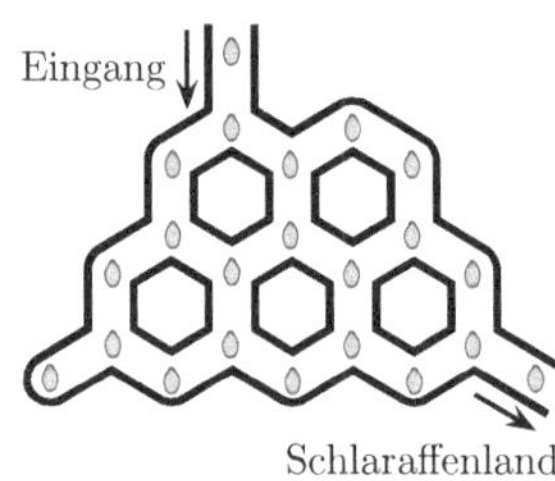

(**A**) 18 (**B**) 19 (**C**) 20 (**D**) 21 (**E**) 22

A-Kad (13), D/CH-7/8 (10) –11

A 3.15 Aus Streichhölzern habe ich alle 10 Ziffern gelegt und dabei bemerkt, dass nicht für alle Ziffern dieselbe Anzahl Hölzer gebraucht wird. Nun frage ich mich, welches die größte Anzahl Hölzer ist, die für eine zweistellige Zahl benötigt wird. Es sind

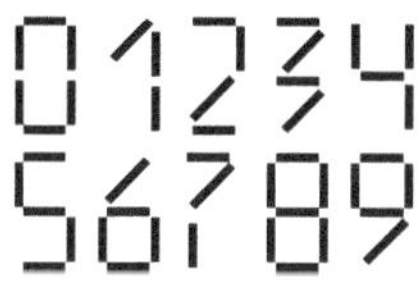

(**A**) 10 (**B**) 11 (**C**) 12 (**D**) 13 (**E**) 14

A-Ben (8), D/CH-3/4 (16) –09

A 3.16 Aus Streichhölzern sind alle zehn Ziffern gelegt worden (siehe Bild). Flora nimmt sich 15 Streichhölzer und legt mit ihnen weitere Ziffern wie auf dem Bild. Dann bildet sie die Summe der Ziffern, die sie gelegt hat. Wie groß kann diese Summe höchstens sein?

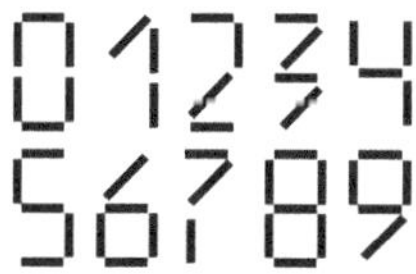

(**A**) 5 (**B**) 17 (**C**) 19 (**D**) 27 (**E**) 35

D/CH-5/6 (12) –09

A 3.17 Eine lange Ziffernfolge ist entstanden, indem jemand 2009-mal die Zahl 2009 hintereinander ausgedruckt hat. Die Summe aller ungeraden Ziffern, auf die unmittelbar eine gerade Ziffer folgt, ist

(**A**) 9 (**B**) 2009 (**C**) 4018 (**D**) 18072 (**E**) 18081

A-Jun (7), D/CH-9/10 (5) –09

A 3.18 Ziehe ich die Summe der ersten 100 ungeraden positiven ganzen Zahlen $1 + 3 + \ldots + 199$ von der Summe der ersten 100 geraden positiven ganzen Zahlen $2 + 4 + \ldots + 200$ ab, erhalte ich als Ergebnis

(**A**) 0 (**B**) 20 (**C**) 50 (**D**) 100 (**E**) 200

A-Kad (10), D/CH-7/8 (10) –10

A 3.19 Wie viele 4-stellige, durch 5 teilbare natürliche Zahlen gibt es, deren Ziffern alle ungerade sind?

(**A**) 900 (**B**) 625 (**C**) 250 (**D**) 125 (**E**) 95

A-Stu (4), D/CH-11/13 (6) –10

A 3.20 Wie viele natürliche Zahlen besitzen die Ziffernsumme 22, während das Produkt der Ziffern 2 ist?

(A) 19 (B) 21 (C) 22 (D) 23 (E) 44

D/CH-9/10 (13) –10

A 3.21 Die größtmögliche Anzahl von aufeinanderfolgenden dreistelligen Zahlen, deren jede *mindestens eine* ungerade Ziffer enthält, ist

(A) 99 (B) 101 (C) 111 (D) 121 (E) 221

A-Jun (17), D/CH-9/10 (15) –11

A 3.22 Wie viele dreistellige natürliche Zahlen haben die Eigenschaft, dass die mittlere Ziffer der Mittelwert (Durchschnitt bzw. arithmetisches Mittel) der beiden äußeren Ziffern ist?

(A) 15 (B) 28 (C) 36 (D) 45 (E) 49

A-Jun (29), D/CH-9/10 (22) –10

A 3.23 Olaf stellt die 13 auf jede mögliche Weise als Summe von untereinander *verschiedenen* natürlichen Zahlen dar, z. B. $13 = 12 + 1$ oder $13 = 6 + 4 + 3$. Von diesen Zerlegungen betrachtet Olaf nun diejenigen mit der größten Anzahl von Summanden. Welches ist der größte Summand, der in einer solchen Summe auftreten kann?

(A) 6 (B) 7 (C) 8 (D) 9 (E) 10

D/CH-5/6 (29) –09

A 3.24 Der Zirkusfloh Fred trainiert für eine neue Nummer. Er steht am Startpunkt und führt 10 exakt gleichlange Hüpfer aus. Zugelassen sind nur die vier Richtungen rechts, links, vorwärts, rückwärts. Nach jedem Hüpfer kann Fred die Richtung ändern. Wie viele verschiedene Punkte kommen als Endpunkt nach seinen 10 Hüpfern infrage?

(A) 121 (B) 144 (C) 400
(D) 441 (E) eine andere Anzahl

A-Jun (29), D/CH-9/10 (27) –09

A 3.25 Die sechs Ziffern zweier dreistelliger Zahlen sind allesamt voneinander verschieden. Welches ist der kleinstmögliche Wert für die Differenz der beiden Zahlen?

(**A**) 1 (**B**) 2 (**C**) 3 (**D**) 4 (**E**) 5

D/CH-7/8 (26) -10

A 3.26 Heiner möchte in die neun Quadrate eines 3 × 3-Spielbretts Damesteine platzieren, sodass die Anzahl der Steine in jeder Zeile und in jeder Spalte unterschiedlich ist. Dabei dürfen Felder leer bleiben, aber es darf auch in jedes Quadrat mehr als ein Stein gelegt werden. Wie viele Steine braucht Heiner dazu mindestens?

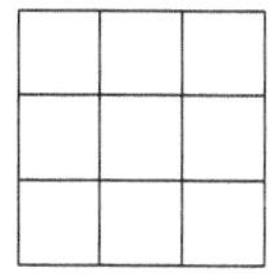

(**A**) 7 (**B**) 8 (**C**) 9 (**D**) 10 (**E**) 12

D/CH-7/8 (26) -09

A 3.27 Rike verteilt Damesteine auf einem 4 × 4-Brett. Das macht sie so, dass in jeder waagerechten und in jeder senkrechten Reihe verschieden viele Steine liegen. Leere Felder sind zugelassen, aber sie darf natürlich in jedes Feld auch mehr als einen Stein legen. Welches ist die kleinste Zahl von Damesteinen, die Rike für eine solche Belegung benötigt?

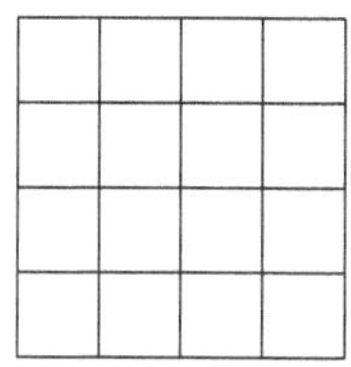

(**A**) 35 (**B**) 28 (**C**) 21 (**D**) 16 (**E**) 14

A-Jun (26), D/CH-9/10 (29) -09

A 3.28 An einem Schulwettbewerb beteiligten sich 55 Kinder. In die Korrekturliste wurde hinter jeden Namen bei jeder Aufgabe eingetragen, ob sie richtig (+), falsch (−) oder nicht gelöst (0) wurde. Dabei bemerkte ein Lehrer etwas Kurioses: Die Anzahl der + und die Anzahl der − war von Kind zu Kind unterschiedlich; stimmten also zwei in der Anzahl der + überein, so gewiss nicht in der Anzahl der −, und umgekehrt. Wie viele Aufgaben waren mindestens zu bearbeiten?

(**A**) 12 (**B**) 11 (**C**) 10 (**D**) 9 (**E**) 8

A-Stu (25), D/CH-11/13 (25) -09

Permutieren, Kombinieren, Variieren

In jeder der Aufgaben des folgenden Abschnitts ist die Anzahl möglicher Anordnungen von Objekten gesucht. Wer die entsprechenden Formeln aus der Kombinatorik zur Berechnung kennt, ist bald fertig. Die Aufgaben sind jedoch insbesondere geeignet, sich diese Formeln für die Anzahl von Permutationen oder Kombinationen zu erarbeiten, also nicht beim Lösen der einzelnen Aufgaben stehenzubleiben. Es sollte vielmehr – von einem oder einigen konkreten Beispielen ausgehend – nach der allgemeinen Fragestellung und nach der allgemeinen Formel gesucht werden.

A 3.29 Julius hat am Sonntag viel vor. Er möchte Rad fahren, schwimmen, lesen und natürlich etwas essen. Morgens will er zuerst Rad fahren, das ist sicher. Ihm ist auch klar, dass er direkt nach dem Essen nicht schwimmen gehen wird. Wie viele Möglichkeiten hat er, die vier Tätigkeiten auf seinen Sonntag zu verteilen?

(**A**) 1 (**B**) 2 (**C**) 3 (**D**) 4 (**E**) 6

A-Eco (21), D/CH-3/4 (14) -09

A 3.30 Wie viele Ziffern der Zahl 12323314 muss ich mindestens streichen, damit die verbleibende Zahl von links und von rechts gelesen gleich ist?

(**A**) 1 (**B**) 2 (**C**) 3 (**D**) 4 (**E**) 5

A-Ben (4), D/CH-5/6 (3) -09

A 3.31 Chris hat alle oberen mit allen unteren Punkten verbunden. Wie viele Verbindungsstrecken musste er dazu zeichnen?

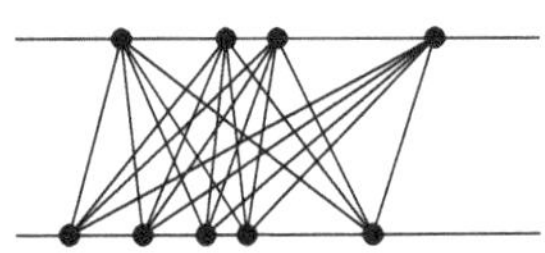

(**A**) 20 (**B**) 24 (**C**) 28 (**D**) 27 (**E**) 30

A-Ben (5), D/CH-5/6 (2) -10

A 3.32 Beim Blick auf ihre Digitaluhr muss Silvie schmunzeln: „20:11, das ist ja genau die Jahreszahl!“ Wann erscheint das nächste Mal eine Uhrzeit, in der wir die vier Ziffern $0, 1, 1, 2$ in irgendeiner Reihenfolge vorfinden?

(**A**) in 40 Minuten (**B**) in 45 Minuten (**C**) in 50 Minuten
(**D**) in 55 Minuten (**E**) in 60 Minuten

A-Kad (5), D/CH-7/8 (5) -11

A 3.33 Um Einbrüche zu verhindern, ist ein Türschloss mit einem 6-Ziffern-Code gesichert. Auf einem Zettel stehen 5 teils verwischte 6-stellige Zahlen, unter denen der Code sein muss. Man weiß, dass bei dem Code die Summe der 1., 3. und 5. Ziffer gleich der Summe der 2., 4. und 6. Ziffer ist. Welche der folgenden Zahlen ist der Code (an die Stelle der Sternchen gehört je genau eine Ziffer)?

(**A**) $81\star\star61$ (**B**) $7\star727\star$ (**C**) $4\star4141$ (**D**) $12\star9\star8$ (**E**) $181\star2\star$

A-Eco (19), D/CH-3/4 (19) –09

A 3.34 In der Pizzeria „Am Turm" gehören zu jeder Pizza Mozzarella und Tomaten. Von den drei Beilagen Sardellen, Schinken und Champignons muss dann eine oder zwei dazugenommen werden. Jede Pizza gibt es in den Größen klein, normal oder riesig. Wie viele verschiedene Pizzen hat die Pizzeria im Angebot?

(**A**) 12 (**B**) 18 (**C**) 21 (**D**) 23 (**E**) 24

A-Ben (20), D/CH-5/6 (18) –10

A 3.35 Mit den drei Karten im Bild lassen sich Zahlen bilden, z. B. 989 oder 689. Wie viele *verschiedene 3-stellige* Zahlen lassen sich mit diesen Karten bilden?

(**A**) 4 (**B**) 6 (**C**) 8 (**D**) 9 (**E**) 12

A-Eco (20), D/CH-3/4 (17) –11

A 3.36 Ein Komplettsatz Domino besteht aus 28 verschiedenen Steinen. Sie tragen alle möglichen Kombinationen der Punktzahlen von 0 bis 6. Wie viele Punkte sind auf allen 28 Dominosteinen?

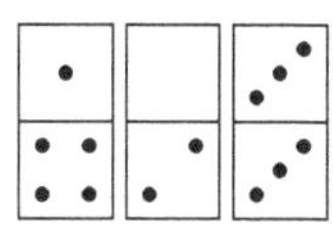

(**A**) 84 (**B**) 105 (**C**) 126 (**D**) 147 (**E**) 168

D/CH-5/6 (27) –09

A 3.37 Um aus $2\star0\star1\star0=1$ eine korrekte Gleichung zu machen, sollen die Sternchen durch „+", „−" oder „·" ersetzt werden. Wie viele Möglichkeiten gibt es dafür?

(**A**) 2 (**B**) 3 (**C**) 4 (**D**) 5 (**E**) 6

D/CH-9/10 (7) –10

A 3.38 Für eine Wandzeitung zum Frühling basteln Carolin und Alex fünfblättrige Blumen mit hellroten und dunkelroten Blütenblättern. Damit die Wandzeitung besonders schön wird, möchten die beiden alle möglichen fünfblättrigen Blumen mit den Blütenblättern basteln. Blumen, die durch Drehen aus anderen Blumen entstehen, gelten als gleich (s. Beispiel rechts). Wie viele *verschiedene* Blumen können Carolin und Alex basteln?

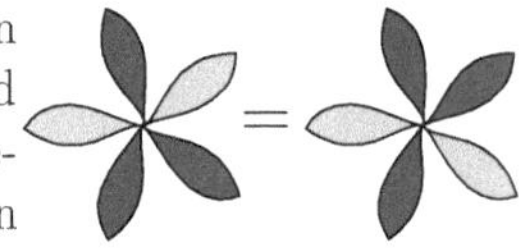

(A) 6 (B) 7 (C) 8 (D) 9 (E) 10

A-Ben (17), D/CH-5/6 (13) -10

A 3.39 Meine kleine Schwester ist dabei, sich eine Kette aus blauen, roten, goldenen und silbernen Perlen zu fädeln. Sie legt die Perlen in eine Reihe vor sich hin, sodass stets verschiedenfarbige Perlen nebeneinander liegen. Wie viele Perlen muss die Reihe mindestens enthalten, damit jede der vier Farben mindestens einmal jede andere Farbe zum Nachbarn hat?

(A) 5 (B) 7 (C) 8 (D) 9 (E) 12

A-Jun (27), D/CH-9/10 (21) -09

A 3.40 In unserem Urlaubshotel gibt es 5 Etagen mit jeweils 35 Zimmern. Die 3-stelligen Zimmernummern beginnen mit der Etagennummer, und dann sind die Zimmer von 1 bis 35 durchnummeriert. Bei uns im 2. Stock findet man z. B. die Zimmer 201 bis 235. Mein Vater, der mir oft Knobelaufgaben stellt, fragt mich, wie oft unter allen Zimmernummern dieses Hotels die Ziffer 2 zu finden ist. Das ist

(A) 64-mal (B) 96-mal (C) 100-mal (D) 105-mal (E) 128-mal

A-Ben (21), D/CH-5/6 (24) -09

A 3.41 Ich stelle mir alle 4-stelligen Zahlen, deren Ziffernsumme 4 ist, der Größe nach aufgeschrieben vor. Mit der kleinsten wird begonnen. An welcher Stelle finden wir die 1102?

(A) an der 5. (B) an der 6. (C) an der 7. (D) an der 8. (E) an der 9.

A-Stu (5), D/CH-11/13 (6) -11

A 3.42 Wie viele natürliche Zahlen haben die Ziffernsumme 11 und als Produkt der Ziffern 2?

(A) 9 (B) 10 (C) 13 (D) 22 (E) 25

A-Jun (15), D/CH-7/8 (20) -10

A 3.43 Die Ringe auf einer Zielscheibe sind mit 1, 3 und 7 bewertet (s. Abb.). Ein Schuss, der danebengeht, ist 0 Punkte wert. Wie viele verschiedene Gesamtpunktzahlen sind als Ergebnis bei drei Schüssen möglich?

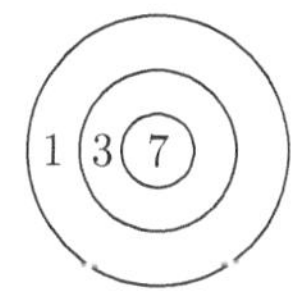

(A) 12 (B) 14 (C) 17 (D) 19 (E) 22

A-Stu (27), D/CH-11/13 (11) -11

A 3.44 Der kleine Bruno hat 7 Kuscheltierkatzen, eine ist weiß, eine gelb, eine rot, eine gelb-weiß, eine rot-weiß, eine gelb-rot und eine rot-weiß-gelb. Er will sich 4 Kuscheltierkatzen zum Schlafen mitnehmen. Von diesen 4 Katzen sollen immer 2 in mindestens einer Farbe übereinstimmen. Wie viele Möglichkeiten hat Bruno für seine Auswahl von 4 Katzen?

(A) eine (B) zwei (C) drei (D) vier (E) fünf

A-Ben (21), D/CH-5/6 (19) -11

A 3.45 Ich betrachte die Menge aller 3-stelligen Zahlen, die als Ziffern nur 1, 2 oder 3 haben. Dann wähle ich aus dieser Menge eine Teilmenge so, dass je zwei Zahlen dieser Teilmenge mindestens eine Ziffer gemeinsam haben. Wie viele Zahlen kann eine solche Teilmenge *höchstens* enthalten?

(A) 4 (B) 12 (C) 18 (D) 24 (E) 36

D/CH-11/13 (19) -11

A 3.46 Theo hat die „coolen" Zahlen erfunden. Eine Zahl ist „cool", wenn sie lauter verschiedene Ziffern hat und ihre erste Ziffer die Summe der anderen Ziffern ist. Wie viele 5-stellige „coole" Zahlen gibt es?

(A) 72 (B) 108 (C) 144 (D) 168 (E) 216

A-Jun (22), D/CH-9/10 (22) -11

A 3.47 Treppenhausen ist ein seltsames Dorf. In jeder Straße ist eine Straßenseite unbebaut, und auf der anderen Straßenseite stehen genau 10 Häuser nebeneinander. Die Häuser haben ein, zwei oder drei Stockwerke. Benachbarte Häuser unterscheiden sich immer um genau ein Stockwerk. Wie viele Straßen gibt es in Treppenhausen höchstens, wenn die Anordnung der Häuser in jeder Straße verschieden ist?

(A) 16 (B) 32 (C) 64 (D) 72 (E) 96

A-Kad (22), D/CH-7/8 (29) -09

A 3.48 Wie viele 10-stellige Zahlen mit den Ziffern 1, 2 und 3 existieren, bei denen sich benachbarte Ziffern um genau 1 unterscheiden?

(A) 32 (B) 64 (C) 96 (D) 128 (E) 1024

A-Jun (22), D/CH-9/10 (22) -09

Wahrscheinlichkeiten

A 3.49 Ich mache ein Würfelexperiment. In jedem Versuch würfle ich mit einem Würfel dreimal nacheinander und notiere die drei Augenzahlen genau dann, wenn die Augenzahl des dritten Wurfs gleich der Summe der Augenzahlen des ersten und zweiten Wurfs ist. Wie groß ist bei diesen notierten Dreierfolgen die Wahrscheinlichkeit, dass unter den drei Würfen mindestens eine 2 ist?

(A) $\frac{1}{6}$ (B) $\frac{91}{216}$ (C) $\frac{1}{2}$ (D) $\frac{8}{15}$ (E) $\frac{7}{12}$

A-Stu (23), D/CH-11/13 (22) -10

A 3.50 Ria und Yves überlegen, ob sie baden gehen sollen. Ein Wurf mit einer noch zu bestimmenden Anzahl von Würfeln soll die Entscheidung bringen. Wird keine 6 gewürfelt, wird gebadet und Ria muss als Erste ins Wasser. Ist genau eine 6 dabei, wird ebenfalls gebadet und Yves muss als Erster rein. Wird mehr als eine 6 gewürfelt, wird nicht gebadet. Mit wie vielen Würfeln müssen Ria und Yves würfeln, damit die Wahrscheinlichkeit, als Erster ins Wasser zu müssen, für beide gleich ist?

(A) 3 (B) 5 (C) 8 (D) 9 (E) 17

A-Stu (10), D/CH-11/13 (26) -11

A 3.51 Auf dem Wühltisch im Kaufhaus liegen am Abend rote und grüne Socken wild durcheinander. Als Spezialist in Sockenmathematik zähle ich sogleich alle Socken, und nach etwas Überlegen stellt sich heraus, dass die Wahrscheinlichkeit, beim zufälligen Greifen zweier Socken zwei gleichfarbige zu erwischen, gleich 1/2 ist. Welche der folgenden Aussagen ist dann *mit Sicherheit* richtig?

(**A**) Die Anzahl der Socken ist durch 4 teilbar.
(**B**) Die Anzahl der Socken ist eine Primzahl.
(**C**) Es sind genauso viele rote wie grüne Socken.
(**D**) Die Anzahl der Socken ist mindestens 10.
(**E**) Die Anzahl der Socken ist eine Quadratzahl.

A-Stu (24), D/CH-11/13 (28) –11

3.3 Kombinatorisches in der Geometrie

Ähnliche Aufgaben: **3.52** und **3.53** sowie **3.57** und **3.58**

A 3.52 In ihre 5 cm × 5 cm große Bausteinbox hat Milena bereits sieben 3 cm × 1 cm große Bausteine eingeordnet. Wie viele dieser Bausteine muss sie mindestens verschieben, um noch einen weiteren, ebenso großen Baustein unterzubringen?

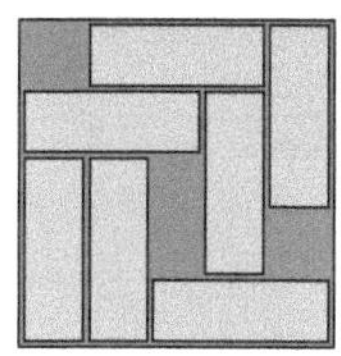

(**A**) 1 (**B**) 2 (**C**) 3 (**D**) 4 (**E**) 5

A-Ben (7), D/CH-5/6 (8) –10

A 3.53 In einer 5 cm × 5 cm großen Box befinden sich sieben längliche, 3 cm × 1 cm große Stäbe. Wie viele Stäbe müssen mindestens verschoben werden, wenn damit noch für einen achten, ebenso großen Stab Platz geschaffen werden soll?

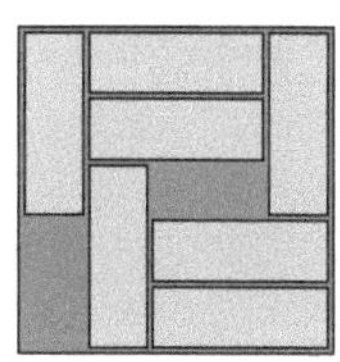

(**A**) 2 (**B**) 3 (**C**) 4
(**D**) 5 (**E**) das geht nicht

A-Kad (9), D/CH-7/8 (8) –10

A 3.54 Elly zeichnet die 6 Eckpunkte eines regelmäßigen Sechsecks und verbindet einige davon zu einer geometrischen Figur. Diese Figur ist *gewiss kein*

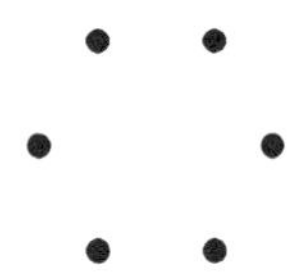

(**A**) Trapez (**B**) rechtwinkliges Dreieck
(**C**) Quadrat (**D**) spitzwinkliges Dreieck
(**E**) stumpfwinkliges Dreieck

A-Kad (6), D/CH-7/8 (7) –10

A 3.55 Aus roten, braunen, grauen und weißen Stoffresten näht die Großmutter eine Decke (siehe Bild). Dabei sorgt sie dafür, dass je zwei Streifen, die sich berühren, verschiedene Farben haben. Welche Farbe hat der Streifen mit dem Fragezeichen?

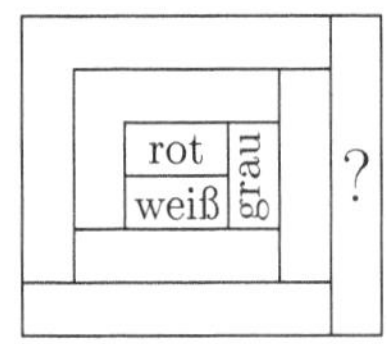

(**A**) rot (**B**) braun (**C**) weiß
(**D**) grau (**E**) grau oder braun

A-Kad (15), D/CH-7/8 (17) –11

A 3.56 Auf kariertem Papier sind 6 Punkte markiert (s. Abb.). Wenn 3 oder 4 dieser Punkte verbunden werden, entstehen unterschiedliche geometrische Figuren. Welche der folgenden Figuren ist jedoch *nicht* möglich?

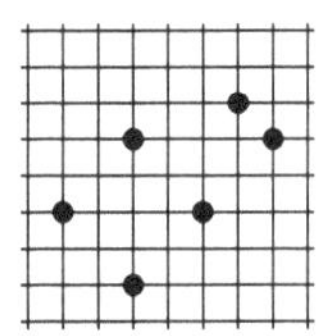

(**A**) stumpfwinkliges Dreieck (**B**) Quadrat
(**C**) spitzwinkliges Dreieck (**D**) Rechteck, das kein Quadrat ist
(**E**) Parallelogramm, das keine Raute (Rhombus) ist

A-Jun (6), D/CH-9/10 (9) –10

A 3.57 Wie viele der neun Punkte muss man mindestens entfernen, damit von den verbliebenen keine drei Punkte auf derselben Geraden liegen?

(**A**) 2 (**B**) 3 (**C**) 4 (**D**) 6 (**E**) 7

A-Kad (12) und Jun (2), D/CH-7/8 (15) –09

A 3.58 Wie viele der 16 Punkte des 4×4-Gitters müssen mindestens gelöscht werden, wenn von den verbliebenen keine 3 Punkte auf einer Geraden liegen sollen?

(**A**) 4 (**B**) 6 (**C**) 8 (**D**) 9 (**E**) 10

D/CH-9/10 (8) –09

A 3.59 Ameise Amanda läuft auf den Linien eines Stücks Karopapier. Sie beginnt und endet im Punkt A und betritt mit Ausnahme von A keinen Punkt der Linien mehr als einmal. Zu ihrem Weg gehören alle dick eingezeichneten Strecken. Amanda läuft so, dass die Fläche, die ihr Weg umschließt, so klein wie möglich ist. Aus wie vielen Karos besteht diese kleinstmögliche Fläche?

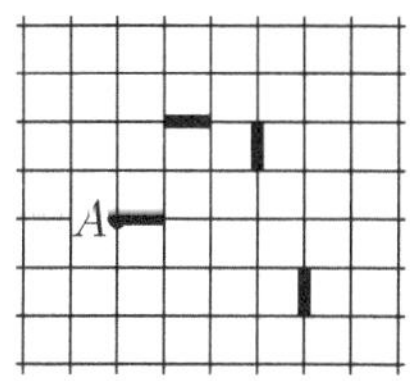

(**A**) 8 (**B**) 9 (**C**) 10 (**D**) 11 (**E**) 13

D/CH-5/6 (21) –10

A 3.60 Jessica hat sich etwas Kniffliges ausgedacht. Sie will in alle kleinen Dreiecke des Dreiecksgitters (s. Bild rechts) eine der Zahlen 1, 2, 3 oder 4 eintragen. Dabei soll in jedem der folgenden aus 4 Dreiecken bestehenden Ausschnitten jede der Zahlen 1, 2, 3 und 4 genau einmal auftauchen:

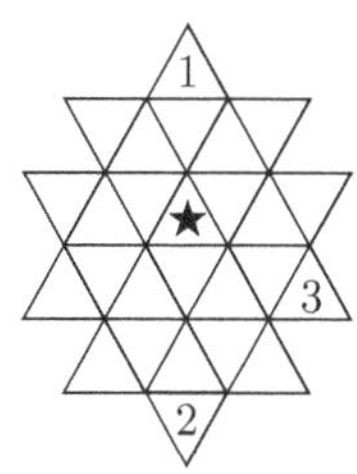

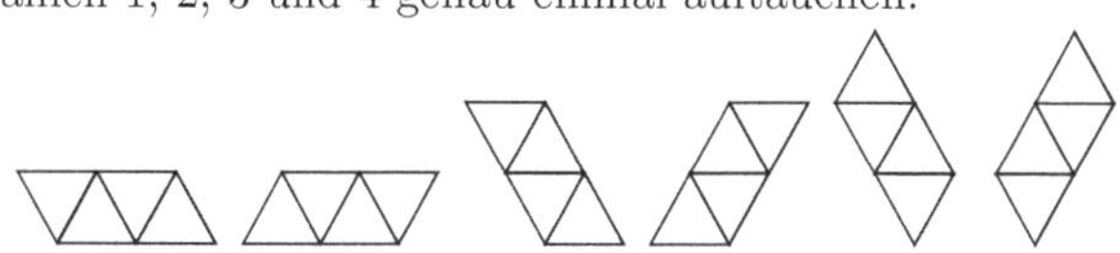

Welche Zahl muss den Stern ersetzen?

(**A**) 1, 2 oder 3 (**B**) nur 1 (**C**) nur 2 (**D**) nur 3 (**E**) nur 4

D/CH-5/6 (23) –10

A 3.61 In einer großen Truhe sammeln wir alles, was sich zum Bauen eignet. Dort sind auch kleine einfarbige Holzwürfelchen in verschiedenen Farben. Ich will aus 27 von diesen Würfeln einen großen Würfel zusammenbauen. Wie viele Farben sind nötig, wenn alle kleinen Würfel, die sich an mindestens einer Ecke berühren, verschiedenfarbig sein sollen?

(**A**) 15 (**B**) 12 (**C**) 9 (**D**) 8 (**E**) 6

A-Kad (28), D/CH-7/8 (28) –10

A 3.62 Auf wie viele Arten lassen sich aus der Menge aller Kanten eines Würfels vier Kanten auswählen, sodass keine zwei dieser vier Kanten einen gemeinsamen Punkt haben?

(**A**) 8 (**B**) 9 (**C**) 12 (**D**) 13 (**E**) 18

A-Jun (29), D/CH-9/10 (25) –11

A 3.63 Wenn die 9 Winkel dreier stumpfwinkliger Dreiecke sämtlich voneinander verschieden sind, wie viele Paare lassen sich unter diesen 9 Winkeln maximal finden, deren Winkelsumme gleich 90° ist?

(**A**) 0 (**B**) 1 (**C**) 2 (**D**) 3 (**E**) 4

D/CH-9/10 (28) –10

A 3.64 In Bens neuem Computerspiel ist eine knifflige Aufgabe zu lösen. Alle 16 Quadrate eines 4×4-Gitters sind zunächst weiß gefärbt. Wenn Ben auf ein Quadrat klickt, wird es entweder rot oder blau. Es gibt genau 2 rote Quadrate, und diese berühren sich an einer Seite. Die beiden roten Quadrate muss Ben aufdecken, und zwar mit so wenig Klicks wie möglich. Wie viele Klicks reichen sicher aus?

(**A**) 9 (**B**) 10 (**C**) 11 (**D**) 12 (**E**) 13

A-Kad (30), D/CH-7/8 (30) –11

4 Geometrie

4.1 Bestimmung einer Länge

Und nun die Geometrie! Leider ist von diesem Gebiet nur wenig in der Schulmathematik übrig geblieben, obwohl es sich wegen der Anschaulichkeit und der Nähe zum Praktischen durchaus einen gebührenden Platz verdient hätte. Viele Lösungsideen innerhalb wie außerhalb der Mathematik sind von geometrischen Vorstellungen und von Begriffen wie Symmetrie, Ausgewogenheit oder Harmonie geprägt, Begriffen, die sich in der Geometrie begründen und fassbar machen lassen. Es kommt hinzu, dass die Geometrie besonders gute Möglichkeiten bietet, das Definieren und das Formulieren von Aussagen zu üben wie auch das Beweisen – Techniken und Fertigkeiten also, die ihrerseits Bedeutung weit über das Unterrichtsfach Mathematik hinaus haben.

Zählen und Vergleichen

In den folgenden Aufgaben sind jeweils Längen zu berechnen. Die dabei zur Anwendung gelangenden Ideen kommen aus ganz unterschiedlichen Ecken der Schulgeometrie. Die einfachsten Methoden sind das Vergleichen (Messen) und Abzählen. Ausgehend von der konkreten Gestalt eines geometrischen Objekts wird nach gleichen oder gleichartigen Teilen gesucht, die berechenbar sind.

A 4.1 Von den Platten für die Terrasse hat sich Anton zehn genommen und einen Pfad gelegt (siehe Bild). Jede Platte ist 30 cm lang und 20 cm breit. Mit Kreide hat Anton ganz sauber und gerade die Mittelpunkte der Platten verbunden. Wie lang ist diese Zickzacklinie?

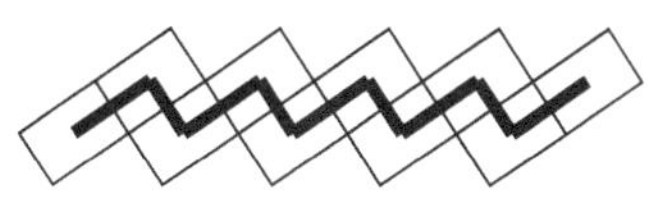

(**A**) 230 cm (**B**) 300 cm (**C**) 330 cm (**D**) 400 cm (**E**) 460 cm

A-Eco (6), D/CH-3/4 (4) –09

A 4.2 Die Quadrate in der Zeichnung haben drei verschiedene Größen. Die Seite des kleinsten Quadrats ist 20 cm lang. Wie lang ist die dick gezeichnete Linie?

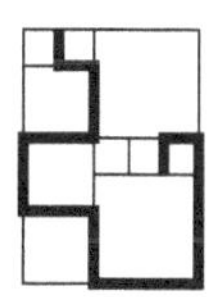

(**A**) 400 cm (**B**) 420 cm (**C**) 440 cm (**D**) 640 cm (**E**) 1680 cm

A-Ben (7), D/CH-5/6 (7) –09

A 4.3 Der Umfang der rechts abgebildeten Figur ist gleich

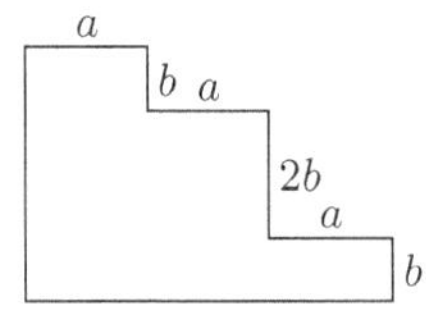

(**A**) $3a + 4b$ (**B**) $3a + 8b$ (**C**) $6a + 4b$
(**D**) $6a + 6b$ (**E**) $6a + 8b$

A-Kad (5), D/CH-7/8 (5) –10

A 4.4 Der rechts abgebildete Stern besteht aus 12 zueinander kongruenten gleichseitigen Dreiecken. Sein Umfang beträgt 36 cm. Welchen Umfang hat das graue Sechseck?

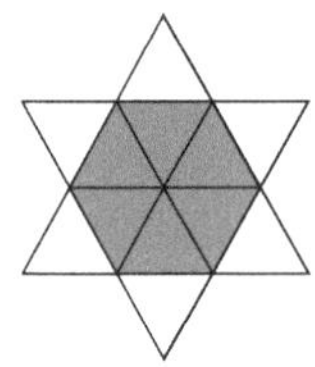

(**A**) 6 cm (**B**) 12 cm (**C**) 18 cm
(**D**) 24 cm (**E**) 30 cm

A-Kad (3), D/CH-7/8 (2) –09

Mit dem Satz des Pythagoras

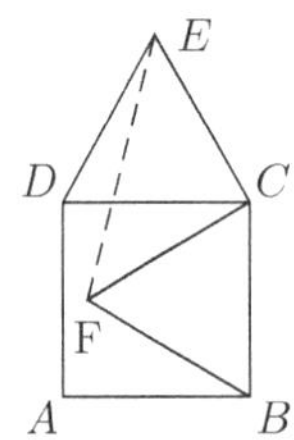

A 4.5 $ABCD$ ist ein Quadrat mit der Seitenlänge 1, BCF und CED sind gleichseitige Dreiecke. Wie lang ist $\overline{EF}$?

(**A**) 1 (**B**) $\sqrt{3}$ (**C**) $\sqrt{5} - 1$ (**D**) $\frac{\sqrt{3}}{2}$ (**E**) $\sqrt{2}$

A-Jun (11), D/CH-9/10 (14) –10

A 4.6 Im Winter wird bei uns oft eine quadratische $30\,\text{m} \times 30\,\text{m}$ große Eisfläche gespritzt. Neben Schlittschuhlaufen findet dort auch Puck-Schießen statt: Von Ecke A muss über die Bande Ecke B getroffen werden. Wie lang (in m) ist der gezeichnete Puck-Weg? (Achtung: Der Puck wird mit *dem* Winkel reflektiert, mit dem er auf die Bande trifft.)

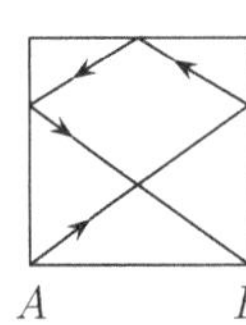

(**A**) 35 (**B**) $30\sqrt{13}$ (**C**) 8
(**D**) $60\sqrt{3}$ (**E**) $30(\sqrt{2} + \sqrt{3})$

A-Stu (11), D/CH-11/13 (12) –09

A 4.7 Seitenlänge des Quadrats und Radius des großen Kreises seien gleich 1. Welchen Radius hat der kleine Kreis, der den großen Kreis von außen und das Quadrat von innen berührt?

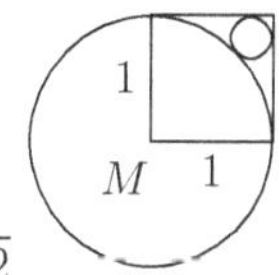

(A) $\frac{\sqrt{2}-1}{2}$ (B) $\frac{1}{4}$ (C) $\frac{\sqrt{2}}{4}$ (D) $1-\frac{\sqrt{2}}{2}$ (E) $3-2\sqrt{2}$

A-Stu (8), D/CH-11/13 (17) -09

A 4.8 Ein gleichseitiges Dreieck und ein Quadrat haben denselben Umfang. Dann verhält sich die Dreiecksfläche zur Quadratfläche wie

(A) $3:4$ (B) $1:2$ (C) $\sqrt{2}:2$ (D) $2\sqrt{5}:5$ (E) $4\sqrt{3}:9$

D/CH-11/13 (16) -11

Jede Aufgabe braucht eine spezielle Lösungsidee

A 4.9 Addiere ich die Längen von drei der vier Seiten eines Rechtecks, so kann ich als Ergebnis 20 oder 22 erhalten. Welchen Umfang hat das Rechteck?

(A) 24 (B) 25 (C) 26 (D) 28 (E) 32

D/CH-11/13 (7) -11

A 4.10 Ein Geometer will sich einen Turm für stille Sommerabende bauen. Nur seine Lieblingsfiguren soll man im Bauwerk finden – Quadrat, Rechteck und gleichseitiges Dreieck, alle mit demselben Umfang. Der Sockel ist in der Ansicht quadratisch, seine Höhe beträgt 9 m. Wie hoch ist das schraffierte Turmfenster geplant?

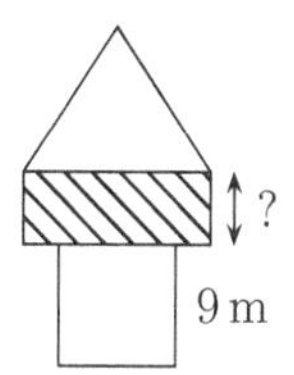

(A) 4 m (B) 5 m (C) 6 m (D) 7 m (E) 8 m

A-Ben (14), D/CH-5/6 (14) -09

A 4.11 Ein rechteckiges Mosaik mit einer Gesamtfläche von $360\,\text{cm}^2$ besteht aus quadratischen Teilen, die alle dasselbe Maß haben. Das Mosaik ist 12 cm hoch und 5 Quadrat-Teile breit. Welche Seitenlänge hat ein einzelnes Quadrat-Teil?

(A) 4 cm (B) 5 cm (C) 6 cm (D) 8 cm (E) 9 cm

A-Jun (6), D/CH-9/10 (10) -11

A 4.12 Ich zerlege ein Quadrat in 8 Rechtecke (siehe Bild). Addiere ich die Umfänge dieser 8 Rechtecke, erhalte ich 120 cm. Wie groß ist der Flächeninhalt des Quadrats?

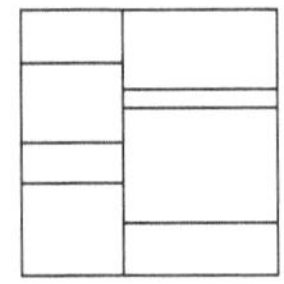

(**A**) 36 cm^2 (**B**) 64 cm^2 (**C**) 100 cm^2 (**D**) 144 cm^2 (**E**) 256 cm^2

A-Kad (16), D/CH-7/8 (21) –11

A 4.13 Von der abgebildeten Figur (linkes Bild) werden zwei Dreiecke abgeschnitten und um die dick markierten Punkte gedreht, sodass ein Dreieck entsteht (rechtes Bild). Wie lang ist die Seite x im linken Bild?

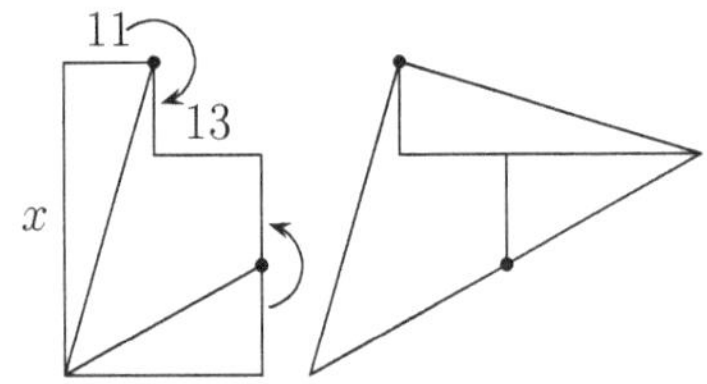

(**A**) 36 (**B**) 37 (**C**) 38 (**D**) 39 (**E**) 40

A-Kad (29), D/CH-7/8 (23) –11

A 4.14 Eine Kugel mit dem Radius 15 cm wird in ein kegelförmiges Loch gekullert und passt genau so in dieses Loch, wie es im Bild zu sehen ist. Die Seitenansicht des Loches ist ein gleichseitiges Dreieck. Wie tief ist das Loch (in cm)?

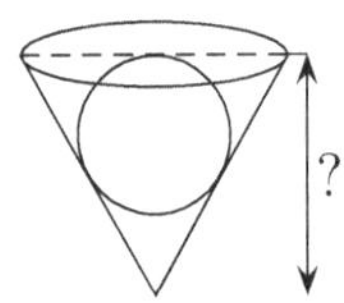

(**A**) 40 (**B**) $30\sqrt{2}$ (**C**) $25\sqrt{3}$ (**D**) 45 (**E**) 60

A-Jun (15), D/CH-9/10 (12) –11

A 4.15 Das Trapez $ABCD$ ist gleichschenklig mit $\overline{AD} = \overline{BC}$, X ist der Mittelpunkt der Seite AD. Wenn $\overline{AX} = 1$ und $\measuredangle BXC = 90°$ ist (*Abb. nicht maßstabsgerecht*), dann ist der Umfang des Trapezes

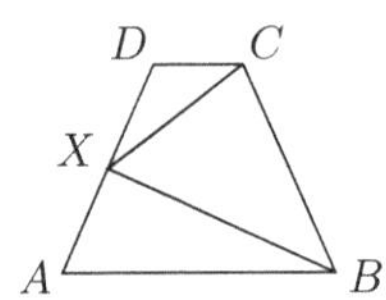

(**A**) 6 (**B**) $4\sqrt{2}$ (**C**) $3\sqrt{5}$ (**D**) 7 (**E**) nicht berechenbar

D/CH-9/10 (25) –10

A 4.16 Die Seiten $\overline{AB}$, $\overline{BC}$, $\overline{CD}$, $\overline{DE}$, $\overline{EF}$ und $\overline{FA}$ eines 6-Ecks sind sämtlich Tangenten desselben Kreises. Wenn $\overline{AB} = 4$, $\overline{BC} = 5$, $\overline{CD} = 6$, $\overline{DE} = 7$ und $\overline{EF} = 8$ ist, wie lang ist dann $\overline{FA}$?

(**A**) 3 (**B**) 6 (**C**) 9 (**D**) 12 (**E**) 13

A-Stu (18), D/CH-11/13 (20) –11

A 4.17 Über ein gleichseitiges Dreieck der Seitenlänge 3 wird ein Kreis mit dem Radius 1 gelegt, wobei der Kreismittelpunkt auf den Schwerpunkt des Dreiecks zu liegen kommt. Welchen Umfang hat die neu entstandene Figur?

(**A**) $3+2\pi$ (**B**) $6+\pi$ (**C**) $9+\frac{\pi}{3}$ (**D**) 3π (**E**) $6+\frac{2\pi}{3}$

A-Stu (16), D/CH-11/13 (15) -09

A 4.18 Im Rechteck $JKLM$ schneidet die Winkelhalbierende von $\measuredangle MJK$ die Diagonale KM im Punkt N. Die Abstände von N zu LM und KL seien 1 bzw. 8. Dann ist die Länge von $\overline{LM}$ gleich

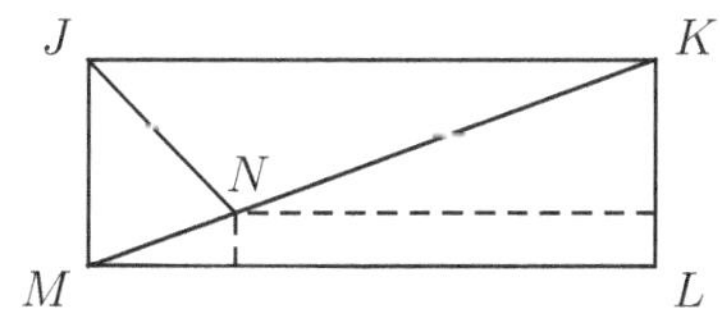

(**A**) $8+2\sqrt{2}$ (**B**) $11-\sqrt{2}$ (**C**) 10

(**D**) $8+3\sqrt{2}$ (**E**) $11+\frac{\sqrt{2}}{2}$

A-Stu (27), D/CH-11/13 (26) -09

4.2 Berechnung von Winkeln

A 4.19 Im Dreieck PQR liegt der Punkt S auf der Seite PQ, und es gilt $\measuredangle PRS = 12°$ sowie $\overline{RP} = \overline{RS} = \overline{SQ}$. Wie groß ist $\measuredangle SRQ$?

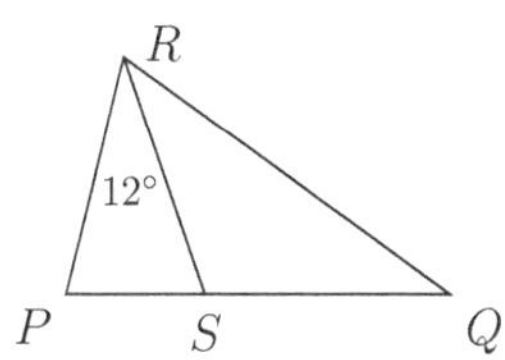

(**A**) 36° (**B**) 42° (**C**) 54° (**D**) 60° (**E**) 84°

A-Kad (8), D/CH-7/8 (9) -09

A 4.20 Es sei ABC ein rechtwinkliges Dreieck mit rechtem Winkel bei C. M sei der Mittelpunkt der Hypotenuse AB und $\measuredangle CAB = 60°$. Dann ist $\measuredangle BMC$ gleich

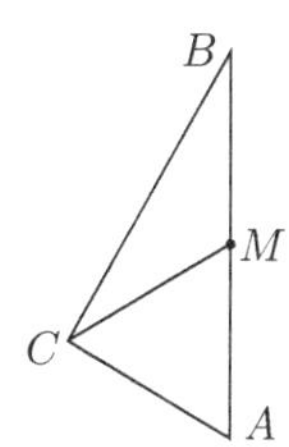

(**A**) 105° (**B**) 108° (**C**) 110° (**D**) 112° (**E**) 120°

A-Stu (7), D/CH-11/13 (7) -10

A 4.21 Wie viele spitze Winkel sind in fünf stumpfwinkligen Dreiecken?

(**A**) 0 (**B**) 5 (**C**) 10
(**D**) 15 (**E**) das hängt von den Dreiecken ab

D/CH-9/10 (4) -09

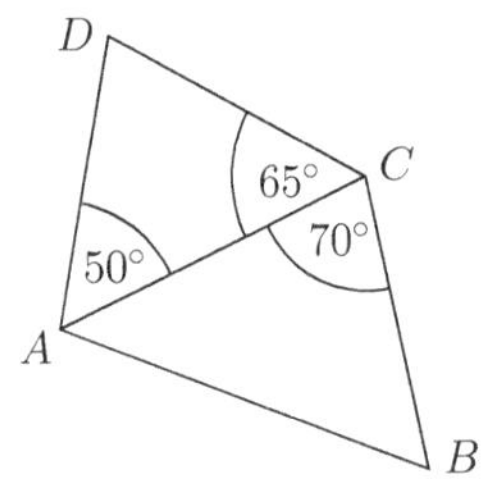

A 4.22 Im Viereck $ABCD$ sind $\overline{AD}$ und $\overline{BC}$ gleich lang. Einige Winkel sind eingezeichnet (*Abb. nicht maßstabsgerecht*). Wie groß ist der Innenwinkel bei B?

(**A**) 50° (**B**) 52° (**C**) 55° (**D**) 60° (**E**) 72°

A-Kad (13), D/CH-7/8 (15) -10

A 4.23 Auf einem Arbeitsblatt sollen wir die Winkel in einem spitzwinkligen und einem stumpfwinkligen Dreieck messen. Als mich Nick in der Pause fragt, was ich gemessen habe, erinnere ich mich nur noch an 120°, 80°, 55° und 10°. Wie groß ist der kleinste Winkel im spitzwinkligen Dreieck?

(**A**) 5° (**B**) 10° (**C**) 45°
(**D**) 55° (**E**) das ist unbestimmt

A-Kad (13), D/CH-7/8 (16) -09

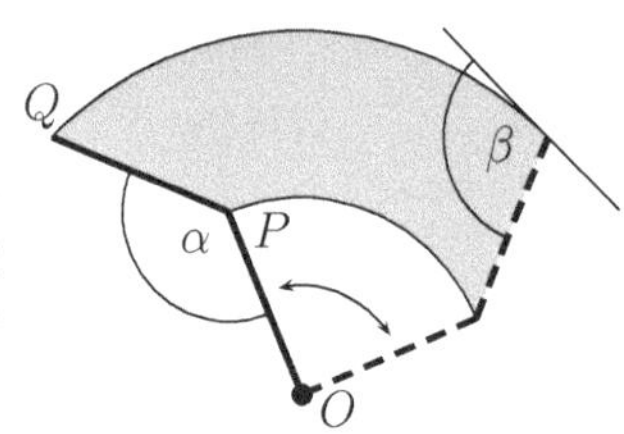

A 4.24 Ein Scheibenwischer ist so konstruiert, dass die Länge des Wischers $\overline{PQ}$ und die des Verbindungstabs zum Motor $\overline{PO}$ gleich sind und dass zwischen ihnen der feste Winkel α ist. Der Wischer führt eine Drehbewegung um O bis zum Anschlag aus. Dort entsteht zwischen der Tangente an die Kurve, die das Wischerblattende beschreibt, und dem Wischerblatt der Winkel β. Es ist $\beta =$

(**A**) $\dfrac{3\pi - \alpha}{2}$ (**B**) $\pi - \dfrac{\alpha}{2}$ (**C**) $\dfrac{3\pi}{2} - \alpha$ (**D**) $\dfrac{\pi}{2} + \alpha$ (**E**) $\pi + \dfrac{\alpha}{2}$

A-Stu (15), D/CH-11/13 (21) -11

A 4.25 In der Zeichnung ist ein regelmäßiges Neuneck zu sehen. Wie groß ist der Winkel bei X?

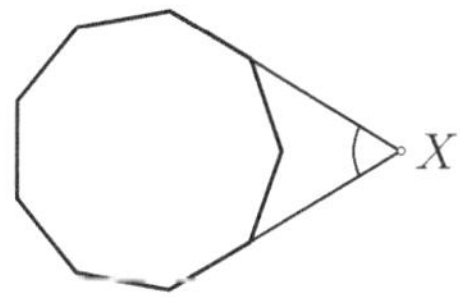

(A) 50° (B) 52,5° (C) 55° (D) 57,5° (E) 60°

A-Kad (19), D/CH-7/8 (25) –09

A 4.26 Einer der Innenwinkel eines Dreiecks misst 68°. Die Winkelhalbierenden der beiden anderen Winkel schließen den mit einem Fragezeichen markierten Winkel ein. Wie groß ist dieser?

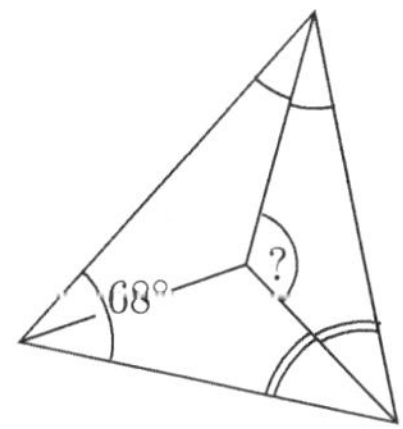

(A) 124° (B) 128° (C) 132° (D) 134° (E) 136°

A-Jun (12), D/CH-9/10 (13) –09

A 4.27 Im Dreieck WXY sind Punkte Z auf XY und T auf WZ wie abgebildet gegeben. Verbindet man T mit X, so entsteht eine Figur, in der man neun Innenwinkel definieren kann, wie dies in der Abbildung dargestellt ist. Was ist die kleinste Anzahl verschiedener Winkel, die unter diesen neun Winkeln vorkommen können?

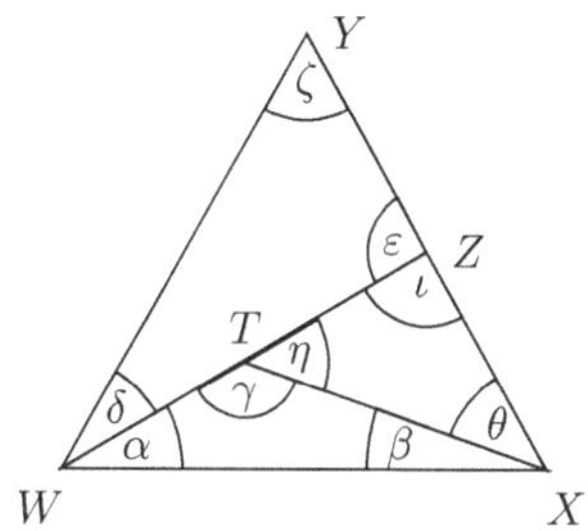

(A) 2 (B) 3 (C) 4 (D) 5 (E) 6

A-Jun (20) –11

A 4.28 Ein Papierstreifen ist dreimal gefaltet worden (s. Abb.). Wie groß ist β, wenn $\alpha = 70°$ ist?

(A) 140° (B) 130°
(C) 120° (D) 110°
(E) 100°

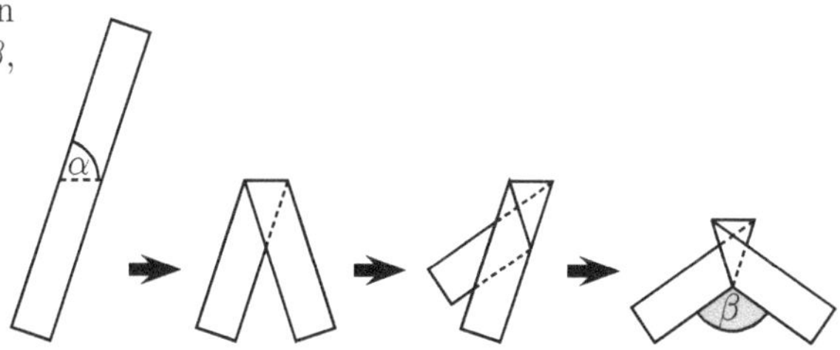

A-Stu (20), D/CH-11/13 (21) –10

A 4.29 In einem Rechteck sind zwei Quadrate enthalten, die sich gegenseitig und das Rechteck mit je einem Eckpunkt berühren (siehe Bild). Wie groß ist der Winkel γ?

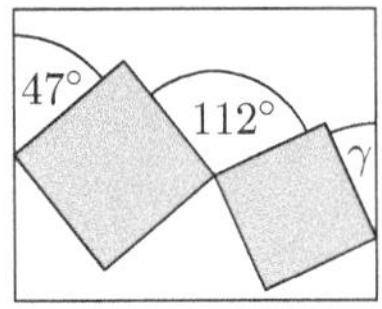

(A) 18° (B) 21° (C) 24° (D) 28° (E) 47°

D/CH-7/8 (24) -11

A 4.30 Im Viereck $ABCD$, in dem sich die beiden Diagonalen im Inneren schneiden, ist $\overline{AB} = \overline{AC}$, $\measuredangle BAD = 80°$, $\measuredangle CBA = 75°$ und $\measuredangle ADC = 65°$. Wie groß ist $\measuredangle BDC$?

(A) 10° (B) 12° (C) 15° (D) 18° (E) 25°

D/CH-9/10 (24) -11

4.3 Flächeninhalt und Volumen

Um in den folgenden Aufgaben den gesuchten Flächeninhalt zu berechnen, ist stets zuvor eine Zusatzaufgabe zu bearbeiten. Sei es, dass eine geeignete Zerlegung zu finden, dass eine Hilfslinie einzuzeichnen oder vor dem Rechnen eine geometrische Eigenschaft nachzuweisen ist, in jedem der Beispiele muss das Problem vor dem Anwenden bekannter Flächenberechnungsformeln gründlich analysiert und in Teilaufgaben zerlegt werden.
Die Aufgaben sind nach der Methode sortiert, mit deren Hilfe sie sich vorteilhaft bearbeiten lassen. Die erste und am leichtesten zugängliche ist erneut

Zählen und Vergleichen

Ähnliche Aufgaben: **4.40** und **4.41** sowie **4.42** und **4.43**

A 4.31 Welche Figur hat die größte Fläche?

(A) 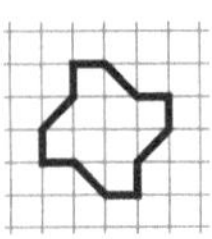 (B) 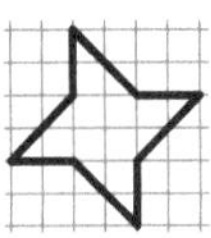 (C) 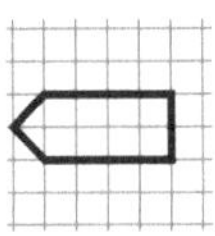 (D) 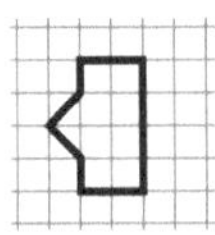 (E) 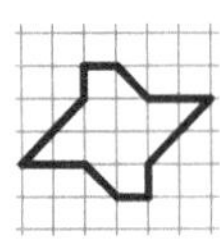

A-Eco (8), D/CH-3/4 (8) -11

A 4.32 Eva hat eine Tafel Schokolade, die aus lauter gleich großen Stücken besteht. Sie bricht zuerst für Leon einen Streifen aus fünf Stücken ab, dann für Hanna einen aus sieben Stücken (siehe Bild). Wie viele Stücke der Tafel hat Eva dann noch übrig?

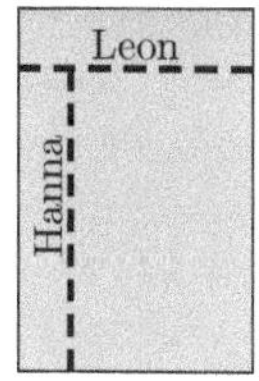

(A) 28 (B) 30 (C) 31 (D) 35 (E) 40

A-Eco (10), D/CH-3/4 (9) –09

A 4.33 Jeder der vier Würfel, die zu dem nebenstehend abgebildeten Quader zusammengefügt sind, hat eine Oberfläche von $24\,\text{cm}^2$. Welche Oberfläche hat dieser Quader?

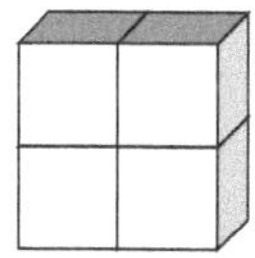

(A) $80\,\text{cm}^2$ (B) $64\,\text{cm}^2$ (C) $40\,\text{cm}^2$
(D) $32\,\text{cm}^2$ (E) $24\,\text{cm}^2$

A-Jun (4), D/CH-9/10 (4) –10

A 4.34 Ich spiele mit meinem Freund mit lauter gleich großen Würfeln. Er hat aus 36 Würfeln eine Mauer um ein quadratisches Spielfeld gebaut. Ich lege das Spielfeld innerhalb der Mauer komplett aus. Wie viele Würfel brauche ich?

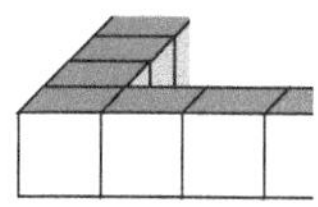

(A) 36 (B) 49 (C) 64 (D) 81 (E) 100

A-Ben (13), D/CH-5/6 (11) –11

A 4.35 Welchen Bruchteil der Fläche des großen Quadrats nimmt die Fläche des winzigen schwarzen Quadrats ein?

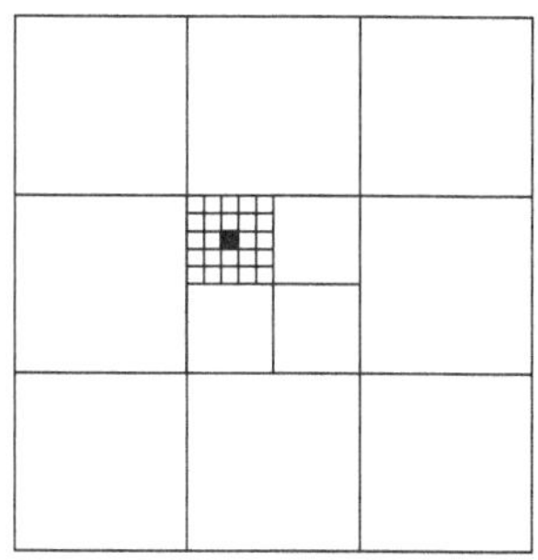

(A) $\frac{1}{100}$ (B) $\frac{1}{300}$ (C) $\frac{1}{600}$

(D) $\frac{1}{900}$ (E) $\frac{1}{1000}$

A-Kad (5), D/CH-7/8 (4) –09

A 4.36 Die Ecken des kleinsten Quadrats halbieren die Seiten des mittleren Quadrats, und die Ecken des mittleren Quadrats halbieren die Seiten des größten Quadrats. Der Flächeninhalt des kleinsten Quadrats beträgt $6\,\text{cm}^2$. Dann unterscheidet sich der Flächeninhalt des größten Quadrats von dem des mittleren Quadrats um

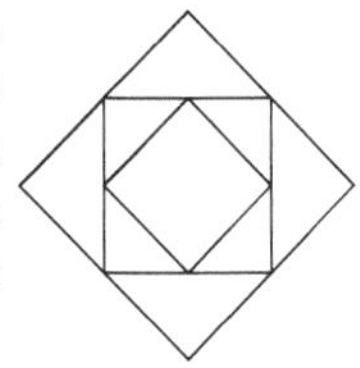

(**A**) $6\,\text{cm}^2$ (**B**) $9\,\text{cm}^2$ (**C**) $12\,\text{cm}^2$ (**D**) $15\,\text{cm}^2$ (**E**) $18\,\text{cm}^2$

A-Kad (6), D/CH-7/8 (6) -11

A 4.37 Elli bastelt mit ihrer Schwester Luise. Sie hat einen großen Holzwürfel rot gestrichen. Luise zersägt ihn mit drei Schnitten in 8 Quader (siehe Bild). Bevor Elli mit dem Streichen der noch unbemalten Quaderflächen beginnt, überlegt sie, welchen Teil der Gesamtoberfläche der 8 Quader sie jetzt noch zu streichen hat. Es ist

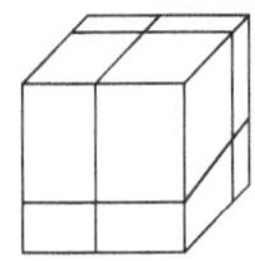

(**A**) die Hälfte (**B**) ein Drittel (**C**) ein Viertel
(**D**) ein Sechstel (**E**) ein Achtel

A-Kad (24), D/CH-7/8 (21) -09

A 4.38 Ein Würfel (s. Abb.) besteht aus 27 kleinen Würfeln, von denen ein jeder eine Oberfläche von $24\,\text{cm}^2$ hat. Wie groß ist die Oberfläche des großen Würfels?

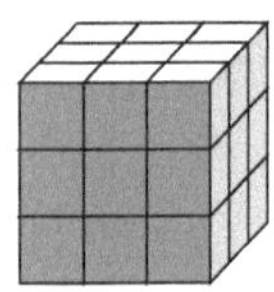

(**A**) $216\,\text{cm}^2$ (**B**) $182\,\text{cm}^2$ (**C**) $156\,\text{cm}^2$ (**D**) $144\,\text{cm}^2$ (**E**) $96\,\text{cm}^2$

D/CH-11/13 (9) -10

A 4.39 Tanja hat einen weißen Würfel mit der Kantenlänge 10 cm mit schwarzen Quadraten beklebt (siehe Bild). Der Würfel sieht von allen Seiten gleich aus. Wie groß ist die gesamte schwarze Fläche?

(**A**) $225\,\text{cm}^2$ (**B**) $240\,\text{cm}^2$ (**C**) $245\,\text{cm}^2$ (**D**) $256\,\text{cm}^2$ (**E**) $275\,\text{cm}^2$

A-Jun (21), D/CH-9/10 (21) -11

A 4.40 Das dick umrandete gleichseitige Dreieck besteht aus 36 gleichseitigen Dreiecken, von denen jedes den Flächeninhalt $1\,\text{cm}^2$ hat. Welchen Flächeninhalt hat $\triangle ABC$?

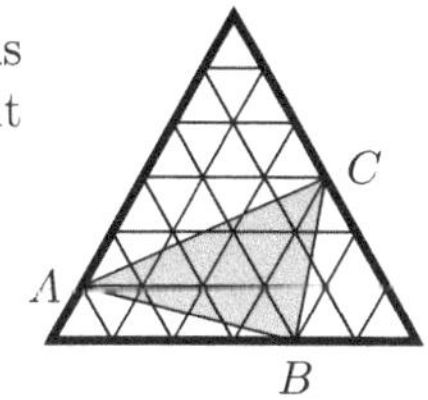

(**A**) $9\,\text{cm}^2$ (**B**) $10\,\text{cm}^2$ (**C**) $11\,\text{cm}^2$
(**D**) $12\,\text{cm}^2$ (**E**) $13\,\text{cm}^2$

A-Jun (22) und Stu (14), D/CH-9/10 (20) –10

A 4.41 Das dick umrandete gleichseitige Dreieck besteht aus 36 gleichseitigen Dreiecken, von denen jedes den Flächeninhalt $1\,\text{cm}^2$ hat. Welchen Flächeninhalt hat $\triangle ABC$?

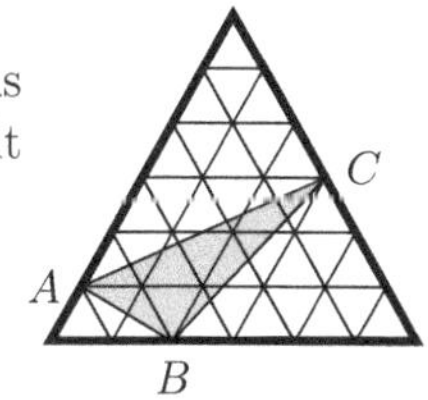

(**A**) $7\,\text{cm}^2$ (**B**) $9\,\text{cm}^2$ (**C**) $10\,\text{cm}^2$
(**D**) $12\,\text{cm}^2$ (**E**) $13\,\text{cm}^2$

A-Kad (29), D/CH-7/8 (29) –10

A 4.42 Parallel zur Grundlinie eines Dreiecks werden Linien gezeichnet, die die beiden anderen Seiten in 9 gleich große Teile teilen. Jeder zweite Streifen wird grau eingefärbt (s. Abb.). Welcher Anteil der Dreiecksfläche ist grau?

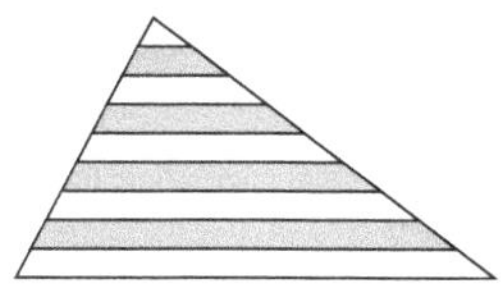

(**A**) $\frac{1}{2}$ (**B**) $\frac{1}{3}$ (**C**) $\frac{2}{5}$ (**D**) $\frac{3}{7}$ (**E**) $\frac{4}{9}$

D/CH-9/10 (23) –10

A 4.43 Parallel zur Grundlinie eines Dreiecks werden Linien gezeichnet, die die beiden anderen Seiten in 10 gleich große Teile teilen. Jeder zweite Streifen wird grau eingefärbt (s. Abb.). Wie viel Prozent der Dreiecksfläche ist grau?

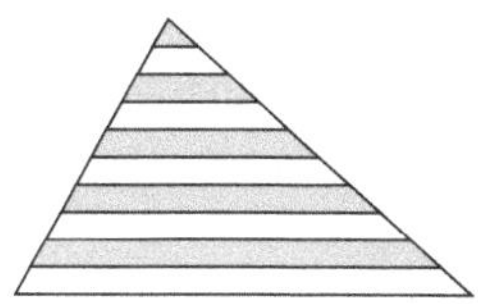

(**A**) 41,75 % (**B**) 42,5 % (**C**) 45 % (**D**) 46 % (**E**) 47,5 %

A-Jun (23) und Stu (21), D/CH-11/13 (23) –10

Flächenberechnung mithilfe rechtwinkliger Dreiecke

A 4.44 Im Viereck $PQRS$ ist $\overline{PS} = \overline{SR}$, $\overline{ST} = 5$ und $\measuredangle PSR = \measuredangle RQP = 90°$. Die Strecke ST steht senkrecht auf PQ (*Skizze nicht maßstabgerecht*). Dann ist der Flächeninhalt von $PQRS$ gleich

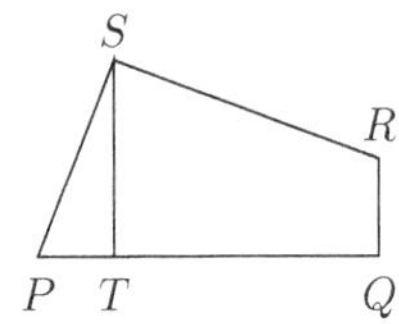

(**A**) 20 (**B**) 22,5 (**C**) 25 (**D**) 27,5 (**E**) 30

A-Stu (8), D/CH-11/13 (8) -11

A 4.45 Vier gleiche rechtwinklige Dreiecke sind, wie es die Abbildung zeigt, in ein Rechteck gezeichnet. Wie groß ist dann der Flächeninhalt, den die gesamte graue Fläche hat?

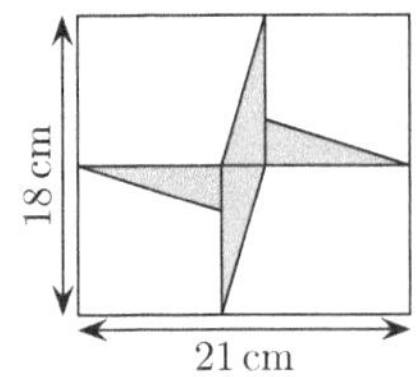

(**A**) $20\,\text{cm}^2$ (**B**) $35\,\text{cm}^2$ (**C**) $36\,\text{cm}^2$
(**D**) $42\,\text{cm}^2$ (**E**) $54\,\text{cm}^2$

A-Ben (22), D/CH-5/6 (22) -11

A 4.46 Im Viereck $ABCD$ ist $\overline{AB} = 11$, $\overline{BC} = 7$, $\overline{CD} = 9$ und $\overline{DA} = 3$. Die Winkel an den Eckpunkten A und C sind beides rechte Winkel. Wie groß ist der Flächeninhalt des Vierecks?

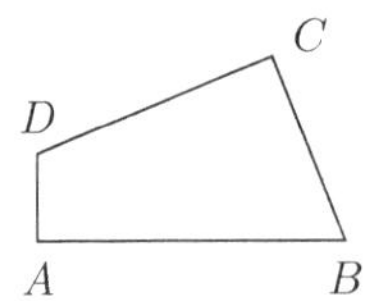

(**A**) 30 (**B**) 44 (**C**) 48 (**D**) 52 (**E**) 60

D/CH-7/8 (12) -09

A 4.47 Welcher Bruchteil des Quadrats ist grau?

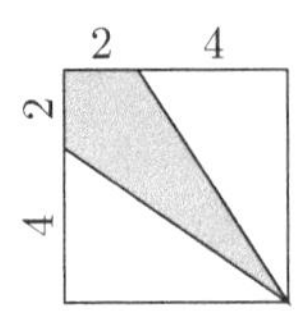

(**A**) $\frac{1}{3}$ (**B**) $\frac{1}{4}$ (**C**) $\frac{1}{5}$ (**D**) $\frac{3}{8}$ (**E**) $\frac{2}{9}$

A-Ben (18) -10

A 4.48 $ABCD$ ist ein Quadrat mit der Seitenlänge 10 cm. Der Abstand zwischen M und N beträgt 6 cm. Die Dreiecke an den Seiten sind gleichschenklig-rechtwinklig, und die Vierecke an den Eckpunkten sind Quadrate. Welchen Flächeninhalt hat die graue Fläche?

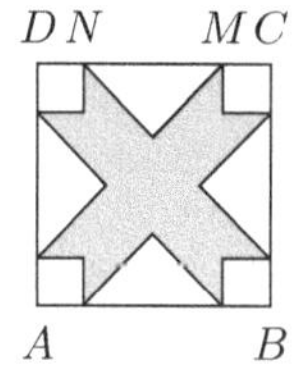

(**A**) $40\,\text{cm}^2$ (**B**) $42\,\text{cm}^2$ (**C**) $44\,\text{cm}^2$ (**D**) $46\,\text{cm}^2$ (**E**) $48\,\text{cm}^2$

A-Ben (22), D/CH-5/6 (25) -09

A 4.49 Auf ein Blatt Papier ist eine Strecke $\overline{AB}$ mit der Länge 2 cm gezeichnet. Wie viele verschiedene Möglichkeiten gibt es, einen Punkt C so zu zeichnen, dass das Dreieck ABC rechtwinklig ist und einen Flächeninhalt von $1\,\text{cm}^2$ besitzt?

(**A**) zwei (**B**) vier (**C**) sechs (**D**) acht (**E**) zehn

A-Kad (18), D/CH-7/8 (19) -11

Hier hilft der Nachweis von Ähnlichkeit oder Kongruenz

A 4.50 Der schraffierte rechteckige Teil des Trapezes hat einen Flächeninhalt von $13\,\text{cm}^2$. Die Eckpunkte A und B sind jeweils die Mittelpunkte der Trapezseiten. Welchen Flächeninhalt hat dann das gesamte Trapez?

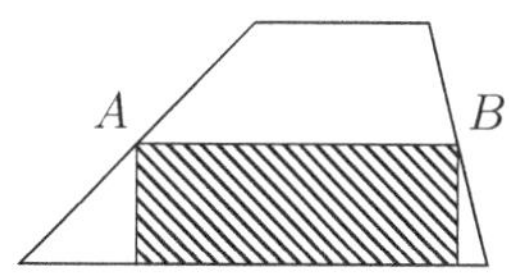

(**A**) $15\,\text{cm}^2$ (**B**) $18\,\text{cm}^2$ (**C**) $21\,\text{cm}^2$
(**D**) $24\,\text{cm}^2$ (**E**) $26\,\text{cm}^2$

A-Jun (2), D/CH-9/10 (5) -11

A 4.51 Ein gleichseitiges Dreieck ist in eine Raute, ein kleines gleichseitiges Dreieck und zwei Trapeze aufgeteilt. Der Flächeninhalt der Raute beträgt 18 und der des kleinen Dreiecks 1. Wie groß ist der Flächeninhalt des Ausgangsdreiecks?

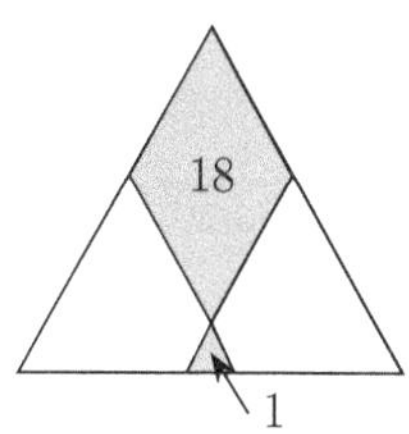

(**A**) 35 (**B**) 43 (**C**) 49 (**D**) 55 (**E**) 67

D/CH-9/10 (16) -09

A 4.52 Die Seiten des Dreiecks $\triangle ABC$ seien derart in beide Richtungen bis zu den Punkten P, Q, R, S, T und U verlängert, dass $\overline{TC} = \overline{CB} = \overline{BQ}$, $\overline{PA} = \overline{AC} = \overline{CS}$ und $\overline{UA} = \overline{AB} = \overline{BR}$ gilt (s. Skizze). Wenn der Flächeninhalt von $\triangle ABC$ gleich 1 ist, so ist der Flächeninhalt von $PQRSTU$ gleich

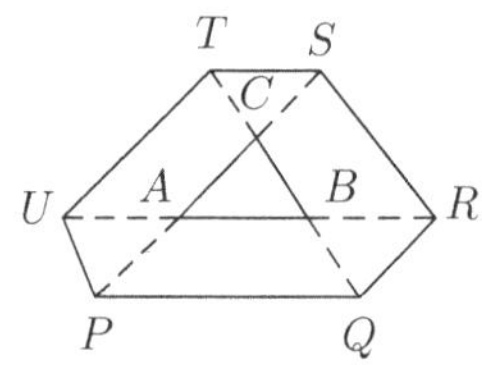

(**A**) 8 (**B**) 9 (**C**) 10 (**D**) 12 (**E**) 13

A-Stu (9), D/CH-11/13 (8) -09

A 4.53 Drei Parallelen werden von drei anderen Parallelen so geschnitten, dass in zwei der entstehenden Parallelogramme Kreise einbeschrieben werden können. Die Flächeninhalte der grauen Flächen seien X, Y und Z, der des Parallelogramms $PQRS$ sei W, und der des weißen Parallelogramms sei T. Wenn ich aus den Werten X, Y, Z und W geeignet wählen kann, wie viele dieser Werte muss ich mindestens kennen, um T zu bestimmen?

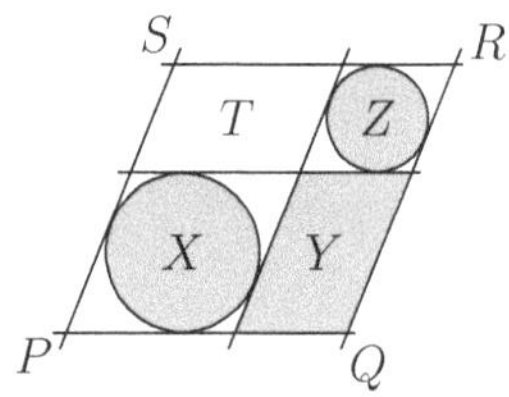

(**A**) einen (**B**) zwei (**C**) drei
(**D**) vier (**E**) weitere Angaben sind nötig

A-Stu (16), D/CH-11/13 (14) -11

Einige Kreisaufgaben

A 4.54 Der Flächeninhalt des abgebildeten Dreiecks beträgt 36. Der Radius der drei Kreise mit Mittelpunkten in den Ecken des Dreiecks ist jeweils 2. Wie groß ist der Flächeninhalt der grauen Teilfläche des Dreiecks?

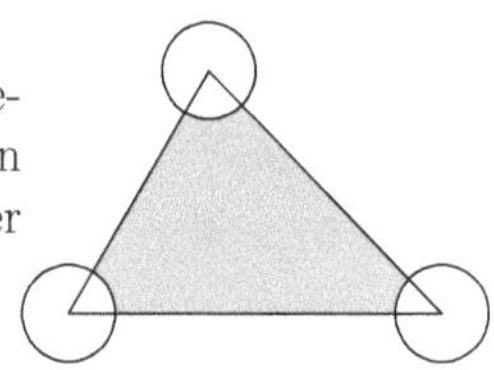

(**A**) $18 + \pi^2$ (**B**) $36 - 2\pi$ (**C**) $18 + 4\pi$ (**D**) $36 - \pi$ (**E**) 36π

A-Jun (10), D/CH-9/10 (9) -09

A 4.55 Welcher Anteil des größten Quadrates ist grau gefärbt?

(**A**) $\frac{1}{4}$ (**B**) $\frac{1}{5}$ (**C**) $\frac{2}{5}$ (**D**) $\frac{3}{8}$ (**E**) $\frac{1}{3}$

A-Kad (14) -09

A 4.56 Ein Kreis mit dem Radius 4 ist durch Kreisbögen mit dem Radius 2 in vier kongruente Teile geteilt worden. Wie groß ist der Umfang eines solchen Viertels?

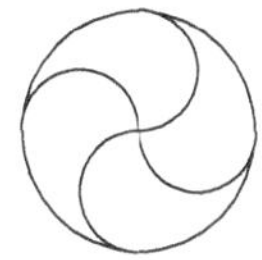

(A) 2π (B) 3π (C) 6π (D) 8π (E) 12π

A-Jun (18), D/CH-9/10 (12) –10

A 4.57 Um die Eckpunkte eines Quadrates der Seitenlänge 2 sind vier Halbkreise konstruiert, die sich im Mittelpunkt des Quadrats schneiden. Die vier kleineren grauen Kreise, deren Zentren in den Mittelpunkten der Quadratseiten liegen, berühren je zwei Halbkreise von innen (s. Abb.). Welchen Flächeninhalt haben diese vier grauen Kreise insgesamt?

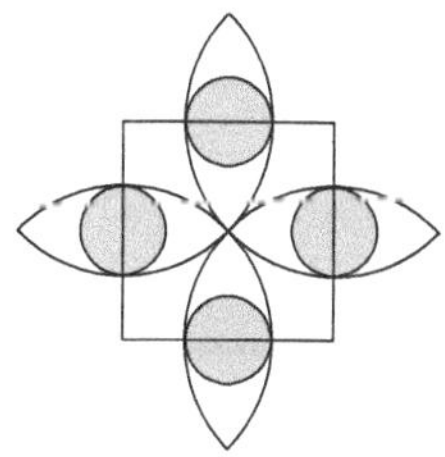

(A) $2\sqrt{2}\pi$ (B) $\frac{\sqrt{3}}{2}\pi$ (C) π

(D) $\frac{\pi}{4}$ (E) $4(3-2\sqrt{2})\pi$

A-Stu (10), D/CH-11/13 (14) –10

Verdeckte Flächen

A 4.58 Ein 8×10-Rechteck und ein 9×12-Rechteck bedecken einander teilweise. Wie groß ist der Flächeninhalt der grauen Fläche, wenn der Flächeninhalt der gestreiften Fläche 37 ist?

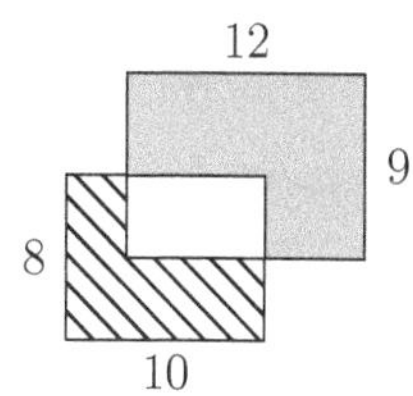

(A) 60 (B) 62 (C) 62,5 (D) 64 (E) 65

A-Ben (17), D/CH-5/6 (16) –09

A 4.59 Gegeben sind ein Quadrat mit Seitenlänge 6 und ein Rechteck mit den Seitenlängen 6 und 10. Die graue Fläche ist halb so groß wie die Rechtecksfläche. Wie lang ist x? (*Abb. nicht maßstabsgerecht*)

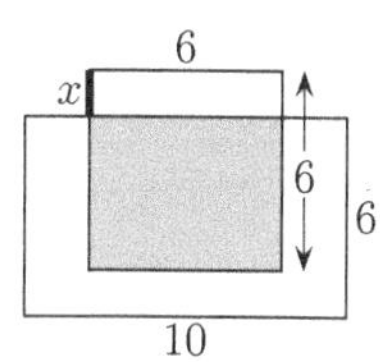

(A) 1 (B) 1,25 (C) 1,5 (D) 2 (E) 2,5

A-Kad (18), D/CH-7/8 (18) –10

A 4.60 Ein 6 cm × 6 cm-Quadrat bedeckt die Fläche eines Dreiecks maximal zu 60 %. Legt man das Dreieck auf das Quadrat, dann werden maximal zwei Drittel der Fläche des Quadrats bedeckt. Welchen Flächeninhalt hat das Dreieck?

(**A**) 24 cm² (**B**) 25 cm² (**C**) 36 cm² (**D**) 40 cm² (**E**) 48 cm²

A-Kad (28), D/CH-7/8 (24) und 11/13 (19) –09

A 4.61 Ein dreieckiges Stück Papier wurde einmal gefaltet (s. Abb.). Es entstand ein Siebeneck (dick umrandet), dessen Fläche zwei Drittel der ursprünglichen Dreiecksfläche beträgt. Die Summe der Flächeninhalte der drei grauen Dreiecke ist 1. Wie groß ist die Fläche des Ausgangsdreiecks?

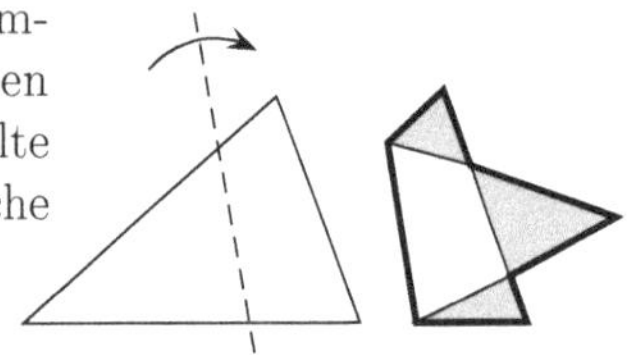

(**A**) 2 (**B**) 2,5 (**C**) 3
(**D**) 4,5 (**E**) das lässt sich nicht berechnen

A-Jun (20), D/CH-9/10 (18) –10

A 4.62 In einem Quadrat mit Seitenlänge 7 cm liegt ein Quadrat mit Seitenlänge 3 cm. Ein Quadrat mit Seitenlänge 5 cm schneidet beide Quadrate (*Abb. nicht maßstabsgerecht*). Um wie viel ist die schwarze Fläche größer als die Summe der beiden grauen Flächen?

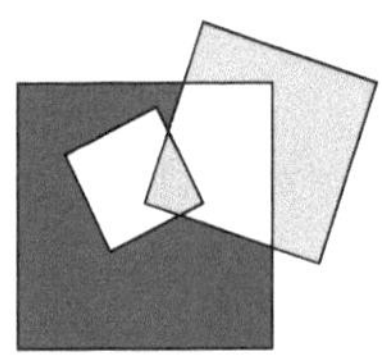

(**A**) um 0 cm² (**B**) um 3 cm² (**C**) um 9 cm²
(**D**) um 11 cm² (**E**) um 15 cm²

A-Kad (24), D/CH-7/8 (29) –11

Volumenbestimmung

A 4.63 Tanja hat aus kleinen Würfeln einen Tisch zusammengeklebt. Wie viele Würfel hat sie benutzt?

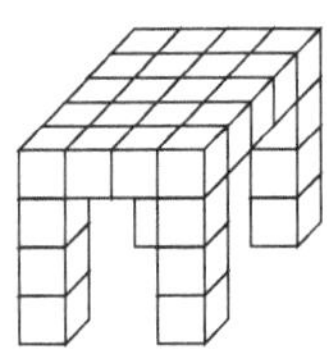

(**A**) 24 (**B**) 26 (**C**) 28 (**D**) 32 (**E**) 36

A-Eco (14), D/CH-3/4 (13) –09

A 4.64 Graf Stolzenbein lässt die Mauer seiner neuen Burg aus Granitwürfeln bauen. Die Mauer kostet ein Vermögen: 1 Goldstück pro Würfel. Wie viele Goldstücke kostet die Mauer?

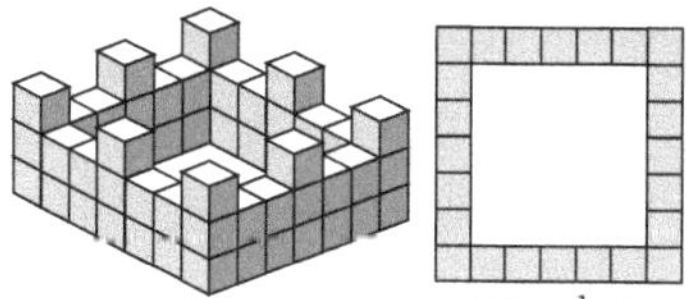

von oben

(**A**) 56 (**B**) 60 (**C**) 64 (**D**) 68 (**E**) 72

A-Eco (22), D/CH-3/4 (12) –11

A 4.65 Spielzeugkängurus werden für den Versand erst einzeln in kleine würfelförmige Schachteln und diese dann in größere, ebenfalls würfelförmige Schachteln verpackt. Auf den Boden einer großen Schachtel passen genau vier kleine. Wie viele verpackte Kängurus passen insgesamt in eine große Schachtel?

(**A**) 8 (**B**) 10 (**C**) 12 (**D**) 14 (**E**) 16

A-Kad (4), D/CH-7/8 (3) –10

A 4.66 Ich habe zwei würfelförmige Gefäße. Die Kanten des größeren sind um 1 cm länger als die des kleineren. Als ich den vollen größeren Würfel in den kleinen entleere bis der voll ist, bleiben im großen 217 ml übrig. Daraus lässt sich das Volumen des kleinen Würfels errechnen. Es beträgt

(**A**) 243 ml (**B**) 512 ml (**C**) 125 ml (**D**) 1331 ml (**E**) 729 ml

A-Jun (14), D/CH-9/10 (16) –11

4.4 Geometrisches Vorstellungsvermögen in Ebene und Raum

Ebene Figuren

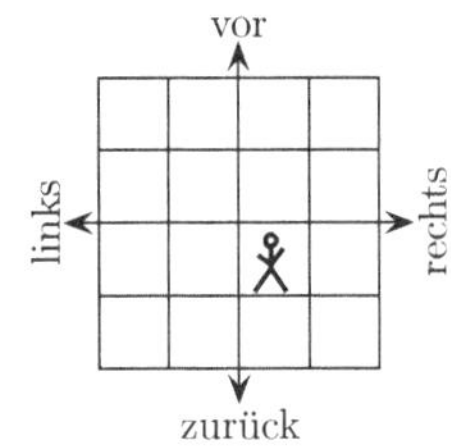

A 4.67 Auf dem Schulhof ist für ein Hüpfspiel ein 4 × 4-Feld aufgezeichnet. Bert ist dran und hüpft zuerst ein Feld nach rechts, dann 2 Felder nach vorn, dann 2 Felder nach links, dann eins zurück und dann eins nach rechts. Welches Bild zeigt, wo er sich nun befindet?

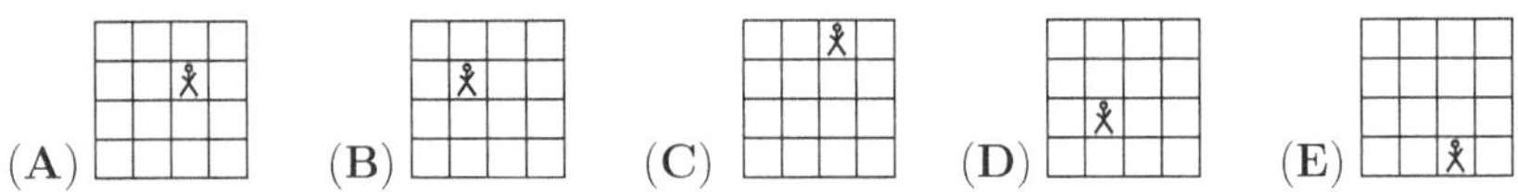

A-Eco (3), D/CH-3/4 (3) -11

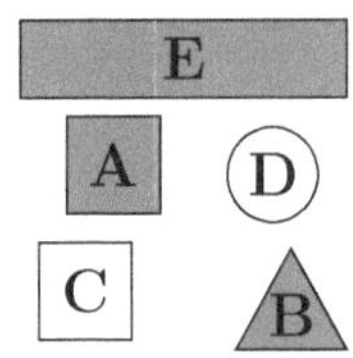

A 4.68 Von den 5 Figuren rechts im Bild suche ich mir eine aus: Sie ist kein Quadrat. Sie ist grau und entweder rund oder dreieckig. Welche Figur habe ich mir ausgesucht?

(**A**) A (**B**) B (**C**) C (**D**) D (**E**) E

A-Eco (5), D/CH-3/4 (5) -11

A 4.69 Ein quadratisches Papierstück ist entlang einer geraden Linie in zwei Teile zerschnitten worden. Welche Form kann *keines* der beiden Teile haben?

(**A**) Quadrat (**B**) Rechteck (**C**) rechtwinkliges Dreieck
(**D**) Fünfeck (**E**) gleichschenkliges Dreieck

A-Ben (3), D/CH-5/6 (2) -11

A 4.70 Vor mir auf dem Tisch liegt diese Figur: 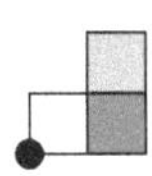 Ich lasse sie auf dem Tisch eine halbe Umdrehung um den dicken schwarzen Punkt machen. Was sehe ich dann?

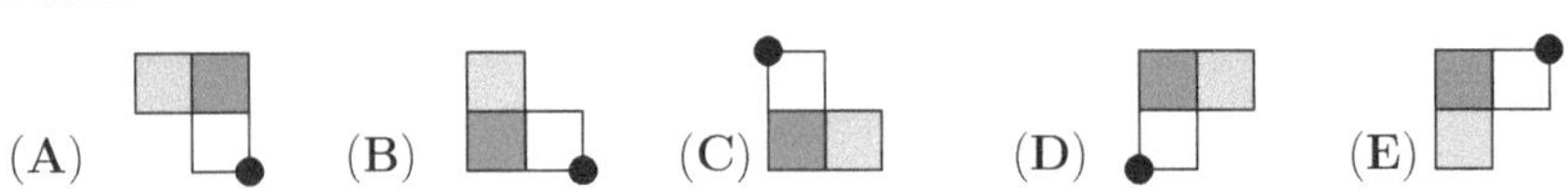

A-Ben (12), D/CH-5/6 (11) -10

A 4.71 Aus den vier Pappteilen  lassen sich verschiedene Figuren legen. Welche Figur lässt sich mit den Pappteilen *nicht* legen?

(**A**) 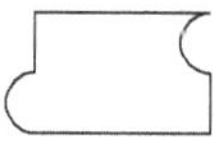 (**B**) 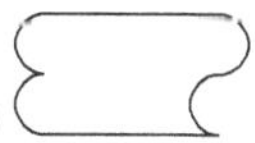 (**C**) 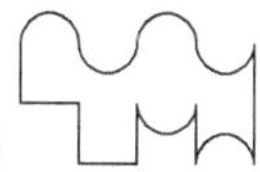

(**D**) 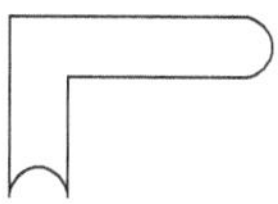 (**E**) 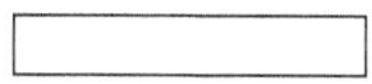

A-Ben (9), D/CH-5/6 (6) –11

A 4.72 Gero hat drei Punkte an der Tafel markiert, die ein Dreieck bilden. Dana soll einen vierten Punkt dazu markieren, sodass die vier Punkte ein Parallelogramm bilden. Wie viele Möglichkeiten hat sie dazu?

(**A**) eine (**B**) zwei (**C**) drei
(**D**) vier (**E**) mehr als vier

A-Ben (17), D/CH-5/6 (15) –11

A 4.73 In einer Freistunde versuchen wir, aus lauter gleichen „Häkchen“ ein Quadrat zu legen. Das zusammengelegte Quadrat darf weder Löcher haben noch dürfen Überlappungen auftreten. Welches ist die kleinste Zahl von solchen „Häkchen“, mit denen das überhaupt möglich ist?

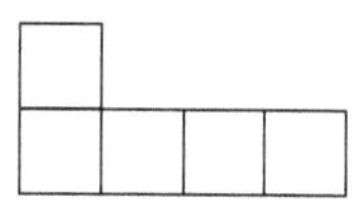

(**A**) 5 (**B**) 10 (**C**) 12 (**D**) 16 (**E**) 20

A-Ben (19), D/CH-5/6 (18) –11

A 4.74 Ich möchte 4 Kreise an die Tafel zeichnen. Je zwei dieser Kreise sollen *genau einen gemeinsamen* Punkt haben. Welches ist die größtmögliche Anzahl von Punkten, die zu mehr als einem dieser Kreise gehören?

(**A**) 3 (**B**) 4 (**C**) 5 (**D**) 6 (**E**) 8

D/CH-5/6 (21) -11

A 4.75 Im schaukelnden Autobus hat Kay eine Straßenskizze gekritzelt. Daraus geht zwar hervor, dass jeder seiner Freunde an genau einer Straße wohnt und dass die Straßen sich in genau 10 Punkten schneiden. Allerdings ist nicht sofort zu erkennen, dass genau vier der Straßen schnurgerade sind und welche die kurvenreiche Bogenallee ist. Wer wohnt an der Bogenallee?

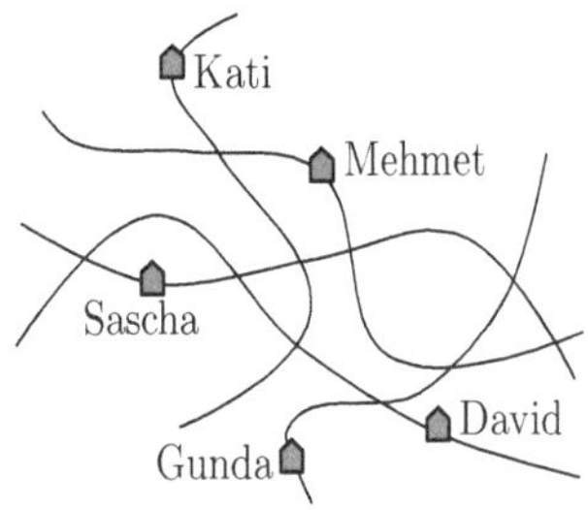

(**A**) David (**B**) Gunda (**C**) Kati
(**D**) Mehmet (**E**) Sascha

A-Jun (19) und Stu (4), D/CH-9/10 (19) -11

A 4.76 Eine Seitenlänge eines Dreiecks ist 13. Die anderen beiden Seitenlängen sind die natürlichen Zahlen x und y, von denen wir wissen, dass $x \cdot y = 105$ ist. Dann ist $x + y =$

(**A**) 22 (**B**) 26 (**C**) 38 (**D**) 56 (**E**) 106

A-Stu (19), D/CH-9/10 (17) und 11/13 (19) -10

A 4.77 Zu zwei Rechtecken mit den Maßen 7×11 bzw. 4×8 suche ich ein drittes Rechteck, sodass ich die drei Rechtecke zu einem großen Rechteck zusammenlegen kann. Welches der folgenden Maße kann das dritte Rechteck *nicht* haben?

(**A**) 1×11 (**B**) 3×4 (**C**) 3×8 (**D**) 7×8 (**E**) 4×7

A-Stu (11), D/CH-11/13 (12) -11

A 4.78 Gleich nach dem Beziehen ihrer Nester treffen sich die Störche Otto, Alfred und Ede auf dem Stadttor zum Klappern. „Mein Nest ist mehr als doppelt so weit von Alfreds Nest entfernt wie von Edes Nest“, klappert Otto. „Mein Nest ist mehr als doppelt so weit von Edes Nest entfernt wie von Ottos Nest“, klappert Alfred. „Mein Nest ist mehr als doppelt so weit von Alfreds Nest entfernt wie von Ottos Nest“, klappert Ede. Wenn 2 Störche richtig geschätzt haben, dann hat mit Sicherheit

(**A**) auch der 3. Storch Recht. (**B**) Otto falsch geschätzt.
(**C**) Alfred falsch geschätzt. (**D**) Ede falsch geschätzt.
(**E**) der 3. Storch falsch geschätzt. Welcher es ist, kann nicht bestimmt werden.

A-Kad (23), D/CH-9/10 (30) –11

Symmetrien gesucht

A 4.79 Das F ist zweimal gespiegelt worden, zuerst nach rechts, dann nach unten:  Wir machen mit dem R dasselbe: 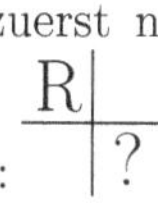 Was gehört an die Stelle des Fragezeichens?

(**A**)  (**B**) 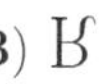 (**C**)  (**D**)  (**E**) 

A-Ben (2), D/CH-3/4 (11) und 5/6 (4) –10

A 4.80 Bäckermeister Otto Spiegel ist Erfinder der berühmten Doppelschweinsohren. Wie viele Symmetrieachsen besitzt ein solches Doppelschweinsohr?

(**A**) 0 (**B**) 1 (**C**) 2
(**D**) 4 (**E**) unendlich viele

A-Kad (2), D/CH-7/8 (2) –10

A 4.81 Falten wir das Stück Karopapier entlang der dicken Linie, so ist einer der 5 Buchstaben *nicht* von einem grauen Karo bedeckt. Welcher?

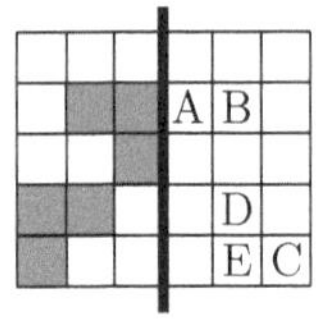

(**A**) A (**B**) B (**C**) C (**D**) D (**E**) E

A-Eco (12), D/CH-3/4 (6) -11

A 4.82 Auf kariertem Papier habe ich vier Quadrate grau ausgemalt. Nun möchte ich noch ein fünftes Quadrat grau ausmalen, sodass die entstehende graue Figur eine Symmetrieachse besitzt. Wie viele Möglichkeiten habe ich dafür?

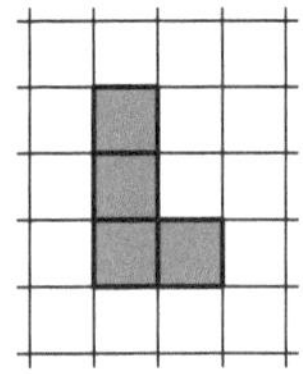

(**A**) keine (**B**) eine (**C**) zwei (**D**) drei (**E**) vier

A-Kad (10), D/CH-7/8 (13) -11

A 4.83 Welche der Dominofiguren (**A**) bis (**E**) kann *nicht* aus den beiden rechts abgebildeten Dominosteinen zusammengeschoben werden?

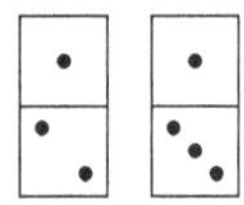

(**A**) 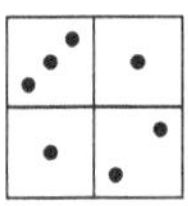 (**B**) 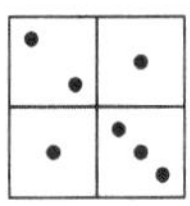 (**C**) 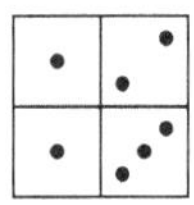 (**D**) 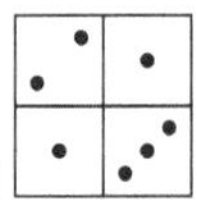 (**E**) 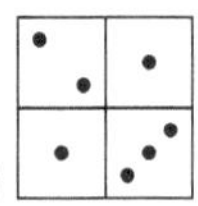

A-Eco (16), D/CH-3/4 (20) -09

A 4.84 In einer optischen Versuchsanordnung muss dafür gesorgt werden, dass ein beidseitiger Spiegel an zwei unterschiedlichen Stellen zur Verfügung steht (s. Bild mit Blick von oben). Er soll durch eine Drehung von der einen in die andere Stellung gebracht werden. Welcher der Punkte A, B, C bzw. D kann Drehzentrum sein?

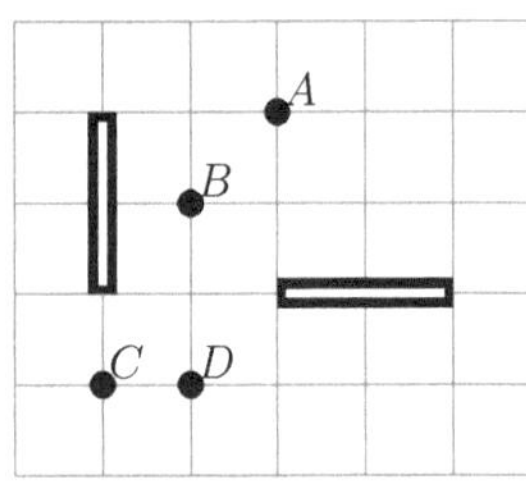

(**A**) nur A (**B**) nur A und C (**C**) nur D
(**D**) nur A und D (**E**) A, B und D

A-Jun (8), D/CH-9/10 (9) -11

A 4.85 Nelly entwirft einen Tanz, Rita notiert Nellys Ideen. Nach dem ersten Schritt vorwärts ändert Nelly mit jedem weiteren Schritt die Richtung nach links oder rechts, und Rita schreibt für eine der Richtungsänderungen +, für die andere Richtungsänderung −.
Zwei Tage später hat Rita vergessen, wofür sie + und wofur sie − geschrieben hat. Von den unten skizzierten Tanzwegen, die jeweils bei S beginnen, kann nur einer zu Ritas Folge „+ − − − ++“ gehören. Welcher?

(A) 

(B) 

(C) 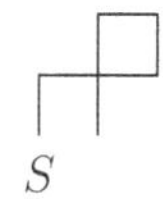

(D) 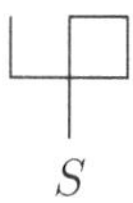

(E) 

A-Eco (23), D/CH-3/4 (21) -09

Körper im Raum

A 4.86 Für ein Spiel malt Emre sämtliche Seitenflächen zweier Würfel und eines Tetraeders farbig an. Wie viele Seitenflächen sind nun insgesamt farbig?

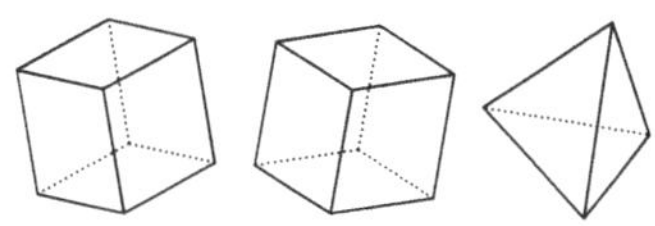

(A) 16 (B) 18 (C) 20 (D) 22 (E) 24

A-Kad (2), D/CH-7/8 (3) -11

A 4.87 Die Oberfläche des abgebildeten Körpers besteht aus Quadraten und Dreiecken. Wie viele Flächen sind es insgesamt?

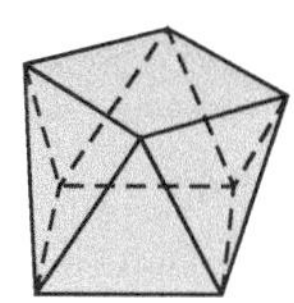

(A) 6 (B) 8 (C) 9 (D) 10 (E) 12

D/CH-5/6 (5) -09

A 4.88 Wie viele Flächen begrenzen das abgebildete Objekt (Prisma mit einem Loch)?

(A) 6 (B) 8 (C) 9 (D) 10 (E) 12

A-Ben (6) -09

A 4.89 Die folgenden Körper sind aus gleich großen Würfeln gebaut. Für welchen der Körper sind 9 Würfel ausreichend?

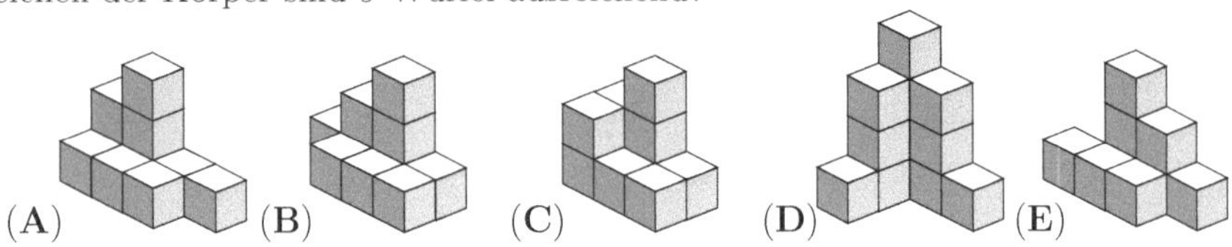

D/CH-3/4 (22) -10

A 4.90 Einer der Bausteine passt exakt in die Lücke des rechten Bauwerks, sodass ein Quader entsteht. Welcher?

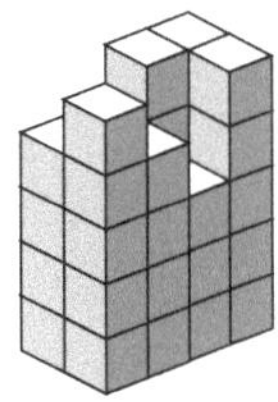

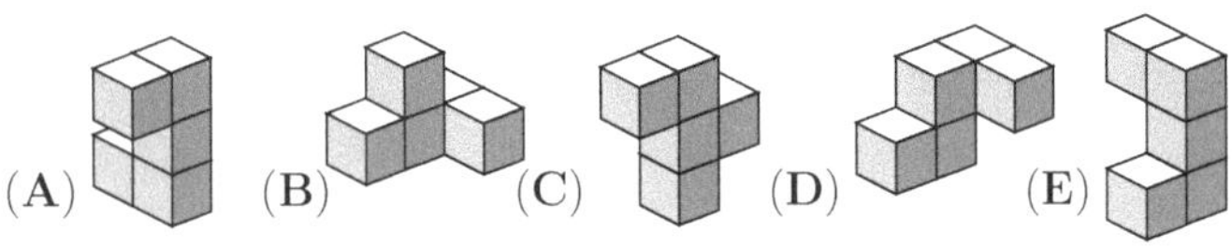

A-Ben (5), D/CH-5/6 (9) -11

A 4.91 Wenn ich aus dem abgebildeten Würfelnetz einen Würfel falte, enthält eine der Würfelseiten die beiden Punkte A und B. Welche Farbe hat diese Seite?

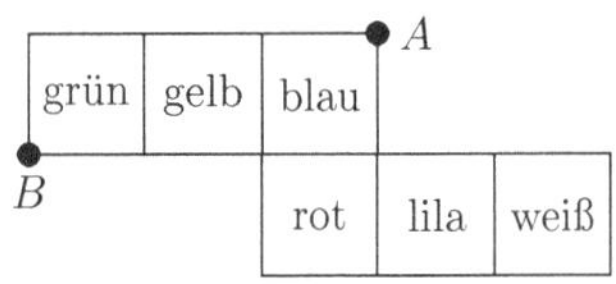

(**A**) grün (**B**) blau (**C**) rot (**D**) lila (**E**) weiß

D/CH-5/6 (19) -09

A 4.92 Ich wickle einen Faden auf eine Spule. Dann drehe ich die Spule, wie die Pfeile anzeigen, auf die Rückseite. Wie kann diese Rückseite aussehen?

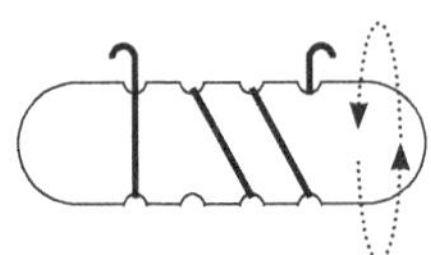

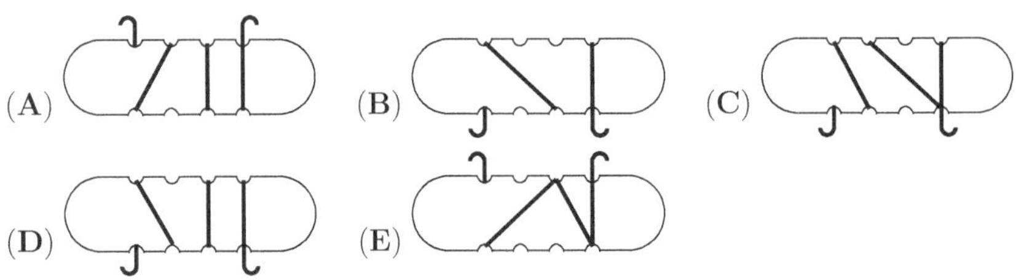

A-Kad (15), D/CH-5/6 (19) -10

A 4.93 Hanna hat für ein Spiel $3 \cdot 3 \cdot 3 = 27$ gleich große Holzwürfel zu einem größeren Würfel zusammengesetzt (siehe Bild). Sie beginnt, die Oberfläche dieses Würfels mit grüner Farbe zu streichen. Als sie 5 Seiten fertig hat, ist die Farbe alle. Wie viele der kleinen Würfel haben nun schon drei grüne Seiten?

(**A**) 4 (**B**) 8 (**C**) 12 (**D**) 16 (**E**) 18

A-Eco (12), D/CH-3/4 (16) –10

A 4.94 Vier völlig gleiche Würfel sind zu einem Podest zusammengebaut. Bei diesen Würfeln ist die Summe der Punktzahlen auf einander gegenüberliegenden Seiten 7. Wie sieht das rechts gezeichnete Podest von hinten aus?

(**A**)  (**B**)  (**C**)  (**D**)  (**E**) 

A-Eco (19), D/CH-3/4 (18) –11

A 4.95 Welche der folgenden Zahlen könnte die Anzahl der Kanten eines Prismas angeben?

(**A**) 100 (**B**) 111 (**C**) 112 (**D**) 115 (**E**) 125

A-Stu (8), D/CH-11/13 (10) –10

A 4.96 Ein rechteckiges Stück Papier wird dreimal nacheinander jeweils auf die Hälfte gefaltet. Alle Faltkanten sind zueinander parallel. Bei jeder Faltung kann nach oben oder unten gefaltet werden. Vollständig entfaltet kann das Papier vier der folgenden Seitenansichten bieten. Welche ist ausgeschlossen?

(**A**) 
(**B**) 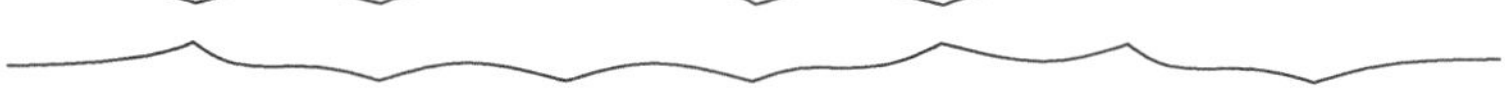
(**C**) 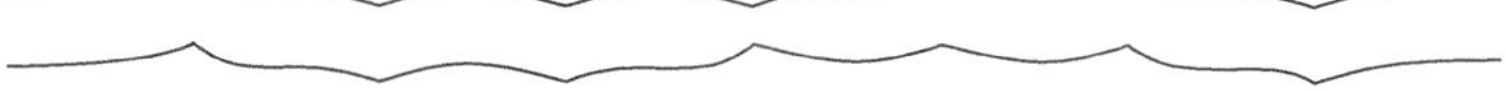
(**D**) 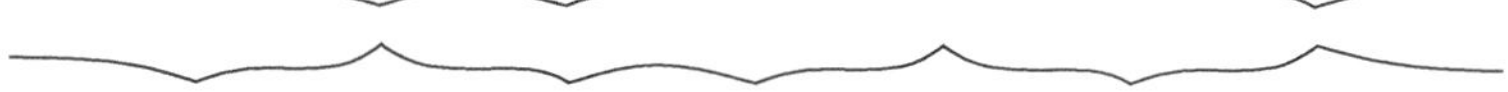
(**E**) 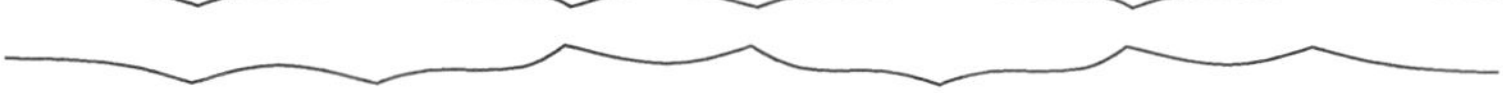

A-Kad (24) und Jun (12), D/CH-7/8 (27) und 9/10 (21) –10

A 4.97 Wie viele rechtwinklige Dreiecke gibt es, deren drei Eckpunkte gleichzeitig Eckpunkte eines gegebenen regelmäßigen 10-Ecks $A_1A_2A_3 \dots A_9A_{10}$ sind?

(A) 40 (B) 42 (C) 48 (D) 64 (E) 80

A-Stu (17), D/CH-11/13 (24) –10

A 4.98 Drei kreisförmige Reifen gleicher Größe sind jeweils im Winkel von 90° miteinander verschweißt (s. Bild). Ein geometrisch interessierter Marienkäfer landet zur Erforschung des Gebildes auf einem der Schweißpunkte, krabbelt dann in eine der vier möglichen Richtungen bis zum nächsten Schweißpunkt, ändert dort die Richtung um 90° nach rechts, krabbelt wieder bis zum nächsten Schweißpunkt, ändert seine Richtung um 90°, jetzt nach links, dann wieder nach rechts usw. Auf wie vielen Viertelkreisen muss der Marienkäfer entlanglaufen, bevor er das erste Mal an seinen Landeplatz zurückkehrt?

(A) 6 (B) 9 (C) 12 (D) 15 (E) 18

A-Jun (20), D/CH-9/10 (20) –09

A 4.99 Rechts sind zwei Skizzen desselben, von ebenen Flächen begrenzten Körpers abgebildet. Welche der folgenden Skizzen gibt den Anblick von links wieder?

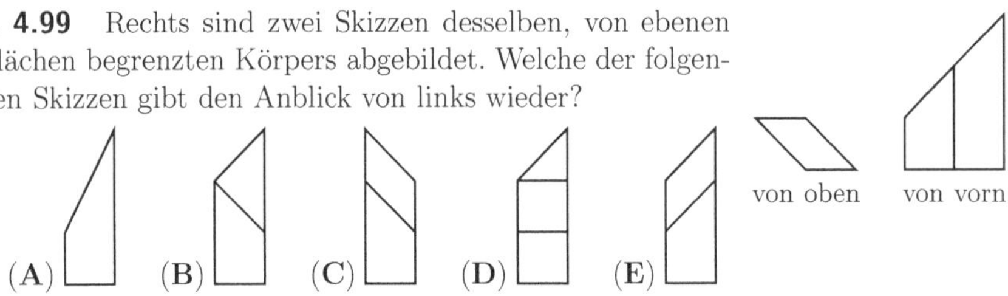

A-Stu (19), D/CH-11/13 (24) –09

A 4.100 Käfer Klaus krabbelt auf den Kanten eines Würfels. Er startet im Punkt P und entscheidet an jeder Ecke, ob er nach links oder nach rechts weiterkrabbelt. Nach wie vielen Kanten kehrt Klaus zum ersten Mal zum Punkt P zurück, wenn er immer abwechselnd nach links und nach rechts gekrabbelt ist?

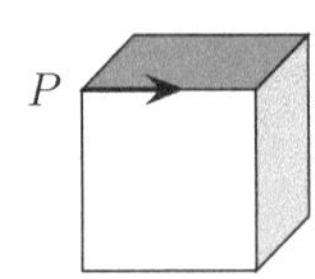

(A) 4 (B) 6 (C) 8 (D) 9 (E) 12

A-Kad (21), D/CH-7/8 (23) –09

A 4.101 Ein $2 \times 2 \times 2$-Würfel wird aus 4 durchsichtigen und 4 undurchsichtigen $1 \times 1 \times 1$-Würfeln gebildet. Sie sind so angeordnet, dass der $2 \times 2 \times 2$-Würfel aus jeder Richtung parallel zu den Kanten undurchsichtig ist. Wie viele undurchsichtige $1 \times 1 \times 1$-Würfel sind mindestens nötig, um einen $3 \times 3 \times 3$-Würfel in diesem Sinne undurchsichtig zu machen?

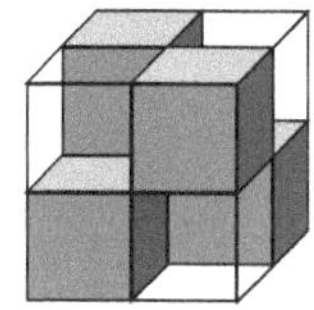

(A) 6 (B) 9 (C) 10 (D) 12 (E) 15

A-Stu (13), D/CH-11/13 (22) -09

A 4.102 Auf der Suche nach Knobeleien mit der Jahreszahl fiel uns auf, dass $2009 = 41 \cdot 49$ ist. Damit ersann ich folgende Aufgabe: Ich habe 2009 $1 \times 1 \times 1$-Würfel und 2009 1×1-Klebequadrate. Aus allen Würfeln baue ich einen Quader und beklebe anschließend seine Oberfläche, indem ich auf jede zur Oberfläche gehörende Würfelfläche genau ein Klebequadrat klebe. Wie viele Klebequadrate bleiben übrig?

(A) mehr als 1000 (B) 763 (C) 476
(D) 321 (E) 0

A-Jun (25), D/CH-9/10 (25) -09

Knoten

A 4.103 Borromäische Ringe sind speziell verschlungene Ringe, die man nur lösen kann, wenn man einen von ihnen zerstört. Löst man jedoch einen der Ringe heraus, wobei es egal ist, welchen der drei, so sind auch die anderen frei. Welche Abbildung zeigt Borromäische Ringe?

(A) 
(B) 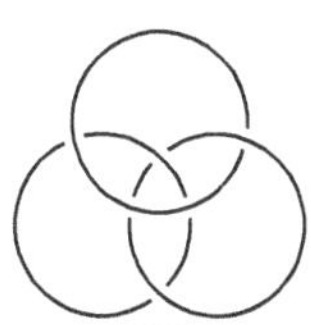
(C) 
(D) 
(E) 

A-Jun (14), D/CH-9/10 (11) -09

A 4.104 Für welche der abgebildeten Schnurverknotungen ist mehr als eine Schnur erforderlich?

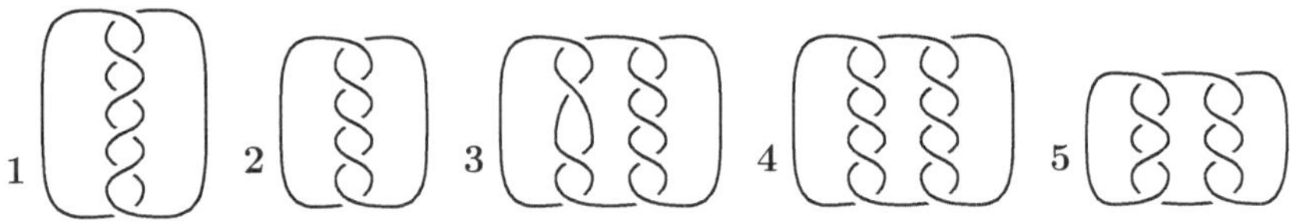

(A) **1**, **3**, **4** und **5** (B) **3**, **4** und **5** (C) **1**, **3** und **5**

(D) für alle (E) für keine

A-Ben (11) und Kad (10), D/CH-5/6 (11) und 7/8 (10) –09

A 4.105 Vor mir liegen fünf Schnüre. Von jeder Schnur nehme ich die beiden Enden in die Hände und ziehe sie auseinander. Bei welcher Schnur entsteht ein Knoten?

(A) 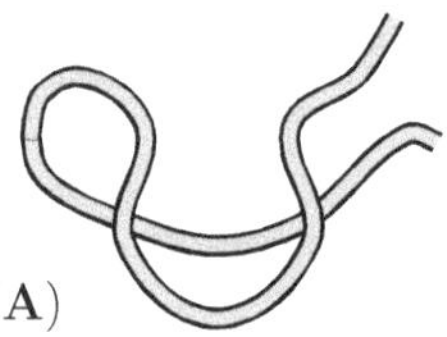

(B) 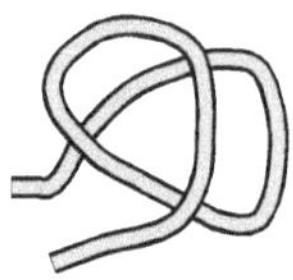

(C) 

(D) 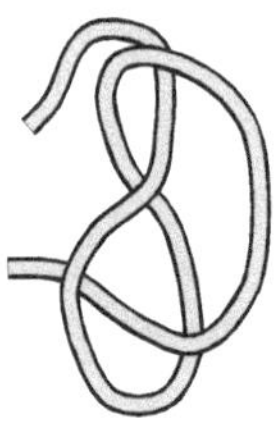

(E) 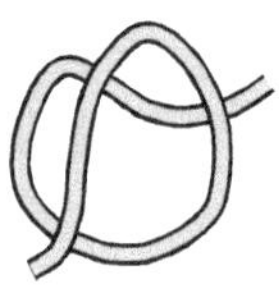

A-Ben (10), D/CH-5/6 (9) –10

5 Kryptisches, Logisches, Magisches

5.1 Logisches mit und ohne Zahlen

Im letzten Kapitel sind jene Aufgaben zusammengefasst, die den Känguru-Aufgabenstrauß so richtig bunt machen, Aufgaben, die zur Lösung in besonderem Maße logisches Denken erfordern. Die Fragestellungen scheinen oft nur wenig mit Mathematik zu tun zu haben, weil ja gar nicht gerechnet und gemessen wird. Dafür sind logisches Denken und das Strukturieren von Problemen gefragt. Kluges systematisches Bearbeiten ist halt ebenso wie Rechnen und Messen immanenter Bestandteil mathematischer Aufgabenbearbeitung.
Bei den im weiten Sinne logischen Aufgaben ist es besonders schwer, eine Zuordnung zu einer Klassenstufe zu treffen, denn oft stehen hier die Jüngeren den Älteren beim Lösen in keiner Weise nach. Und dass die Knobeleien, die es zu lösen gilt, so ganz unterschiedlich daherkommen, macht einen zusätzlichen Reiz aus.

Wir beginnen mit einigen schwer einzuordnenden Aufgaben; gemeinsam ist ihnen, dass zur Lösung zweifellos logisches Denken gefordert ist.

A 5.1 Harry würfelt gleichzeitig mit vier Würfeln und zählt insgesamt 23 Augen. Wie viele Sechsen sind dabei?

(A) 0 (B) 1 (C) 2 (D) 3 (E) 4

A-Eco (7), D/CH-3/4 (5) -09

A 5.2 Ronja hat 11 Münzen in ihrer Hosentasche gesammelt, nur 5-Cent-Münzen und 10-Cent-Münzen. Wie viel Geld das insgesamt ist, lässt sich nicht so einfach erraten. Aber einer der folgenden Beträge kann es ganz sicher nicht sein. Welcher?

(A) 50 Cent (B) 60 Cent (C) 75 Cent (D) 100 Cent (E) 105 Cent

A-Eco (11), D/CH-3/4 (10) -11

A 5.3 Sarah, Tim, Nora und Hannes radeln am Wochenende zum Reiterhof, wo sie auf vier verschiedenen Pferden reiten. Auf jedem Pferd reiten genau zwei der Kinder. Sarah reitet auf drei verschiedenen Pferden, Tim auf zwei und Nora auf einem. Auf wie vielen verschiedenen Pferden reitet Hannes?

(A) 0 (B) 1 (C) 2 (D) 3 (E) 4

A-Kad (2), D/CH-7/8 (7) -09

A 5.4 Bei Spielwürfeln ist die Summe der Punkte auf einander gegenüberliegenden Seiten stets 7. Aus 3 Spielwürfeln will ich einen Turm bauen. Die Summe der Punkte auf zwei Seitenflächen, die direkt aufeinanderliegen, soll jeweils 5 sein. Wenn die Punktzahl 6 des untersten Würfels nach vorn zeigt, dann weiß ich, welche Punktzahl von oben zu sehen ist. Welche Punktzahl ist es?

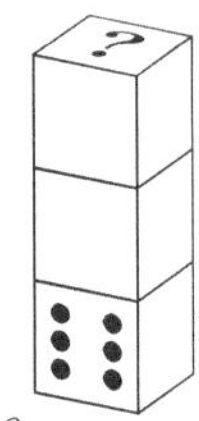

(A) 2 (B) 3 (C) 4 (D) 5 (E) 6

D/CH-5/6 (14) -11

A 5.5 Im Wäschefach sind zwei weiße, drei rote und vier blaue Socken. Drei der Socken haben ein Loch, und Lisa weiß nicht, welche. Sie möchte heute mit gleichfarbigen, lochfreien Socken zur Prüfung gehen. Wie viele muss sie mindestens – ohne auf Löcher und Farbe zu testen – aus dem Fach nehmen, um mit Sicherheit ein gleichfarbiges Paar ohne Löcher dabei zu haben?

(A) 2 (B) 3 (C) 6 (D) 7 (E) 8

A-Stu (7), D/CH-11/13 (9) -09

A 5.6 2009 Kängurus, ein jedes entweder hell oder dunkel von Farbe, vergleichen ihre Größe. Es ist bekannt, dass genau eines der hellen Kängurus größer ist als genau 8 der dunklen, genau eines ist größer als genau 9 der dunklen, genau eines ist größer als genau 10 der dunklen usw. Genau eines der hellen Kängurus ist größer als alle dunklen. Wie viele helle Kängurus genau sind das?

(A) 503 (B) 1000 (C) 1001 (D) 1002 (E) 1003

A-Stu (12), D/CH-11/13 (16) -09

Logik führt zum Rechenweg

A 5.7 Natascha hat einen Quatsch-Taschenrechner: Wenn sie multiplizieren will, dividiert er, und wenn sie addieren will, subtrahiert er. Rasch gibt Natascha $(12 \cdot 3) + (4 \cdot 2)$ ein. Welches Ergebnis zeigt Nataschas Taschenrechner an?

(A) 2 (B) 6 (C) 12 (D) 28 (E) 38

A-Kad (4), D/CH-7/8 (4) -11

A 5.8 „Bevor wir heute ein neues Würfelspiel lernen“, sagt der Großvater zu seinen Enkeln, „müsst ihr erst ein Rätsel lösen.“ Dazu hat er fünf völlig gleiche Würfel in eine Reihe gelegt (s. Bild). „Ihr wisst, dass bei Spielwürfeln die Summe der Punkte auf gegenüberliegenden Seiten stets 7 ist. Wie groß ist also die Summe der Punkte auf den 8 Seiten, mit denen sich die 5 Würfel berühren?“

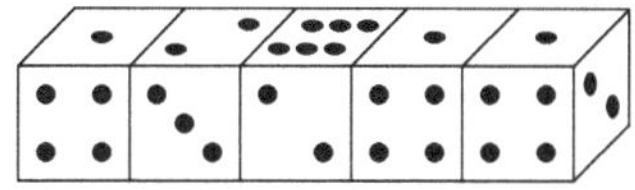

(**A**) 26 (**B**) 27 (**C**) 28 (**D**) 30 (**E**) 31

D/CH-5/6 (16) -10

A 5.9 Haukes Hockey-Mannschaft hat beim ersten Sommer-Turnier alles gegeben. Von den drei Vorrunden-Spielen hat die Mannschaft ein Spiel gewonnen, ein Spiel verloren, und ein Spiel ging unentschieden aus. Haukes Mannschaft hat insgesamt drei Tore geschossen. Leider gab es auch genau ein Gegentor. Wie war das Ergebnis des gewonnenen Spiels?

(**A**) 2 : 0 (**B**) 3 : 0 (**C**) 1 : 0 (**D**) 2 : 1 (**E**) 3 : 1

A-Kad (17), D/CH-7/8 (16) und 5/6 (16) -11

A 5.10 Reni, Leo, Gabor, Tina, John und Vincent würfeln mit einem Spielwürfel, jeder genau einmal. Jeder würfelt eine andere Punktzahl. Es ist bekannt:

- Reni hat doppelt so viele Punkte wie Leo und dreimal so viele wie Gabor.
- Tina hat viermal so viele Punkte wie John.

Dann ist die Punktzahl, die Vincent gewürfelt hat, eine

(**A**) 2 (**B**) 3 (**C**) 4 (**D**) 5 (**E**) 6

A-Eco (13), D/CH-3/4 (14) -11

A 5.11 Susi und jedes Kind, das am selben Tisch wie Susi sitzt, zählen jedes für sich Tages- und Monatszahl des eigenen Geburtsdatums zusammen. Alle bekommen sie dasselbe Ergebnis 35 heraus, obwohl keine zwei der Kinder am selben Tag Geburtstag haben. Wie viele Kinder sitzen höchstens am Tisch?

(**A**) 7 (**B**) 8 (**C**) 9 (**D**) 10 (**E**) 11

A-Eco (24), D/CH-3/4 (24) -10

A 5.12 Bei der Tombola im Gartenverein sind drei Sorten Lose in der Trommel: weiße Lose für interessante Gartenbücher, hellblaue Lose für Blumensamen und gelbe Lose für selbstgemachte Konfitüren. Nieten gibt es keine. 50 Lose sind in der Trommel, darunter 11-mal so viele weiße wie hellblaue. Es sind weniger gelbe als weiße, aber mehr gelbe als hellblaue. Wie viele gelbe Lose sind in der Trommel?

(**A**) 14 (**B**) 16 (**C**) 20 (**D**) 23 (**E**) 26

A-Kad (17), D/CH-7/8 (17) -10

A 5.13 Irenes Bruder übt Addieren. Er hat sich 5 ganze Zahlen ausgesucht und sämtliche möglichen Summen aus 2 dieser 5 Zahlen gebildet: $-3, -1, 0, 2, 3, 3, 4, 5, 6, 9$. „Welches deine 5 Zahlen sind, weiß ich zwar nicht, aber die Summe der 5 Zahlen kann ich ausrechnen", sagt Irene. Die Summe ist

(**A**) 0 (**B**) 7 (**C**) 9 (**D**) 11 (**E**) 12

D/CH-11/13 (12) -10

A 5.14 Zur Regionalrunde der Mathematikolympiade sind 100 Teilnehmer zugelassen; es sind 4 Aufgaben zu lösen. 90 Wettbewerber lösten Aufgabe 1, 85 Aufgabe 2, 78 Aufgabe 3 und 67 Aufgabe 4. Welches ist die kleinstmögliche Zahl von Teilnehmern, die alle Aufgaben gelöst haben?

(**A**) 10 (**B**) 15 (**C**) 20 (**D**) 25 (**E**) 30

A-Stu (18), D/CH-11/13 (13) -09

A 5.15 Bei einer Umfrage unter den Teilnehmern an der Regionalrunde der Mathematik-Olympiade stellt sich heraus: Genau 6 der 48 Teilnehmer haben nur ein Geschwisterkind, das auch bei der Regionalrunde mitmacht, 9 der Teilnehmer sind mit 2 Geschwistern dabei und 4 mit sogar 3 Geschwistern. Die restlichen Teilnehmer haben keine Geschwister, die an der Regionalrunde teilnehmen. Aus wie vielen verschiedenen Familien sind die Teilnehmer bei dieser Regionalrunde?

(**A**) 19 (**B**) 25 (**C**) 31 (**D**) 36 (**E**) 48

A-Stu (13), D/CH-11/13 (17) -11

A 5.16 Die Zahlen von 1 bis 10 werden an die Tafel geschrieben. Nun spielen die Kinder folgendes Spiel. Ein Kind löscht zwei Zahlen von der Tafel und schreibt stattdessen die um 1 verminderte Summe der beiden Zahlen. Dann macht ein zweites Kind dasselbe und sie setzen so fort, bis es nur mehr eine Zahl auf der Tafel gibt. Die letzte Zahl ist

(**A**) kleiner als 11 (**B**) 11 (**C**) 46
(**D**) größer als 46 (**E**) vom Verlauf des Spiels abhängig

A-Kad (26) –10

A 5.17 Vor 7 Jahren war Kurts Alter durch 8 teilbar, und in 8 Jahren wird sein Alter durch 7 teilbar sein. Das Alter seines Bruders Walter war vor 8 Jahren durch 7 teilbar, und in 7 Jahren wird sein Alter durch 8 teilbar sein. Keiner der beiden ist älter als 100. Welche Aussage ist richtig?

(**A**) Walter ist zwei Jahre älter als Kurt.
(**B**) Walter ist ein Jahr älter als Kurt.
(**C**) Walter und Kurt sind gleich alt.
(**D**) Walter ist ein Jahr jünger als Kurt.
(**E**) Walter ist zwei Jahre jünger als Kurt.

A-Kad (27), D/CH-7/8 (25) –11

Reihenfolgen und Buchstabenschlangen

A 5.18 Die Bremer Stadtmusikanten, Esel, Hund, Katze und Hahn, nähern sich dem Räuberhaus auf schmalem Pfad, einer hinter dem anderen. Der Esel läuft zwischen Hahn und Katze, der Hund trottet direkt hinter der Katze. In welcher Reihenfolge von vorn nach hinten laufen die Tiere?

(**A**) Hahn, Esel, Hund, Katze (**B**) Hund, Hahn, Esel, Katze
(**C**) Esel, Katze, Hund, Hahn (**D**) Hahn, Esel, Katze, Hund
(**E**) Katze, Esel, Hund, Hahn

A-Eco (6), D/CH-3/4 (9) –10

A 5.19 Als die Bremer Stadtmusikanten Esel, Hund, Katze und Hahn auf schmalem Pfad nach Bremen loswandern, laufen sie in irgendeiner Reihenfolge einer hinter dem anderen im Gänsemarsch. Nach einer Pause haben Esel und Katze ihre Plätze in der Reihe getauscht. Später tauschen noch Katze und Hahn die Plätze. Dadurch ist die Reihenfolge Hahn, Esel, Hund, Katze entstanden. In welcher Reihenfolge liefen sie zu Beginn?

(**A**) Katze, Esel, Hund, Hahn (**B**) Hahn, Hund, Esel, Katze
(**C**) Hund, Esel, Katze, Hahn (**D**) Esel, Katze, Hund, Hahn
(**E**) Katze, Hahn, Hund, Esel

A-Eco (17), D/CH-3/4 (20) –11

A 5.20 „Mal sehen, wer von euch gut kombinieren kann", sagt unsere Mathelehrerin, und heftet ein langes Zahlenschema an die Tafel (siehe Bild). „Nur eine der Doppelreihen passt in das Schema", sagt sie. Welche?

1	2	3	4	5
6	7	8	9	10
11	12	13	14	15
16	17	18	19	20
21	22	23	24	25
⋮	⋮	⋮	⋮	⋮

(**A**)

	43			
		48		

(**B**)

		58		
	52			

(**C**)

			69	
	72			

(**D**)

	81			
	86			

(**E**)

	90			
			94	

A-Eco (20), D/CH-3/4 (20) –10

A 5.21 An den Hängen eines Flusses liegen 7 Burgen.

Der Bote Agnus soll eine Nachricht von der A-Burg zur G-Burg bringen. Er kennt einige Entfernungen: A-Burg ↔ F-Burg: 62 km; B-Burg ↔ D-Burg: 25 km; D-Burg ↔ A-Burg: 36 km; F-Burg ↔ C-Burg: 38 km; B-Burg ↔ G-Burg: 60 km. Wie weit muss Agnus gehen?

(**A**) 64 km (**B**) 71 km (**C**) 85 km (**D**) 96 km (**E**) 121 km

D/CH-3/4 (23) –11

A 5.22 Ihre Augen leuchteten, als die Piraten Sparrow, Barbossa und Turner die Schatzkiste öffneten und den Berg Goldmünzen sahen. Nach alter Piratentradition nahm sich zuerst Sparrow eine Münze, dann Barbossa zwei, Turner drei, dann Sparrow vier, Barbossa fünf usw. So wurden die Goldmünzen *ohne Rest* aufgeteilt. Zum Schluss hatte Barbossa 20 Münzen mehr als Turner, und Sparrow bekam

(**A**) 117 Münzen. (**B**) 126 Münzen. (**C**) 145 Münzen.
(**D**) 187 Münzen. (**E**) 210 Münzen.

D/CH-11/13 (27) –10

A 5.23 Karl entwirft Buchstabenschlangen. In ein 4×2-Karopapier wollte er MATHEASS so schreiben, dass aufeinanderfolgende Buchstaben des Wortes in benachbarten Karos stehen, also solchen, die zumindest eine gemeinsame Ecke haben. Welche der 4×2-Tafeln ist *nicht* nach dieser Regel gefüllt?

(**A**)

A	H	E	A
T	M	S	S

(**B**)

S	M	A	T
S	A	E	H

(**C**)

M	T	S	A
S	A	H	E

(**D**)

A	S	H	A
S	E	T	M

(**E**)

T	H	S	A
A	M	E	S

A-Ben (8), D/CH-5/6 (7) und 9/10 (4) –11

5.2 Wahre und falsche Aussagen

Wo findet sich ein Widerspruch?

A 5.24 Sonja hat eine weiße, eine rote und eine grüne Dose. In einer hat sie ihre Kaugummis, in einer ihre Schokolade, die dritte Dose ist leer. Als ihr großer Bruder sie um einen Kaugummi bittet, sagt sie keck: „Du darfst dir einen nehmen. Sie sind entweder in der weißen oder in der roten Dose, und die Schokolade ist weder in der weißen noch in der grünen Dose.“ Welche Farbe hat die Kaugummidose?

(**A**) weiß (**B**) rot (**C**) grün
(**D**) rot oder grün (**E**) unbestimmt

A-Ben (5), D/CH-5/6 (9) –09

A 5.25 Ich habe 8 Karten mit den Zahlen von 1 bis 8. Ich gebe dir 5 davon und sage, dass die Summe der Zahlen auf deinen 5 Karten gleich der Zahlensumme auf meinen 3 Karten ist. Dann ist sicher,

(**A**) dass auf 4 deiner Karten gerade Zahlen sind.
(**B**) dass du nicht die Karte mit der 1 hast.
(**C**) dass du die Karte mit der 2 hast.
(**D**) dass du die Karte mit der 5 hast.
(**E**) dass auf genau 3 deiner Karten ungerade Zahlen sind.

A-Ben (18), D/CH-5/6 (15) –09

A 5.26 „In meiner Mathe-AG sind alle Teilnehmer mindestens 17 Jahre alt", verkündet die AG-Leiterin. Da irrt sie sich aber. Folglich gilt gewiss, dass

(**A**) alle genau 17 Jahre alt sind.
(**B**) alle älter als 17 Jahre sind.
(**C**) keiner bereits 17 Jahre alt ist.
(**D**) es einen gibt, der 18 Jahre alt ist.
(**E**) es einen gibt, der jünger als 17 Jahre ist.

A-Stu (5), D/CH-11/13 (3) –10

A 5.27 Über eine Zahl wird gesagt: 1. *Sie ist durch 5 teilbar.* 2. *Sie ist durch 11 teilbar.* 3. *Sie ist durch 55 teilbar.* 4. *Sie ist kleiner als 10.* Wenn genau zwei der vier Aussagen richtig sind, dann ist diese Zahl gleich

(**A**) 0 (**B**) 5 (**C**) 10 (**D**) 11 (**E**) 55

D/CH-5/6 (21) –09

A 5.28 Bei einem Test kann Ute jeweils 0, 1, 2, 3, 4 oder 5 Punkte erreichen. Nach 4 Tests hat sie ein Durchschnittsergebnis von genau 4. Einer der folgenden Sätze kann nicht stimmen. Um welchen handelt es sich?

(**A**) Ute hat in jedem Test 4 erreicht.
(**B**) Ute hat genau zweimal 3 erreicht.
(**C**) Ute hat genau zweimal 4 erreicht.
(**D**) Ute hat genau einmal 1 erreicht.
(**E**) Ute hat genau dreimal 3 erreicht.

A-Jun (13) –09

Der Lüge mit Logik zu Leibe

A 5.29 Wegen einer Straftat werden 15 Personen nacheinander verhört, von denen bekannt ist, dass sie entweder immer lügen oder immer die Wahrheit sprechen. Die zweite und jede folgende Person sagt aus, dass die vor ihr befragte Person gelogen habe. Nach der 15. Person wird erneut die erste Person befragt, die nun behauptet, dass alle anderen gelogen hätten. Wie viele der Personen sagen die Wahrheit?

(**A**) keine (**B**) 1 (**C**) 7 (**D**) 8 (**E**) 14

A-Jun (15), D/CH-9/10 (15) -09

A 5.30 Das Schloss im Zauberwald wird von sieben sprechenden Bäumen bewacht. Von einer Fee erfuhr der Prinz: „Einige der Bäume lügen immer, die anderen lügen nie. Wer die Prinzessin befreien will, muss herausfinden, wie viele Lügenbäume es sind.“ „Oh, wie leicht“, frohlockte der Prinz und fragte die Bäume direkt: „Wie viele von euch lügen?“ Der erste Baum sprach „Einer“, der zweite „Zwei“, der dritte „Drei“, der vierte „Vier“, der fünfte „Fünf“, der sechste „Sechs“ und der siebte „Sieben“. Der Prinz war kurz verwirrt, fand jedoch die richtige Antwort. Wie viele Lügenbäume waren es?

(**A**) 0 (**B**) 1 (**C**) 2 (**D**) 6 (**E**) 7

A-Kad (27), D/CH-7/8 (23) -10

A 5.31 Beim Unterwasserkönig Chudo-Judo dienen 6-, 7- und 8-armige Kraken. Die 7-armigen Kraken sind boshaft und lügen stets. Die anderen sind treue Diener und sprechen stets die Wahrheit. Warwara, die Tochter von Chudo-Judo, belauscht eines Nachts ein Gespräch von 4 Kraken, ohne sie zu sehen. Sie sprechen über ihre Arme. Der blaue Krake behauptet: „Wir vier haben zusammen 28 Arme.“ Der grüne sagt: „Wir haben zusammen 27 Arme.“ „Es sind 26“, sagt der gelbe. Und der rote spricht: „Es sind nur 25!“ Falls einer der 4 Kraken die Wahrheit sagt, welche Farbe hat er dann?

(**A**) blau (**B**) grün (**C**) gelb
(**D**) rot (**E**) alle 4 Kraken lügen

A-Ben (24), D/CH-5/6 (24) -10

5.3 Magische Figuren und Kryptogramme

Zahlen und Figuren

A 5.32 An alle Eckpunkte der Figur sind Zahlen so zu schreiben, dass die Summe der beiden Zahlen an jeder Sechseckseite stets dieselbe ist. Dann ist $x =$

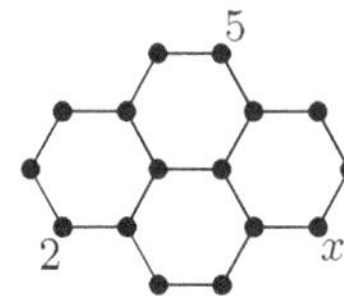

(**A**) 2 (**B**) 5 (**C**) 10 (**D**) 20 (**E**) 24

A-Jun (4), D/CH-9/10 (7) –11

A 5.33 Die acht Eckpunkte der abgebildeten Figur sollen so mit den Zahlen 1, 2, 3 oder 4 beschriftet werden, dass die Zahlen an den Endpunkten einer gezeichneten Strecke jeweils verschieden sind. Wie oft erscheint die Zahl 4 dann in der Figur?

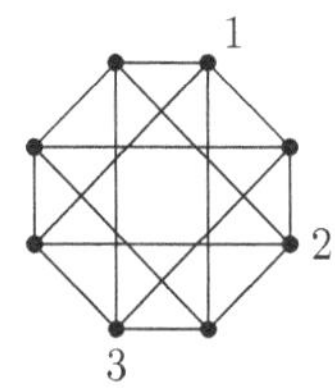

(**A**) 1-mal (**B**) 2-mal (**C**) 3-mal (**D**) 4-mal (**E**) 5-mal

A-Ben (18) –11

A 5.34 Die Zahlen 1, 4, 7, 10 und 13 schreibt Janko in die 5 Felder der rechts gezeichneten Figur. Er teilt die Zahlen so auf, dass die Summe der Zahlen in den grauen Feldern gleich der Summe der Zahlen in den dick umrandeten Feldern ist. Wie groß kann diese Summe höchstens sein?

(**A**) 18 (**B**) 20 (**C**) 21 (**D**) 22 (**E**) 24

A-Ben (14), D/CH-5/6 (14) –10

A 5.35 In die 5 Kreise sind die Zahlen 1, 2, 3, 4 und 5 so einzutragen, dass keine aufeinanderfolgenden Zahlen miteinander verbunden sind. Welche Zahl gehört an die Stelle des Fragezeichens?

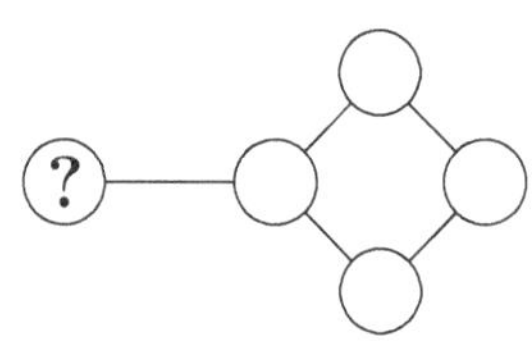

(**A**) 1 (**B**) 2 (**C**) 3 (**D**) 4 (**E**) 5

D/CH-7/8 (19) –10

A 5.36 Georg schreibt die Zahlen 1, 2, 3, 4 und 5 so in die leeren Kreise, dass auf jeder der vier Quadratseiten die Summe der drei Zahlen 13 ist. Wie groß ist dann die Summe der vier Zahlen in den grauen Kreisen?

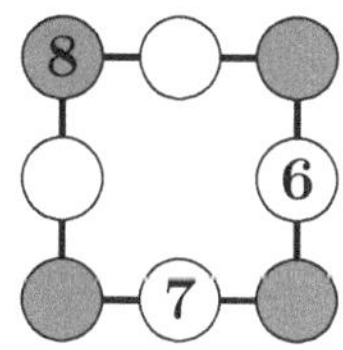

(A) 12 (B) 13 (C) 14 (D) 15 (E) 16

A-Eco (23), D/CH-3/4 (22) -11

A 5.37 Der Körper rechts hat sechs dreieckige Seitenflächen und fünf Ecken. An einer Ecke steht eine 1, an einer anderen eine 5. Die restlichen drei Ecken sind so mit Zahlen zu beschriften, dass die Summen der Eckzahlen an allen sechs Seitenflächen gleich sind. Wie groß ist dann die Summe aller 5 Eckzahlen?

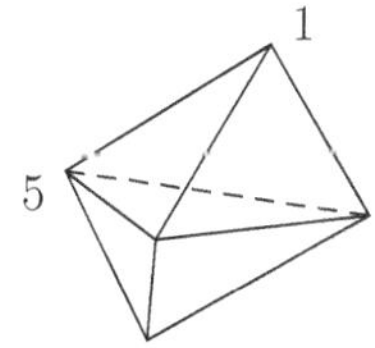

(A) 9 (B) 12 (C) 17
(D) 18 (E) 24

A-Ben (20), D/CH-5/6 (23) -09

A 5.38 Die 5 Kreise begrenzen neun Gebiete. In jedes dieser Gebiete soll eine der Zahlen von 1 bis 9 geschrieben werden, wobei jede Zahl nur genau einmal verwendet werden darf. In jedem Kreis soll die Summe der Zahlen 11 betragen. Welche Zahl muss in das Gebiet mit dem Fragezeichen geschrieben werden?

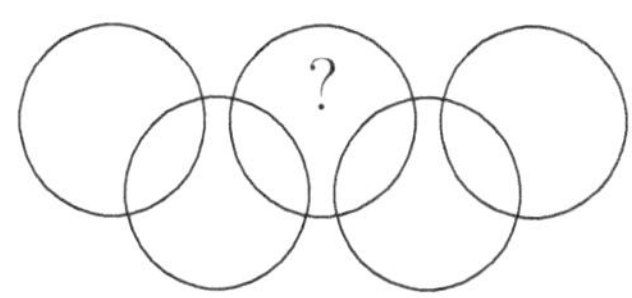

(A) 5 (B) 6 (C) 7
(D) 8 (E) 9

A-Kad (22), D/CH-7/8 (24) -10

A 5.39 An jede Ecke eines Fünfecks stellen wir uns eine natürliche Zahl geschrieben vor. Keine dieser Zahlen hat mit einer Zahl einer benachbarten Ecke einen gemeinsamen Teiler > 1, aber jede der Zahlen hat mit jeder nicht-benachbarten Zahl stets einen gemeinsamen Teiler > 1. So etwas ist auf vielfältige Weise möglich. Welche der folgenden Zahlen kommt für *keine* solche Belegung infrage?

(A) 18 (B) 31 (C) 91 (D) 99 (E) 119

A-Jun (28), D/CH-9/10 (27) -10

Rechteck-Ausfüllrätsel

A 5.40 Die 3×3-Tafel ist mit Zahlen so zu füllen, dass in *jedem* 2×2-Teilquadrat die Summe der 4 Zahlen 10 ist. Dann ist die Summe der zu ergänzenden 4 Zahlen

1		0
	2	
4		3

(**A**) 12 (**B**) 11 (**C**) 10
(**D**) 9 (**E**) nicht eindeutig bestimmt

A-Jun (18), D/CH-9/10 (11) –11

A 5.41 Micha will in die fünf leeren Felder des abgebildeten 3×3-Feldes ganze Zahlen derart hineinschreiben, dass in jedem 2×2-Teilquadrat die Summe der vier Zahlen 10 ist. Welche der folgenden Zahlen kann die Summe der zu ergänzenden fünf Zahlen sein?

	2	
1		3
	4	

(**A**) 9 (**B**) 10 (**C**) 12
(**D**) 13 (**E**) keine dieser Zahlen

A-Stu (12), D/CH-11/13 (15) –11

A 5.42 Ein Quadrat wird in vier kleinere Quadrate geteilt. Alle kleinen Quadrate sollen entweder schwarz oder weiß gefärbt werden. Auf wie viele verschiedene Arten lässt sich das große Quadrat höchstens färben?
(*Färbungen gelten als gleich, wenn sie wie in der Abbildung* 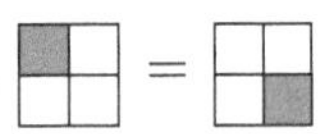 *durch Drehung ineinander überführt werden können.*)

(**A**) Auf 4 Arten (**B**) Auf 5 Arten (**C**) Auf 6 Arten
(**D**) Auf 7 Arten (**E**) Auf 8 Arten

A-Kad (16) –10

A 5.43 Vier Kästchen im 4×4-Gitter sollen lila gefärbt werden. Die Zahlen rechts bzw. unten geben an, wie viele Kästchen in einer Reihe bzw. Spalte lila sein sollen. Dafür gibt es unterschiedliche Möglichkeiten. Wie viele?

				2
				0
				1
				1
2	0	1	1	

(**A**) 1 (**B**) 3 (**C**) 5 (**D**) 7 (**E**) 9

A-Jun (16), D/CH-9/10 (17) –11

A 5.44 Wie viele graue Felder müssen im Raster weiß gefärbt werden, damit es in jeder Zeile und jeder Spalte genau ein graues Feld gibt?

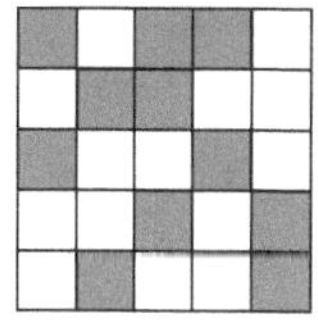

(**A**) 4 (**B**) 5 (**C**) 6
(**D**) 7 (**E**) es ist nicht möglich

A-Ben (23) –10

A 5.45 Kaninchenzüchter Krause bereitet seinen Ausstellungskäfig vor. In der oberen Reihe hat er mit dem Einordnen der vier Rassen begonnen: schwarzer Zwergwidder (1), weißer Deutscher Widder (2), weißer Hotot (3) und schwarzer Riese (4). Auch auf die restlichen Käfige will er die Tiere so verteilen, dass gleiche Rassen nur in Käfige kommen, die weder eine Seite noch eine Ecke gemeinsam haben. Dann gehört in den Fragezeichenkäfig

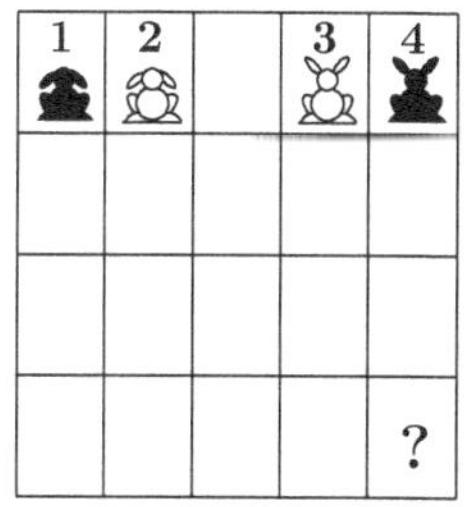

(**A**) nur **1** (**B**) nur **2** (**C**) nur **3**
(**D**) nur **4** (**E**) es gibt mehr als eine Möglichkeit

A-Ben (24), Kad (18) und Stu (10), D/CH-5/6 (26), 7/8 (18) und 11/13 (10) –09

A 5.46 In einem magischen Quadrat sind die Summen der Zahlen in allen Zeilen, allen Spalten und den beiden Diagonalen gleich. Welche Zahl ist in die linke obere Ecke zu schreiben, damit ein magisches Quadrat entstehen könnte?

?		
		47
	63	

(**A**) 16 (**B**) 32 (**C**) 55
(**D**) 110 (**E**) es gibt mehrere Möglichkeiten

A-Stu (20), D/CH-11/13 (29) –09

Kryptogramme

A 5.47 In der Gleichung $(D \cdot R \cdot E \cdot I) \cdot (V \cdot I \cdot E \cdot R) = Z \cdot W \cdot O \cdot E \cdot L \cdot F$ steht jeder Buchstabe für eine einstellige Zahl. Gleiche Buchstaben bedeuten gleiche Zahlen und verschiedene Buchstaben bedeuten verschiedene Zahlen. Wie viele verschiedene Werte kann das Produkt $Z \cdot W \cdot E \cdot I$ haben?

(**A**) 1 (**B**) 2 (**C**) 3 (**D**) 4 (**E**) 5

A-Kad (17), D/CH-7/8 (13) –09

A 5.48 In $z = \star\star\star 5 \star 0$ steht jedes Sternchen für eine Ziffer. Es ist bekannt, dass z durch 27 teilbar ist und dass $\sqrt{z}$ eine natürliche Zahl ist. Dann ist $\sqrt{z} =$

(**A**) 580 (**B**) 290 (**C**) 370 (**D**) 420 (**E**) 450

D/CH-11/13 (10) –11

A 5.49 Charlott stellt eine Knobelaufgabe mit ihrem Namen: Wenn in der Rechenaufgabe verschiedene Buchstaben für verschiedene Ziffern und gleiche für gleiche Ziffern stehen, wie groß ist dann die Summe $A + R + T$?

$$\begin{array}{r} CHAR \\ -LOTT \\ \hline 2011 \end{array}$$

(**A**) 7 (**B**) 8 (**C**) 9 (**D**) 10 (**E**) 11

D/CH-3/4 (24) –11

A 5.50 In der Tabelle stehen die Symbole ■, △ und ★ für Zahlen. Die Summe einer jeden Zeile und Spalte ist gegeben und steht rechts neben der Zeile bzw. unterhalb der Spalte. Wie groß ist ■ + ★ − △?

■	★	■	11
★	■	△	8
★	△	■	8
10	8	9	

(**A**) 4 (**B**) 5 (**C**) 6 (**D**) 7 (**E**) 8

A-Ben (23), D/CH-5/6 (28) –09

A 5.51 K, L und M sind drei verschiedene Ziffern. Es gilt $KKL \cdot L = ML5L$. Wie groß ist $K + L + M$?

(**A**) 13 (**B**) 15 (**C**) 16 (**D**) 17 (**E**) 20

A-Ben (22), D/CH-5/6 (22) –10

A 5.52 In dem Bruch $\dfrac{F \cdot E \cdot B \cdot R \cdot U \cdot A \cdot R}{M \cdot A \cdot I}$ sollen die Buchstaben in den Produkten in Zähler und Nenner durch die Zahlen 1, 2, 3, …, 9 ersetzt werden; gleiche Buchstaben durch gleiche Zahlen, verschiedene Buchstaben durch verschiedene Zahlen. Welchen *kleinsten ganzzahligen* Wert kann der Bruch haben?

(**A**) 1 (**B**) 2 (**C**) 3 (**D**) 5 (**E**) 7

A-Kad (28), D/CH-7/8 (28) –11

A 5.53 Mein Urlaubstraumziel 2011 habe ich in eine Rechenknobelei verpackt: Wie viele verschiedene Möglichkeiten gibt es, in $GARD - ASEE = 2011$ die Buchstaben so durch Ziffern zu ersetzen, dass eine richtige Gleichung entsteht? Gleiche Buchstaben sind für gleiche Ziffern, verschiedene für verschiedene zu setzen.

(**A**) keine (**B**) eine (**C**) zwei (**D**) drei (**E**) vier

D/CH-9/10 (29) -11

Puzzelei

A 5.54 Frederic hat mit seinem Vater Fliesen ausgesucht (siehe rechtes Bild). Nun macht er Vorschläge, wie sich 4 solche Fliesen dekorativ zusammenfügen lassen. Welcher Vorschlag ist sicher falsch?

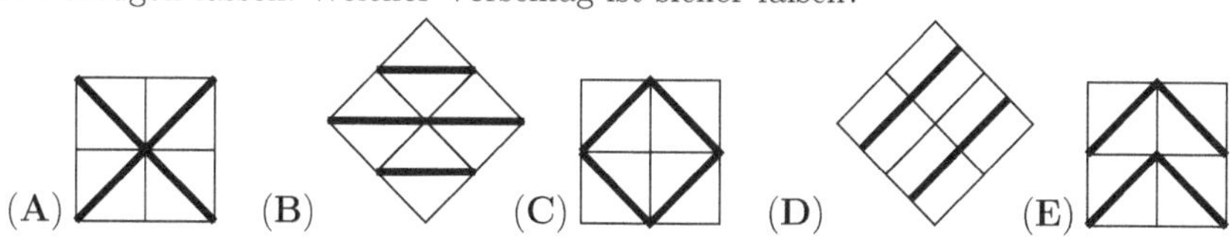

A-Eco (7), D/CH-3/4 (14) -10

A 5.55 Sechs Münzen sind zu einem Dreieck gelegt. Wie viele davon müssen mindestens verschoben werden, um einen Kreis zu erhalten?

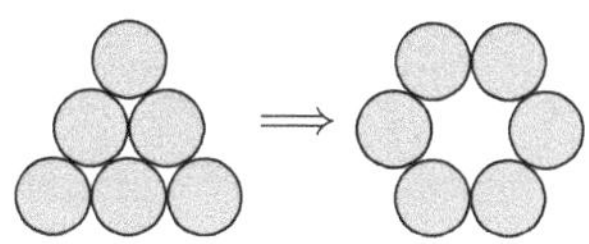

(**A**) 1 (**B**) 2 (**C**) 3 (**D**) 4 (**E**) 5

A-Eco (5), D/CH-3/4 (10) -10

A 5.56 Tom hat 3 gleiche Teile 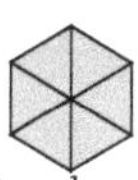 zu einem hübschen Legebild zusammengeschoben. Lilli möchte dasselbe Bild wie Tom legen – ebenfalls aus 3 gleichen Teilen. Mit 4 der 5 abgebildeten Sorten ist das möglich. Mit welcher Sorte nicht?

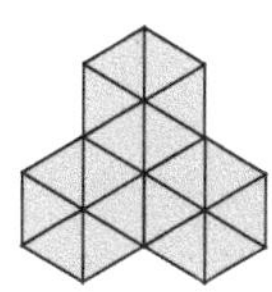

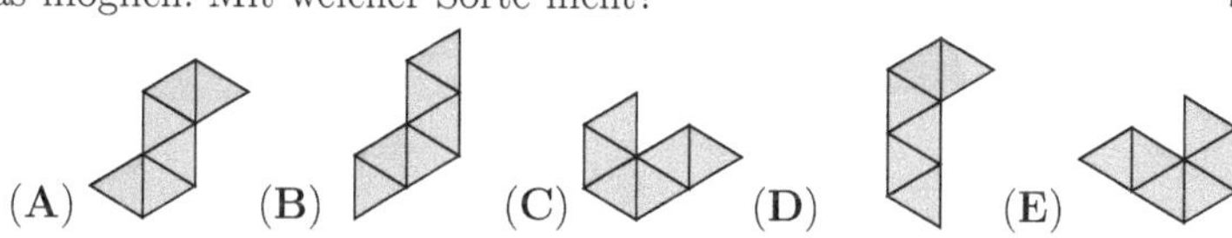

A-Eco (21), D/CH-3/4 (21) -11

A 5.57 Gegeben sind acht Spielsteine. Zu den drei auf dem Brett liegenden Steinen soll einer der fünf zur Auswahl stehenden so hinzugelegt werden, dass für keinen der anderen vier Platz ist. Die Steine dürfen gedreht und gewendet werden, müssen aber in das Raster auf dem Brett passen. Welcher Stein muss gewählt werden?

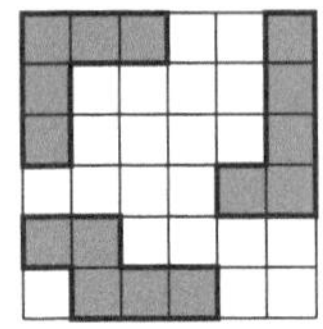

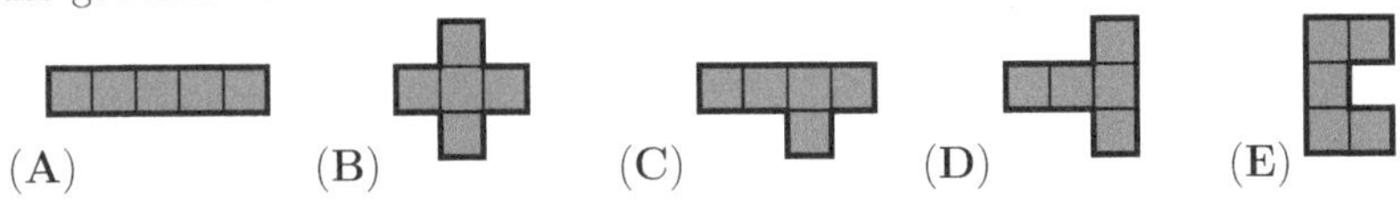

D/CH-9/10 (26) –11

A 5.58 Drei große Kisten wurden geliefert und abgestellt (s. Bild rechts oben). Sie sollen ordentlich an die Wand gestellt werden. Da sie sehr schwer sind, können sie nur um einen der Eckpunkte um 90° gedreht, nicht aber getragen oder gekippt werden (s. Bild rechts unten). Wie könnten sie nachher an der Wand stehen?

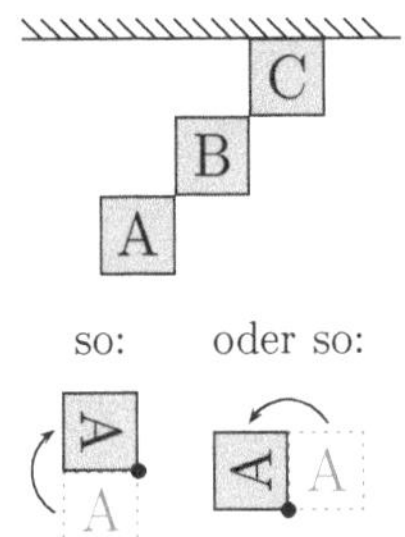

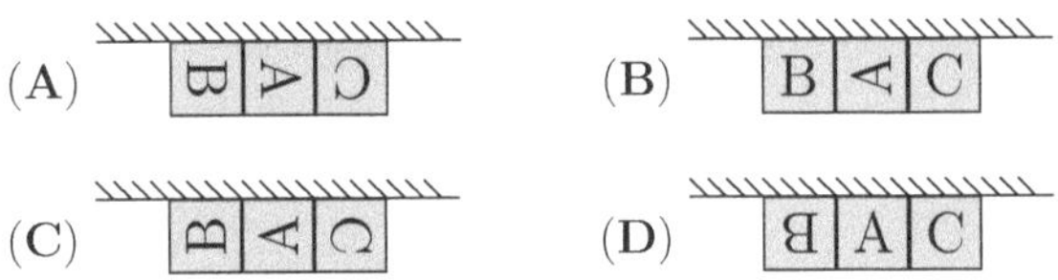

(**E**) Alle 4 Anordnungen sind möglich.

A-Kad (22) und Jun (25), D/CH-7/8 (26) und 9/10 (28) –11

Lösungen

1 Zahlen und Rechnen

1.1 Rechnereien zum Aufwärmen

L 1.1 (D) Wer entdeckt, dass sich die Summanden geeignet umordnen lassen, ist schnell fertig: $12 + 23 + 34 + 45 + 56 + 67 + 78 + 89 = (12 + 89) + (23 + 78) + (34 + 67) + (45 + 56) = 101 + 101 + 101 + 101 = 4 \cdot 101 = 404$.

Diese Methode basiert darauf, dass aufeinanderfolgende Summanden stets dieselbe Differenz haben, die hier 11 ist: $12 + 89 = (12 + 11) + (89 - 11) = 23 + 78$ usw.

Wenn wir hintereinanderweg addieren, erhalten wir natürlich dasselbe Ergebnis. Wer pfiffigerweise die Einer addiert, findet, dass die Summe auf 4 endet, und kann jetzt und ohne weiter zu rechnen schließen, dass nur 404 die Lösung sein kann.

L 1.2 (E) Da nur eine der fünf Zahlen auszusondern ist, kann Schätzen eine gute Methode sein, um schnell zur Lösung zu kommen. Wer beispielsweise für die 49 zur Schätzung die 50 nimmt, dem fällt sofort auf, dass $50 + 30$ schon sehr dicht an 96 liegt. Dann ist der Schritt naheliegend, es mit $17 + 30 + 49$ zu versuchen. Die Zahl 136 ist nicht dabei.

Eine andere gute Möglichkeit zur Lösung der Aufgabe ist es, sich die Endziffern anzugucken. Nur die Kombination $7+9+0$ führt – außer der sofort zu verwerfenden $6+6+7$ – auf eine vorhandene Endziffer. Dann ist auch bei dieser Vorgehensweise schon klar, dass die einzige mögliche Kombination $17 + 30 + 49 = 96$ ist.

L 1.3 (A) Da $100 = 4 \cdot 25$ ist, ist $100 \cdot 84 = 4 \cdot 25 \cdot 84$. Also muss das Ergebnis der durchgeführten Multiplikation durch 4 geteilt werden. – Bei dieser Gelegenheit haben wir übrigens gleich eine gute Methode kennengelernt, mit 25 zu multiplizieren.

L 1.4 (D) Jede der 4 Zahlen in der unteren Reihe ist um genau 10 größer als die über ihr stehende Zahl. Damit ist die Summe der 4 Zahlen in der unteren Reihe um 40 größer als die Summe der vier ersten Zahlen in der oberen Reihe. Die Zahl, die ich zu den 4 Zahlen der unteren Reihe addieren muss, muss also um 40 kleiner sein als 55, damit beide Summen gleich sind. Folglich gehört $55 - 40 = 15$ an die Stelle des Sterns.

Wer einfach hintereinander addiert und vergleicht, bekommt natürlich dasselbe heraus: $1 + 2 + 3 + 4 + 55 = 65$, also muss ich $65 - (11 + 12 + 13 + 14) = 15$ für das Sternchen schreiben.

L 1.5 (D) Wer mag, kann die Zahlen schnell summieren und so zum Ergebnis kommen. Eleganter ist es natürlich zu bemerken, dass die gesuchte Zahl um das Doppelte der Summe der Zahlen von 1 bis 5 größer sein muss als 12345, also $12345 + 2 \cdot 15 = 12375$.

Jonglieren mit den Jahreszahlen

L 1.6 (C) Wir rechnen: $200 \cdot 9 + 200 + 9 = 1800 + 200 + 9 = 2009$.

L 1.7 (D) Wir rechnen: $20 : 10 = 2$, $20 \cdot 10 = 200$, also $20 : 10 + 20 \cdot 10 = 2 + 200 = 202$ und nun noch $202 - 201 + 0 = 1 + 0 = 1$. (**D**) ist richtig.

L 1.8 (A) Wir rechnen aus $2011 - 1102 = 909$. Wer nicht gern subtrahiert, kann auch die als Lösung vorgeschlagenen Zahlen nacheinander zur 1102 addieren. Und wer dabei mit (**A**) beginnt, findet $909 + 1102 = 2011$ und ist fertig.

L 1.9 (A) Sorgfältige schriftliche Subtraktion liefert: $2010 - 201 = 1809$. – Wer die Regel des Känguru-Wettbewerbs einkalkuliert, dass genau eine der angegebenen Lösungsmöglichkeiten zutrifft, kann das richtige Kreuz auch nach einer geeigneten Schätzung setzen. Die gesuchte Zahl soll um etwa 200 kleiner sein als eine Zahl, die nur wenig größer als 2000 ist. Folglich muss die gesuchte Zahl sich um nur wenig von 1800 unterscheiden, und da gibt es nur eine.

L 1.10 (D) Wir rechnen $200 \cdot 9 + 20 \cdot 9 + 2 \cdot 9 + 9 + 2 = 1800 + 180 + 18 + 9 + 2 = 2009$.

L 1.11 (E) Wer einfach losrechnet, stellt fest, dass sich bei (**A**) bis (**D**) jeweils 400 errechnet. Und der Wert bei (**E**) ist 50, fertig. – Allerdings ist dies auch zu sehen, ohne dass alles ausgerechnet wird: Bei jeder der ersten vier Rechnungen tritt eine Verdoppelung von $20 \cdot 10$ auf, entweder wie bei (**A**) und (**D**) durch Addition dieser Zahl zu sich selbst oder bei (**B**) und (**C**) durch Multiplikation mit 2. Die Werte von (**A**) bis (**D**) sind also sicher alle gleich.

L 1.12 (B) Ein aufmerksamer Blick auf die Lösungsvorschläge macht klar, dass nur (**B**) die Lösung sein kann, denn dort handelt es sich um ein Produkt, dessen einer Faktor die gerade Zahl 200 ist.

L 1.13 (E) Wer die Lösungsvorschläge mit wachem Auge anschaut, kann entdecken, dass unter (**E**) das Produkt $2 \cdot 9$ steht, und eine Zahl, die durch 9 teilbar ist, ist erst recht durch 3 teilbar. – Ebensogut ist es möglich, die 5 vorgeschlagenen Werte auszurechnen; das sind 2009, 11, 191, 512 und 18 und zu versuchen, sie durch 3 zu teilen. Wer dann die Ziffernsummenregel für die Teilbarkeit durch 3 kennt, hat das Ergebnis ganz schnell.

L 1.14 (C) Da jede der in der unteren Zeile stehenden Zahlen stets um 10 größer ist als die direkt darüberstehende, ist die Summe um $10 \cdot 10 = 100$ größer als die Summe der ersten 10 Zahlen in der oberen Zeile. Folglich gehört an die Stelle des Sternchens $2010 - 100 = 1910$.

L 1.15 (**D**) Es ist $20102010 = 20100000 + 2010 = 2010 \cdot 10000 + 2010 \cdot 1 = 2010 \cdot 10001$.

L 1.16 (**D**) Da $\frac{1}{2011}$ als einzige der fünf Zahlen kleiner als 1 ist, ist (**E**) sicher nicht die Lösung. Es ist $2011^1 = 2011$, $1^{2011} = 1$, $1 \cdot 2011 = 2011$ und schließlich $1 + 2011 = 2012$.

L 1.17 (**D**) Zwischen den beiden Zahlen – die übrigens an das Datum des Kängurutags, 19.03.2009, erinnern sollen – liegen die ganzen Zahlen 3 bis 19. Nun können wir schnell auszählen, dass es 17 sind, oder wir rechnen $19 - 2 = 17$.

L 1.18 (**E**) Wir rechnen:

$$\frac{2011 \cdot 20{,}11}{2{,}011 \cdot 201{,}1} = \frac{2{,}011 \cdot 1000 \cdot 2{,}011 \cdot 10}{2{,}011 \cdot 2{,}011 \cdot 100} = \frac{\cancel{2{,}011} \cdot 1000 \cdot \cancel{2{,}011} \cdot 10}{\cancel{2{,}011} \cdot \cancel{2{,}011} \cdot 100} = \frac{1000 \cdot 10}{100}$$

und das ist gleich 100.

Bemerkenswerte Bruchrechnung

L 1.19 (**A**) Wir zählen 16 Intervalle zwischen $\frac{1}{5}$ und $\frac{1}{3}$. Da die Differenz $\frac{1}{3} - \frac{1}{5} = \frac{5-3}{15} = \frac{2}{15}$ ist, ist jedes Intervall $\frac{2}{15 \cdot 16} = \frac{1}{120}$ lang. Da die Differenz $\frac{1}{4} - \frac{1}{5} = \frac{1}{20} = \frac{6}{120}$ beträgt, liegt der Bruch $\frac{1}{4}$ von $\frac{1}{5}$ genau 6 Intervalle entfernt, also in a.

L 1.20 (**A**) Wir lösen die Aufgabe, indem wir $\frac{1}{2009}$ ausklammern:

$$\frac{1}{2 \cdot 2009} + \frac{1}{3 \cdot 2009} + \frac{1}{6 \cdot 2009} = \frac{1}{2009}\left(\frac{1}{2} + \frac{1}{3} + \frac{1}{6}\right) = \frac{1}{2009}\left(\frac{6}{6}\right) = \frac{1}{2009}$$

L 1.21 (**D**) Schreiben wir die Aufgabe in mathematischer Form, so finden wir rasch das Gesuchte:

$$\frac{1}{2} \cdot \frac{2}{3} \cdot \frac{3}{4} \cdot \frac{4}{5} \cdot \frac{5}{6} \cdot \frac{6}{7} \cdot \frac{7}{8} \cdot \frac{8}{9} \cdot \frac{9}{10} \cdot 1000 = \frac{1000}{10} = 100$$

L 1.22 (**E**) Zu vergleichen sind $\frac{2}{3} \cdot 4$, $\frac{3}{4} \cdot 5$, $\frac{4}{5} \cdot 6$, $\frac{5}{6} \cdot 7$ und $\frac{6}{7} \cdot 8$. Da in diesen Produkten beide Faktoren von (**A**) nach (**E**) wachsen, ist (**E**) die größte der fünf Zahlen.

Alternativ könnten wir rechnen:

$$\frac{n-1}{n} \cdot (n+1) = \frac{(n-1)(n+1)}{n} = \frac{n^2-1}{n} = \frac{n^2}{n} - \frac{1}{n} = n - \frac{1}{n}.$$

Die Zahl $n - \frac{1}{n}$ liegt zwischen $n-1$ und n. Also liegen die Zahlen in den Lösungsvorschlägen immer zwischen dem Zähler und dem Nenner des ersten Faktors, und folglich ist für das größte n der Wert am größten.

L 1.23 (**C**) Es ist $\frac{2009}{2008} = 1 + \frac{1}{2008}$ und $\frac{20009}{20008} = 1 + \frac{1}{20008}$.
Da $\frac{1}{20008} < \frac{1}{10000} < \frac{1}{2008}$ und $\frac{1}{10000} = 0{,}0001$ ist, sind 3 Nullen erforderlich.

L 1.24 (**E**) Wir versuchen, für (**A**) bis (**E**) Möglichkeiten für $\frac{x}{y}$ aufzuspüren.
Das „kleinste gemeinsame Vielfache" kürzen wir im Folgenden mit „kgV" ab.

Wir betrachten Zähler und Nenner der auftretenden Brüche: Außer der 7 sind alle vorkommenden Zahlen Teiler der 24. Bei der Berechnung des kgV mit 24 „verschwinden" sie in der 24, das kgV mit 24 ist einfach 24. Das kgV von 7 und 24 ist hingegen recht groß, es ist gleich $24 \cdot 7 = 168$. Wir sehen nun sofort, dass die Brüche in (**B**) und (**D**) bereits in der angegebenen Form als x/y taugen: die Zähler sind jeweils Teiler von 24, das kgV von Nenner und 24 ist jeweils 168.

Wenn jedoch – wie in (**A**), (**C**) und (**E**) – der Nenner ein Teiler von 24 ist, wird das kgV mit 24 ungewollt klein. Da Zähler und Nenner der gegebenen Brüche teilerfremd sind, kann x/y nur durch Erweitern der betreffenden Brüche entstehen. Damit das kgV der Zähler mit 24 möglichst klein und das der Nenner möglichst groß wird, erweitern wir mit dem Nenner selbst. Dadurch tritt der Nenner wieder als zusätzlicher Faktor in Erscheinung und vergrößert somit das kgV von Nenner und 24. Was dabei mit den Zählern geschieht, müssen wir untersuchen.

Bei (**A**) entsteht beim Erweitern mit 8 der Bruch $\frac{7}{8} = \frac{7 \cdot 8}{8 \cdot 8} = \frac{56}{64}$. Das kgV von Zähler mit 24 bleibt $24 \cdot 7 = 168$, das kgV von Nenner und 24 ist nun jedoch auf $24 \cdot 8 = 192$ angewachsen. Mit $x = 56$ und $y = 64$ haben wir für $\frac{7}{8}$ also eine gewünschte Darstellung als $\frac{x}{y}$ gefunden. Bei (**C**) entsteht beim Erweitern mit 3 der Bruch $\frac{6}{9}$. Die Bedingung für $\frac{x}{y}$ ist hier ebenfalls erfüllt. Mit $x = 6$ und $y = 9$ ist $\frac{x}{y}$ eine gewünschte Darstellung von $\frac{2}{3}$. Für die Antwortmöglichkeit (**E**) erhalten wir durch Erweitern mit dem Nenner $\frac{42}{26}$. Die Bedingung für $\frac{x}{y}$ ist nicht erfüllt. Beim Erweitern mit einer beliebigen weiteren Zahl ändert sich daran nichts, denn Zähler und Nenner werden mit dem gleichen Faktor multipliziert.

1.2 Aufgepasst! Zum Abzählen gehört Akkuratesse!

L 1.25 (B) Von den 12 Schritten, die Ilona macht, ist jeder zweite mit dem linken Bein, d. h., die Hälfte ihrer Schritte sind Schlammtapsen. Bei Tino ist es ebenso, die Hälfte seiner Schritte, die mit dem rechten Bein, sind Schlammtapsen. Insgesamt hinterlassen die beiden Kinder $6 + 4 = 10$ Schlammtapsen.

L 1.26 (B) Da der erste und der letzte Streifen rot sein sollen, kommen zu den 6 roten Streifen noch 5 gelbe Streifen dazu. Die Wand ist also genauso lang wie $6 + 5 = 11$ Streifen breit sind. Das sind $11 \cdot 50\,\text{cm} = 550\,\text{cm} = 5{,}50\,\text{m}$.

L 1.27 (B) Da der Würfel sechs Seitenflächen hat, braucht Wenzel nach dem Mittwoch noch fünf weitere Tage. Die letzte Seitenfläche ist also am Montag dran.

L 1.28 (E) Um drei Rohrabschnitte zu einem Rohr zusammenzuschweißen, müssen zwei Schweißnähte gemacht werden. Für diese braucht man 18 Minuten, also $18 : 2 = 9$ Minuten für eine Schweißnaht. Um sechs Rohrabschnitte zu einem Rohr zusammenzuschweißen, sind fünf Schweißnähte nötig. Für diese benötigt man $5 \cdot 9\,\text{Minuten} = 45\,\text{Minuten}$.

L 1.29 (B) Um aus der 8 eine 9 zu erhalten, muss eine graue Tafel umgeklappt werden, um aus der 6 eine 0 zu bekommen, müssen eine weiße und eine graue Tafel umgeklappt werden, und um schließlich aus der 0 eine 3 zu erhalten, müssen zwei graue und eine weiße Tafel umgeklappt werden.
Insgesamt sind es $1 + (1 + 1) + (2 + 1) = 6$ Tafeln.

L 1.30 (C) Wir zählen die Eisdielen an den vier möglichen Wegen zum See: Der erste Weg, an dem wir zählen, führt zweimal links an den sumpfigen Wiesen vorbei. An diesem Weg befinden sich $1 + 3 + 6 = 10$ Eisdielen. Am zweiten Weg, der zuerst links, dann rechts an den Wiesen vorbeiführt, befinden sich $1+3+3 = 7$ Eisdielen. Am dritten Weg, der erst rechts, dann links der Wiesen verläuft, sind es $2 + 3 + 6 = 11$ Eisdielen. Der vierte mögliche Weg, bei dem beide Male rechts an den Wiesen vorbeigeradelt wird, führt an $2+3+3 = 8$ Eisdielen vorbei. Keiner der Wege führt an genau 9 Eisdielen vorüber.

L 1.31 (A) Was für Nina die 1. Sprosse von oben ist, ist für ihren Bruder Leo die 21. Sprosse von unten, die 2. Sprosse von oben ist die 20. Sprosse von unten usw. Die Zahlenangaben summieren sich stets zu 22. Die 6. Sprosse von unten ist wegen $22 - 6 = 16$ die 16. Sprosse von oben.

L 1.32 (**D**) Schnell und übersichtlich finden wir die Lösung, wenn wir uns die Kinoschlange aufzeichnen. Es sind 18 Leute.

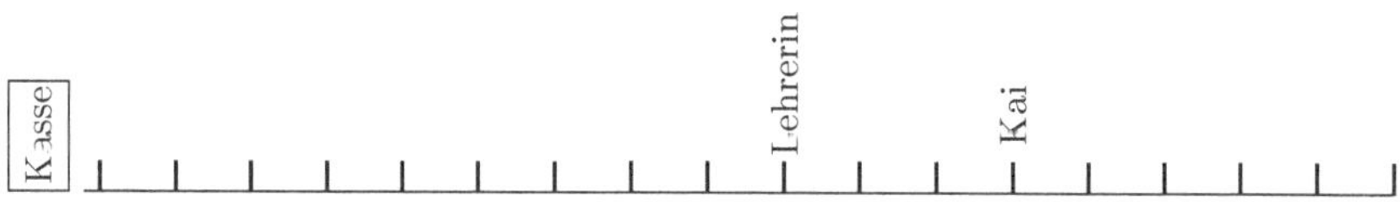

L 1.33 (**A**) Auf Alex' Straßenseite gibt es $27 + 1 + 13 = 41$ Häuser. Wenn Paul genau im mittleren wohnt, dann ist es das 21. Haus vom einen wie vom anderen Ende der Straße, denn so sind je 20 Häuser links und rechts von Pauls Haus, und $20 + 20 + 1 = 41$. Da Alex im 28. Haus wohnt, befinden sich in Richtung Park noch 27 Häuser. Folglich sind zwischen dem Haus von Alex und dem Haus von Paul $27 - 21 = 6$ Häuser.

L 1.34 (**B**) Der sportliche Tom läuft 12 Stockwerke hoch. Er macht nach der Hälfte eine Pause, also nachdem er $12 : 2 = 6$ Etagen hochgelaufen ist. Da er dann im 8. Stock ist und noch 6 Etagen zu laufen hat, wohnt Ingo in der Etage $8 + 6 = 14$.

1.3 Kleine Rechengeschichten

L 1.35 (**C**) Wenn die Mutter von den 16 Äpfeln die Hälfte bekommen hat, so ist die andere Hälfte für den Vater und für mich übrig. Das sind $16 : 2 = 8$ Äpfel. Nehme ich davon drei Äpfel für mich, so bleiben für den Vater $8 - 3 = 5$.

L 1.36 (**E**) Auf jeder der zwei zusammengeklebten Seiten befinden sich 6 Punkte. Diese werden nicht mitgezählt. Daher liefert jeder Würfel $1 + 2 + 3 + 4 + 5 = 15$ Punkte für die gesuchte Punktezahl. Das sind insgesamt $2 \cdot 15 = 30$ Punkte.

L 1.37 (**B**) Zunächst wurden die zwei Kuchen in $2 \cdot 4 = 8$ Stücke geschnitten. Diese wurden dann in $3 \cdot 8 = 24$ kleine Stücke geschnitten. Da 3 davon übrigbleiben, werden $24 - 3 = 21$ davon gegessen. Folglich waren 21 Besucher auf der Party.

L 1.38 (**E**) Da Isa für 3 Hefte 1,80 € bezahlt, kostet ein Heft 1,80 € : 3 = 0,60 €. Für seine Buchhülle muss Ole ebenso viel bezahlen wie Ron für seine, also 0,85 €. Insgesamt muss Ole also 0,60 € + 0,85 € = 1,45 € bezahlen.

L 1.39 (**C**) Denken wir uns zwei Mädchen weniger beim Sportunterricht, so sind es 22 Kinder, und zwar genauso viele Mädchen wie Jungen. Folglich sind es $22 : 2 = 11$ Jungen – und $11 + 2 = 13$ Mädchen.

L 1.40 (**C**) Wenn Jörg von den 8 Möhren eine Möhre in 2 Teile bricht, hat er 7 ganze Möhren und 2 Teile, also insgesamt 9 Stücke. Das ist genau ein Stück Möhre mehr als vor dem Zerteilen. Bricht er ein weiteres Mal, so erhält er wieder ein Stück mehr usw. Da 20 Stücke gerade 12 Stücke mehr als zu Beginn sind, muss er genau 12-mal zerteilen. – Wir erkennen, dass es völlig gleich ist, *auf welche Weise* Jörg die Möhren bricht. Ob er eine einzige genau 12-mal bricht, oder mehrere insgesamt 12-mal, in jedem Fall erhält er 20 Stücke.

L 1.41 (**D**) Gisa hat von den maximal 20 Punkten 4 Punkte nicht bekommen. Also hat sie bei 2 Aufgaben statt je eines Punktes dazu je einen Punkt abgezogen bekommen, das heißt, sie hatte 8 Aufgaben richtig. – Wer mag, kann auch die möglichen Punktzahlen Schritt für Schritt auflisten: Hat Gisa alles richtig, bekommt sie 20 Punkte. Ist eine Aufgabe falsch, bekommt sie für die 9 richtigen zu den 10 Punkten 9 hinzu und für die falsche einen Punkt abgezogen, erhält also 18 Punkte. Sind 2 Aufgaben falsch, bekommt sie 8 Punkte dazu und 2 abgezogen, also $10 + 8 - 2 = 16$ Punkte. Folglich hatte Gisa 8 Aufgaben richtig.

L 1.42 (**E**) Ziehen wir von den 6 kg Wolle, die beide Schafe zusammen auf die Waage gebracht haben, das 1 kg ab, das das weiße Schaf mehr gegeben hat als das schwarze, so bleiben 5 kg Wolle übrig. Diese Wolle haben die beiden Schafe zu gleichen Teilen gegeben, also ein jedes Schaf 2,5 kg. Das weiße Schaf hat somit $2,5\,\text{kg} + 1\,\text{kg} = 3,5\,\text{kg}$ gegeben.

L 1.43 (**C**) Von den 2008 Läufern, die mit Karla am Stadtmarathon teilnahmen, waren ein Viertel besser und drei Viertel schlechter als Karla. Ein Viertel von 2008 ist 502, und so hat Karla den 503. Platz belegt. – Nun noch ein allgemeiner Lösungsansatz: Die Anzahl der Teilnehmer am Stadtmarathon setzt sich aus der Zahl v der vor Karla ins Ziel Gelangten, der Zahl n der nach Karla ins Ziel Gelangten und Karla zusammen: $2009 = v + n + 1$, wobei $n = 3v$ gilt. Daraus erhalten wir $4v = 2008$ bzw. $v = 502$. Karla kam als 503. Teilnehmende ins Ziel.

L 1.44 (**A**) Offenbar drücken Rögglis den Durchschnittspreis der Brötchen nach unten. Weil der Weggli-Preis dann über dem Durchschnittspreis liegt, ist unter den fünf Aussagen (**A**) ganz sicher richtig. – Der Vollständigkeit halber sei darauf hingewiesen, dass jede der anderen Aussagen zwar gelten *kann*, aber *nicht muss.*

Aufgaben mit Datum und Uhrzeit

L 1.45 (**E**) Wenn 3 und eine halbe Stunde bis zur Zugabfahrt vergehen und Susi schon vor einer halben Stunde aufgestanden ist, als ihr Vater sie wecken kommt, dann vergehen vom Aufstehen bis zur Zugabfahrt 3 und 2 halbe Stunden, also 4 Stunden insgesamt.

L 1.46 (**B**) Die Märchenlesezeit dauert eine halbe Stunde, d. h. 30 Minuten. Dann kam der Maikäfer also nach genau einer Viertelstunde, d. h. nach 15 Minuten. Und 15 Minuten nach 15:50 Uhr ist es 16:05 Uhr.

L 1.47 (**E**) Wer sich im Kalender gut auskennt, hat bei dieser Aufgabe keine Mühe: Wir wissen, dass es Monate mit 28, 29 (im Schaltjahr), 30 und 31 Tagen gibt. Dezember und Januar mit jeweils 31 Tagen haben zusammen 62 Tage, also wäre (**A**) möglich. Juni und Juli haben zusammen 61 Tage, d. h., auch (**B**) kommt infrage. Falls wir in einem Schaltjahr sind, haben Februar und März zusammen $29 + 31 = 60$ Tage, d. h., (**C**) ist möglich. Und für ein Nicht-Schaltjahr haben Februar und März zusammen 59 Tage, sodass auch (**D**) infrage kommt. Nur 58 ist als Summe aller Tage zweier aufeinanderfolgender Monate nicht möglich, denn der einzige Monat mit der geringsten Tagezahl 28, der Februar, wird von zwei Monaten mit 31 Tagen eingeschlossen. Mit dieser zuletzt genannten Überlegung hätte die Aufgabe auch sofort gelöst werden können, da es bekanntlich bei Känguru-Aufgaben stets nur genau eine richtige Antwort gibt.

L 1.48 (**C**) Wir zählen die Schläge der Uhr mit dem Gang der Zeit: Da ich kurz vor 7:30 Uhr in der Schule angelangt bin, höre ich zuerst den einen Schlag um 7:30 Uhr. Dann folgen 8 Schläge um 8:00 Uhr, ein Schlag um 8:30 Uhr, 9 Schläge um 9:00 Uhr, ein Schlag um 9:30 Uhr, 10 Schläge um 10:00 Uhr. Und bevor die Uhr ein weiteres Mal schlägt, bin ich schon zum Schwimmunterricht unterwegs. Es ist $1 + 8 + 1 + 9 + 1 + 10 = 30$, also höre ich die Uhr 30-mal schlagen.

L 1.49 (**A**) Von 6:15 Uhr bis 19:30 Uhr vergehen 13 Stunden und 15 Minuten. So lange läuft die Uhr rückwärts. Lassen wir sie zuerst die 15 Minuten rückwärts laufen, so ist danach 6:00 Uhr auf der Uhr zu erkennen. Nun geht es noch 13 Stunden rückwärts. Nach 6 Stunden ist es 0:00 Uhr, Mitternacht, also 24:00 Uhr. Von da an ist es nach 7 Stunden zurück wegen $24 - 7 = 17$ genau 17:00 Uhr.

L 1.50 (**B**) Mit Sicherheit gibt es in jedem Monat jeden Tag 4-mal. Ein Monat mit 5 Freitagen, 5 Samstagen und 5 Sonntagen muss 31 Tage haben und mit einem Freitag beginnen. Der Monat davor endet auf einen Donnerstag und kann, weil es nur 4 Donnerstage gibt, nur 28 Tage haben. Linus Pauling wurde also im Februar geboren. Der übernächste Monat April hatte 30 Tage und begann mit einem Montag. Montage und Dienstage gab es folglich je 5, alle anderen Tage genau 4-mal.

L 1.51 (**E**) Angenommen der 2. Tag des Monats ist ein Dienstag. Dann sind auch der 9., der 16., der 23. und der 30. dieses Monats Dienstage. Wir sehen sofort, dass es keine andere Möglichkeit für 3 Dienstage mit geradzahligem Tagesdatum in einem Monat geben kann. Da nun der 23. auf einen Dienstag fällt, ist der 21. ein Sonntag.

1.4 Primzahlen, Teilbarkeit und mehr

Nicht ganz leicht, aber auch für Jüngere machbar

L 1.52 (**D**) Wir zerlegen 48 in zwei Faktoren und gehen dabei ganz systematisch vor, indem wir den ersten Faktor wachsen lassen:

$$48 = 1 \cdot 48 = 2 \cdot 24 = 3 \cdot 16 = 4 \cdot 12 = 6 \cdot 8$$

Im nächsten Schritt wäre der erste Faktor größer als der zweite, und damit wäre die entsprechende Zerlegung bereits vorhanden. Da die Summe 16 sein soll, fallen die ersten drei Zerlegungen sofort weg, da einer der Faktoren größer als 16 bzw. gleich 16 ist. Für die nächsten beiden Faktoren gilt $4 + 12 = 16$, also sind 4 und 12 die gesuchten Zahlen. – Eine andere Herangehensweise ist folgende: Unter den Zahlenpaaren ist nur bei (**A**) und (**D**) die Summe der beiden Zahlen 16. Da jedoch $6 \cdot 10 = 60$ ist, kann (**A**) ausgeschlossen werden, während sich (**D**) wegen $12 \cdot 4 = 48$ als Lösung herausstellt.

L 1.53 (**E**) Da die Großmutter nicht noch einmal schneiden will, wenn die Enkel da sind, müssen die Kuchenstücke gleichmäßig auf 3, 5 und 6 Enkel aufgeteilt werden können. Das heißt, die Anzahl der Kuchenstücke muss durch 3, 5 und 6 teilbar sein. Von den fünf Lösungsvarianten ist nur 30 durch 3, 5 und 6 teilbar. Es ist die *kleinste* mögliche Anzahl von Kuchenstücken, da 30 gerade das *kleinste gemeinsame Vielfache* der Zahlen 3, 5 und 6 ist.

L 1.54 (**A**) Da die 5-stellige Zahl $\overline{abcde}$ durch 5 teilbar sein soll, muss $e = 5$ sein. Da die 4-stellige Zahl $\overline{abcd}$ durch 4 teilbar sein soll, muss zunächst $d = 2$ oder $d = 4$ sein. Die Zahl $\overline{abcd}$ ist genau dann durch 4 teilbar, wenn $\overline{cd}$ durch 4 teilbar ist. Falls also $d = 4$ wäre, müsste $c = 2$ sein, denn weder 14 noch 34 ist durch 4 teilbar. Die Ziffer c kann aber nicht gleich 2 sein, da ja die 2-stellige Zahl $\overline{ab}$ durch 2 teilbar sein soll, und folglich $b = 2$ oder $b = 4$ sein muss. Demzufolge muss $d = 2$ sein. Folglich besteht die 3-stellige Zahl $\overline{abc}$ aus den Ziffern 1, 3 und 4. Die Summe dieser Ziffern ist jedoch nicht durch 3 teilbar, also ist $\overline{abc}$ keine durch 3 teilbare Zahl. Folglich gibt es keine Zahl mit den geforderten Eigenschaften.

L 1.55 (**B**) Die kleinste 3-stellige Zahl mit Ziffernsumme 8 ist 107, die größte mit Ziffernsumme 8 ist 800. Somit ist die gesuchte Summe gleich $107 + 800 = 907$.

Jetzt wird es komplizierter

L 1.56 (**A**) Es sind $54 : 2 = 27$ Zahlen von 1 bis 53 ungerade. Von diesen 27 Zahlen ist genau ein Drittel durch 3 teilbar, die restlichen zwei Drittel nicht. Demzufolge sind 18 Zahlen zwischen 1 und 53 ungerade und *nicht* durch 3 teilbar.

Da es sich um eine überschaubare Anzahl von Zahlen handelt, besteht eine sinnvolle Lösungsstrategie auch darin, die gesuchten Zahlen aufzulisten: 1, 5, 7, 11, 13, 17, 19, 23, 25, 29, 31, 35, 37, 41, 43, 47, 49, 53.

L 1.57 (E) Da die Zahl durch 4 und 5 teilbar ist, muss ihre letzte Ziffer 0 sein. Es gilt also $Y = 0$. Nun ist die Zahl aber auch durch 9 teilbar, was gleichwertig damit ist, dass ihre Ziffernsumme $14+X$ durch 9 teilbar ist. Dies ist nur für $X = 4$ der Fall, und es folgt somit $X + Y = 4 + 0 = 4$.

L 1.58 (E) Wir bezeichnen die fehlende letzte Ziffer der sechsstelligen Zahl mit x und dividieren schriftlich (siehe Rechnung). Damit die sechsstellige Zahl ohne Rest durch 12 teilbar ist, muss die dreistellige Zahl $10x$ durch 12 teilbar sein. Die gesuchte Ziffer x kann nur die 8 sein. – Für die Lösung dieser Aufgabe können wir auch Teilbarkeitsregeln verwenden: Eine Zahl ist durch 12 teilbar, wenn sie durch 3 *und* 4 teilbar ist. Für die Teilbarkeit durch 3 muss die Quersumme der Zahl durch 3 teilbar sein. Dann kann die letzte Ziffer nur 2, 5 oder 8 sein.

$$\begin{array}{l} 25762x : 12 = 2146 \\ \underline{24} \\ \;\;17 \\ \;\;\underline{12} \\ \;\;\;\;56 \\ \;\;\;\;\underline{48} \\ \;\;\;\;\;\;82 \\ \;\;\;\;\;\;\underline{72} \\ \;\;\;\;\;\;10x \end{array}$$

Für die Teilbarkeit durch 4 müssen die letzten beiden Ziffern eine durch 4 teilbare Zahl bilden: Hier gibt es nur die Möglichkeiten 20, 24 und 28. Damit ist die 8 die einzige Ziffer, für die die Zahl sowohl durch 3 als auch durch 4 teilbar ist.

L 1.59 (E) Zuerst zerlegen wir die Zahl 100 in das Produkt ihrer Primfaktoren: $100 = 2 \cdot 2 \cdot 5 \cdot 5$. Nun gilt es, vier voneinander verschiedene Faktoren zu finden, deren Summe gleich einer der vorgeschlagenen Zahlen ist. Durch systematisches Probieren finden wir, dass 2, 5 und 10 – und 1 – die gesuchten Faktoren sind. Die Summe ist $2 + 5 + 10 + 1 = 18$.

L 1.60 (E) Um die letzte Ziffer eines Produkts zu finden, genügt es, jeweils die letzten Ziffern der Faktoren miteinander zu multiplizieren. Es endet $7 \cdot 7$ auf 9 und $9 \cdot 7$ auf 3, also endet 17^3 auf 3. Es endet $2 \cdot 2 \cdot 2 \cdot 2$ auf 6, also endet auch 22^4 auf 6. Es endet $3 \cdot 3$ auf 9, und $(3 \cdot 3) \cdot (3 \cdot 3)$ folglich auf 1, also endet 33^4 auf 1. Damit endet das Produkt $17^3 \cdot 22^4 \cdot 33^4$ auf die letzte Ziffer des Produkts $3 \cdot 6 \cdot 1$, also auf 8.

L 1.61 (E) Offenbar ist $1 + 2 \cdot 3 \cdot 4 \cdot 5 \cdot 6 \cdot 7 \cdot 8 \cdot 9 \cdot 10$ der größte Wert, den der Term beim Ersetzen der Sternchen annehmen kann, also gleich N. Dieser Term lässt bei Division durch 2, 3, 5 und 7 je den Rest 1, ist folglich durch keine dieser Primzahlen teilbar, wohl aber durch eine andere, die dann natürlich größer als 7 sein muss. Übrigens ist $1 + 2 \cdot 3 \cdot 4 \cdot 5 \cdot 6 \cdot 7 \cdot 8 \cdot 9 \cdot 10 = 11 \cdot 329891$. Die Zahlen 11 und 329891 sind die Primfaktoren von N.

L 1.62 (E) Für alle 50 geraden Zahlen zwischen 1 und 100 wissen wir, dass nach den Potenzgesetzen n^n Quadratzahl ist. Setzen wir nämlich $n = 2m$, so gilt $n^n = (2m)^{(2m)} = \left((2m)^m\right)^2$. Darüber hinaus sind auch die Potenzen der ungeraden Quadratzahlen ihrerseits selbst wieder Quadratzahlen: 1^1, $9^9 = (3^2)^9 = (3^9)^2$, $25^{25} = (5^2)^{25} = (5^{25})^2$, $49^{49} = (7^2)^{49} = (7^{49})^2$, $81^{81} = (9^2)^{81} = (9^{81})^2$. Insgesamt sind das 55 Zahlen.

Abstrakt und zunehmend anspruchsvoll

L 1.63 (B) Die dritte Potenz einer positiven ganzen Zahl a wächst mit größer werdendem a schneller als ihr Quadrat. Bereits für $a \geq 10$ gilt $a^3 = a \cdot a^2 \geq 10 \cdot a^2$. Also hat a^3 in diesem Fall mindestens eine Stelle mehr als a^2. Unter den einstelligen Zahlen a gilt die Bedingung nur für 1 ($1^2 = 1, 1^3 = 1$), 2 ($2^2 = 4, 2^3 = 8$) und 4 ($4^2 = 16, 4^3 = 64$), also für insgesamt 3 Zahlen.

L 1.64 (C) Es ist $n^2 + n = n(n+1)$ ein Produkt zweier aufeinanderfolgender Zahlen, von denen stets eine durch 2 teilbar ist. Dieses Produkt ist nur dann eine Primzahl, wenn es gleich 2, also $n = 1$ ist.

L 1.65 (A) Da $a + 1$ durch 2 teilbar sein soll, ist auch $a + 5 = a + 1 + 4$ durch 2 teilbar. Da $a + 2$ durch 3 teilbar ist, ist auch $a + 5 = a + 2 + 3$ durch 3 teilbar. Folglich ist $a + 5$ durch 6 teilbar, und damit bewiesen, dass es eine Zahl, wie sie in der Aufgabe beschrieben wird, nicht gibt.

L 1.66 (C) Da 9 Ziffern zugelassen sind, gibt es 9 verschiedene Auswahlmöglichkeiten für die 8 Ziffern – je nachdem, welche der 9 Ziffern wir weglassen. Für die Teilbarkeit einer Zahl durch 9 ist ihre Quersumme ausschlaggebend: ist diese durch 9 teilbar, dann auch die Zahl selbst. Offenbar lässt jede der 9 möglichen Quersummen einen anderen Rest bei Division durch 9. Da die Anzahl der 8-stelligen Zahlen für jede Ziffernauswahl dieselbe ist (nämlich $8! = 1 \cdot 2 \cdot 3 \cdot 4 \cdot 5 \cdot 6 \cdot 7 \cdot 8$), ist die gesuchte Anzahl gerade $\frac{Z}{9}$.

Teilbarkeit im Text versteckt

L 1.67 (C) Da von den drei im Café Sitzenden jeder dasselbe verzehrt, muss der Preis auf der Rechnung durch 3 teilbar sein. Dies trifft nur für 37,20 € zu.

L 1.68 (B) Die Tauprinzessin hat $121 - 4 = 117$ Kännchen auf eine Zahl von weniger als 11 Elfen gleichmäßig verteilen können. Die Zahl der Elfen muss also ein Teiler von 117 sein. Nun ist $117 = 3 \cdot 3 \cdot 13$. Wären es nur 3 Elfen, die nicht verschlafen haben, so hätte die Tauprinzessin die 4 restlichen Kännchen noch weiter gerecht aufteilen können; jede der 3 pünktlichen Elfen hätte ein weiteres Kännchen bekommen können, und es wäre nur eines übrig geblieben. Da dies nicht geschehen ist, muss die Zahl der Elfen, die gekommen sind, größer als 4 und kleiner als 11 sein. Dann kann die Zahl der Elfen nur $3 \cdot 3 = 9$ sein, da sich die 117 Kännchen unter 9 Elfen gerecht aufteilen lassen, wobei jede Elfe 13 Kännchen bekommt. Zwei Elfen haben verschlafen.

L 1.69 (B) Nach Claires Aussage gibt es genau 30 Lose mit Zahlen, die durch 6 teilbar sind, und genau 20 Lose mit Zahlen, die durch 7 teilbar sind. Unter diesen insgesamt 50 Losen sind solche – nämlich insgesamt genau 10 – auf denen Zahlen stehen, die durch 42, also durch 6 *und* 7 teilbar sind. Diese wurden bei den 50 Losen doppelt gezählt. Folglich reduziert sich die Anzahl der Lose um 10. Es bleiben 40 Loszettel als Minimum.

L 1.70 (D) Hätte Robin ausschließlich Note 4 erhalten, wäre die Summe aller Noten $12 \cdot 4 = 48$. Das ist die kleinste mögliche Summe. Hätte er genau einmal Note 5 erhalten, wäre die Summe gleich 49, bei zwei Fünfen wäre sie gleich 50 usw. Hätte er ausschließlich Note 5 erhalten, wäre die Summe aller Noten gleich $12 \cdot 5 = 60$. Dies ist die größte mögliche Summe. Jede Zahl zwischen 48 und 60 kann als Summe aller Noten vorkommen. Da die Zahl 55 die einzige Zahl zwischen 48 und 60 ist, die durch 11 teilbar ist, muss das die Summe von Robins Noten sein. Robin hat somit $55 - 48 = 7$-mal die Note 5 erhalten.

L 1.71 (B) Wir zerlegen 2010 in Primfaktoren: Es ist $2010 = 2 \cdot 3 \cdot 5 \cdot 67$. Damit ist sofort klar, dass es nur eine sinnvolle Konstellation gibt: Die Lehrerin ist 30 Jahre alt, ihr Vater 67.

L 1.72 (B) Auf dem Einkaufszettel sind als Anzahl einige oder alle der Zahlen von 1 bis 10 unterzubringen. Dabei ist unter zwei aufeinanderfolgenden Zahlen stets eine der beiden ein Teiler der anderen. Natürlich versuchen wir zunächst, eine Liste aus allen Zahlen zu schreiben. Dazu gucken wir uns die Zahlen genauer an: Unter den 10 Zahlen sind vier Primzahlen – 2, 3, 5 und 7 – und drei Primzahlpotenzen – 4, 8 und 9. Zum „Verbinden“ der verschiedenen Primzahlen stehen 1, 4, 6, 8, 9 und 10 zur Verfügung. Die 7 kann ausschließlich mithilfe der 1 in die Zahlenliste integriert werden, müsste also am Anfang oder Ende der Liste stehen. Wir setzen die 7 an den Anfang. Es muss die 1 folgen. Unter den zu den Primzahlen 2, 3 und 5 gehörenden Vielfachen kann jetzt, da die 1 nicht mehr zur Verfügung steht, ausschließlich über den Teiler 2 „umgeschaltet“ werden. Dies ist jedoch, da alle Positionen auf der Einkaufsliste voneinander verschieden sind, nur einmal möglich. Folglich ließen sich nach der 1 nur zwei der Vielfachen der 2 anschließen: entweder die Potenzen der 2 und die Vielfachen mit der 3 oder die Potenzen der 2 und die Vielfachen mit der 5 oder die Vielfachen mit der 3 und mit der 5. In jedem Fall könnten mehrere der 10 Zahlen nicht eingebunden werden: im ersten Fall würden die Vielfachen der 5, im zweiten Fall die der 3 und im dritten Fall die Potenzen der 2 (außer natürlich der 2 selbst) fehlen. Gehört die 7 zur Liste, ist die Anzahl der Positionen also höchstens 8 (z. B. 7 1 9 3 6 2 4 8). Verzichten wir auf die 7, so finden wir eine Liste, die 9 Positionen umfasst, z. B. 5 10 1 9 3 6 2 4 8.

L 1.73 (**D**) Die einstelligen Primzahlen 2, 3, 5 und 7 sind per definitionem „prima". Zweistellige „prima" Primzahlen haben nach Aufgabenstellung einstellige „prima" Primzahlen als Ziffern, also 2, 3, 5 oder 7. Die zweistelligen Primzahlen mit den Ziffern 2, 3, 5 und 7 sind 23, 37, 53 und 73, die anderen Kombinationen der vier Ziffern (25, 27, 32, 35, 52, 57, 72, 75 sowie 22, 33, 55 und 77) liefern keine Primzahlen.

Falls es dreistellige „prima" Primzahlen gibt, so müssen die ersten beiden und die letzten beiden Ziffern jeweils eine zweistellige „prima" Primzahl bilden, also eine der Zahlen 23, 37, 53 oder 73 sein. Dabei ist die zweite Ziffer der Zahl aus den ersten beiden Ziffern mit der ersten Ziffer der Zahl aus den letzten beiden Ziffern identisch. So ließen sich beispielsweise die Zahlen 23 und 37 zur dreistelligen Zahl 237 „zusammenschieben". Jedoch ist 237 durch 3 teilbar, also keine Primzahl. Andere mögliche dreistellige Zahlen sind 373, 537 und 737. Die Zahl 537 ist ebenfalls durch 3 teilbar, und 737 ist ein Vielfaches von 11. Die Zahl 373 ist prim und damit die einzige dreistellige „prima" Primzahl.

Angenommen es gäbe eine vierstellige „prima" Primzahl. Dann müsste sie mit 373 beginnen, da nach Streichen der letzten Stelle eine dreistellige „prima" Primzahl übrig bleibt. Ebenso müsste sie auf 373 enden. Das ist aber nicht möglich. Also gibt es keine vierstelligen „prima" Primzahlen und somit, gemäß der Bedingung der Aufgabe, auch keine mit mehr als vier Stellen. Die gefundenen 9 Zahlen sind die einzigen „prima" Primzahlen.

L 1.74 (**C**) Da 45 ein Teiler der gesuchten Zahl N ist, muss der kleinste Teiler von N kleiner oder gleich dem kleinsten Teiler der Zahl 45 sein. Der kleinste von 1 verschiedene Teiler von 45 ist 3. Somit kommen für den kleinsten Teiler von N nur 2 und 3 infrage. Wir versuchen in beiden Fällen, eine Zahl N zu bestimmen: Ist der kleinste Teiler 2, so ist der größte Teiler $2 \cdot 45 = 90$. Da das Produkt aus kleinstem und größtem Teiler, sofern beide von 1 bzw. der Zahl selbst verschieden sind, die Zahl selbst ergibt, ist im betrachteten Fall $N = 2 \cdot 90 = 180$. Im anderen möglichen Fall ist 3 der kleinste Teiler, der größte Teiler also $3 \cdot 45 = 135$ und die Zahl selbst $N = 3 \cdot 135 = 405$. Es gibt also genau zwei Zahlen mit der von Lydia beschriebenen Eigenschaft.

L 1.75 (C) Wenn $x^2 - 81$ durch 100 teilbar sein soll, so muss x^2 auf 81 enden. Also ist die erste positive ganze Zahl, für die dies zutrifft, die 9. Weiterhin ist klar, dass x nur auf 1 oder auf 9 enden kann, dass folglich x die Gestalt $10a + 1$ oder $10a + 9$ haben muss, wobei a eine einstellige Zahl ist. Dann ist im ersten Fall $x^2 = (10a + 1)^2 = 100a^2 + 20a + 1$. Diese Zahl endet dann auf 81, wenn $a = 4$ oder wenn $a = 9$ ist. Dem entspricht $x = 41$ bzw. $x = 91$. Im zweiten Fall ist $x^2 = (10a + 9)^2 = 100a^2 + 180a + 81$, woraus sich neben der schon eingangs erwähnten Lösung, bei der $a = 0$ ist, noch die Lösung $a = 5$ ergibt. Dazu gehört dann 59. Die gesuchte Summe ist $9 + 59 + 41 + 91 = 200$.

L 1.76 (B) Wenn das Quadrat in 2009 kleinere Quadrate mit ganzzahligen Seitenlängen zerlegt wurde, muss die Seitenlänge eine natürliche Zahl sein, die größer als $\sqrt{2009}$ ist. Die nächstgrößere Quadratzahl nach 2009 ist $2025 = 45^2$. Nun versuchen wir, die 2009 Quadrate so zu wählen, dass wir eine große Anzahl von 1×1-Quadraten und eine kleinere Anzahl anderer Quadrate mit ganzzahliger Seitenlänge haben, sodass als Summe der Flächeninhalte 2025 entsteht. Wir beginnen damit, eine Zerlegung in 2008 1×1-Quadrate und 1 größeres zu versuchen. Dabei stellen wir fest, dass $2025 - 2008 = 17$ ist, also keine Quadratzahl. Die nächste Möglichkeit (2007 1×1-Quadrate und 2 größere) führt dann schon zur Lösung: $2025 - 2007 = 18$ und $18 : 2 = 9$, eine Quadratzahl. Wir können das Quadrat mit Seitenlänge 45 in 2007 1×1-Quadrate und zwei 3×3-Quadrate zerlegen.

L 1.77 (B) Wir beginnen mit den kleinsten möglichen Zahlen, das sind $1, 2, 3, \ldots, 11, 12$. Die 1 entfällt, da sie mit keiner Zahl einen Teiler > 1 hat. Also brauchen wir noch mindestens die 13, die aber auch ungeeignet ist, da sie als Primzahl mit keiner kleineren Zahl einen gemeinsamen Teiler > 1 hat – ebenso wie die 11. Statt 11 und 13 wählen wir 14 und 15. Nun fällt noch auf, dass die 7 unter diesen Zahlen nur die 14 als möglichen Nachbarn haben kann. In dem Rechteck hat aber jede Zahl mindestens 2 Nachbarn. Also streichen wir die 7, hinzu kommt die 16. Mit den Zahlen $2, 3, 4, 5, 6, 8, 9, 10, 12, 14, 15, 16$ können wir das Rechteck füllen. Im Bild ist ein Beispiel zu sehen. Die größte Zahl muss also mindestens 16 sein.

4	2	10	5
14	8	6	15
16	12	9	3

2 Gleichungen, Ungleichungen und Funktionen

2.1 Lineare Gleichungen

L 2.1 (B) Die Gleichheit $\clubsuit + \clubsuit + 6 = \clubsuit + \clubsuit + \clubsuit + \clubsuit$ bleibt erhalten, wenn auf beiden Seiten $\clubsuit + \clubsuit$ subtrahiert wird. Dann bleibt $6 = \clubsuit + \clubsuit$ übrig, also ist $\clubsuit = 3$.

L 2.2 (C) Dieter hat $65 - 47 = 18$ gerechnet, statt $65 + 47 = 112$ zu rechnen. Die Summe, die er bilden wollte, unterscheidet sich von der Differenz, die er ausgerechnet hat, um $112 - 18 = 94$. Das ist das Doppelte der Zahl 47, die zu subtrahieren war, denn $(65 + 47) - (65 - 47) = 2 \cdot 47$.

L 2.3 (B) Beim Multiplizieren einer noch unbekannten Zahl mit 31 ist als Produkt 372 entstanden. Dann ist der Quotient aus 372 und 31 also die unbekannte Zahl, $372 : 31 = 12$. Die Zahl, die Tinko tatsächlich ausrechnen wollte, ist demzufolge $12 \cdot 301 = 3612$.

Nun schreiben wir die Lösung noch, dem Titel des Kapitels entsprechend, als Lösung einer Gleichung auf: Die in der Aufgabe gesuchte Zahl (das Produkt einer unbekannten Zahl mit 301) nennen wir $301 \cdot x$. Wir wissen $31 \cdot x = 372$, woraus wir $x = 372 : 31 = 12$ errechnen. Die gesuchte Zahl ist dann $301 \cdot 12 = 3612$.

L 2.4 (E) Um herauszufinden, welche Zahl Tarek sich ausgedacht hat, rechnen wir rückwärts. Tarek hat 777 erhalten, nachdem er eine Zahl mit 7 multipliziert hat. Folglich ist diese Zahl $777 : 7 = 111$. Die 111 entstand, nachdem er 7 addiert hatte. Die Zahl vor dieser Addition ist demzufolge $111 - 7 = 104$. Und die 104 ihrerseits ist das Ergebnis einer Division durch 7. Die Zahl, die Tarek durch 7 dividiert hat, ist also $104 \cdot 7 = 728$.

Stellen wir auch zur Lösung dieser Aufgabe eine Gleichung auf: Gesucht ist ein x, für das gilt

$$\left(\frac{x}{7} + 7\right) \cdot 7 = 777$$

Nach dem Ausmultiplizieren erhalten wir $x + 49 = 777$ bzw. $x = 777 - 49 = 728$.

Von Hund und Katz und anderen Tieren

L 2.5 (C) Wir rechnen aus, wie viele Beine 2 Fliegen und 3 Spinnen zusammen haben. Es sind $2 \cdot 6 + 3 \cdot 8 = 12 + 24 = 36$. Da 10 Hühner $10 \cdot 2 = 20$ Beine haben, bleiben für die Katzen $36 - 20 = 16$ Beine übrig. Und so viele Beine haben $16 : 4 = 4$ Katzen.

L 2.6 (B) Wenn die drei Tiere alle verschieden viele Nüsse gesammelt haben, zusammen aber 7, so kann dies nur bedeuten, dass eine von ihnen eine Nuss, eine 2 Nüsse und eine 4 Nüsse gesammelt hat, denn $7 = 1 + 2 + 4$. Elli hat weder die meisten noch die wenigsten Nüsse gesammelt. Sie liegt mit ihrer Sammelleistung also in der Mitte, und hat daher 2 Nüsse gesammelt.

L 2.7 (B) Die 8 Katzen gehören zu 7 Kindern, weil Rufus 2 Katzen hat. Die 5 Hunde gehören zu 4 Kindern, weil Emma 2 Hunde hat. 5 Kinder haben jedes ein Kaninchen, und Peter hat ein Kaninchen und die Schildkröte. Zusammen mit den 3 Kindern, die kein Haustier haben, sind das $7 + 4 + 5 + 1 + 3 = 20$ Kinder in Ulis Klasse.

Eine andere Möglichkeit, zu diesem Ergebnis zu gelangen, ist die folgende: Wenn die 3 Kinder mit je zwei Haustieren den 3 Kindern ohne Haustier jeweils eins ihrer Tiere abgeben würden, hätten alle Kinder in der Klasse genau ein Haustier. Damit gibt es in der Klasse genauso viele Kinder wie die Kinder Haustiere haben, also $8 + 5 + 6 + 1 = 20$.

L 2.8 (A) Wie wir wissen, hat jedes Schaf vier Beine, jede Ziege einen Kopf. Also hat ein Schaf viermal so viele Beine wie eine Ziege Köpfe hat. Da es nur doppelt – und nicht viermal – so viele Schafsbeine wie Ziegenköpfe zu zählen gab, sind es nur halb so viele Schafe wie Ziegen.

L 2.9 (C) Wenn Herbert *nach* dem Kauf von 17 Paar Sandalen noch immer 14 Füße ohne Schuhe hat, dann hatte er *vor* dem Kauf $14 + 2 \cdot 17 = 14 + 34 = 48$ schuhlose Füße. Folglich waren die übrigen $102 - 48 = 54$ Füße bereits vor dem Sommer mit Schuhen ausgestattet.

L 2.10 (A) Lorenz hat $25 - 19 = 6$ Katzenfotos mehr als Hundefotos. Da er pro Woche jeweils ein Hundefoto mehr als Katzenfotos kauft, schwindet der Katzenfotoüberhang in jeder Woche um 1. Also dauert es 6 Wochen, bis er gleich viele Fotos von beiden Tierarten hat. Er hat nach 6 Wochen $25 + 6 \cdot 2 = 37$ Katzenfotos und $19 + 6 \cdot 3 = 37$ Hundefotos.

L 2.11 (C) Da Kater Bommel jetzt 13 Jahre alt ist, war er vor 2 Jahren 11. Folglich war Kater Stepke vor 2 Jahren $15 - 11 = 4$. Er ist jetzt also $4 + 2 = 6$ Jahre alt. Dann müssen noch $9 - 6 = 3$ Jahre vergehen, bis er 9 Jahre alt ist.

L 2.12 (**B**) Wenn Hugo jeden zweiten Tag – nämlich an den mäusejagdfreien Tagen – in den letzten 14 Tagen 60 ml Milch getrunken hat, so waren dies insgesamt $7 \cdot 60\,\text{ml} = 420\,\text{ml}$. An den Tagen mit Jagd – ebenfalls 7 an der Zahl – hat er ein Drittel mehr getrunken. Ein Drittel von 60 ist $60 : 3 = 20$. Also hat er an diesen Tagen pro Tag $60\,\text{ml} + 20\,\text{ml} = 80\,\text{ml}$ Milch getrunken. Damit hat er an den Jagdtagen insgesamt $7 \cdot 80\,\text{ml} = 560\,\text{ml}$ Milch getrunken. In den 14 Tagen musste ich dem Kater Hugo $420\,\text{ml} + 560\,\text{ml} = 980\,\text{ml}$, also fast einen ganzen Liter Milch hinstellen.

Geschickt verteilt

L 2.13 (**B**) Um mit möglichst wenigen Eierschachteln auszukommen, wird Till so viele Eier wie möglich in 12-er Schachteln legen. Das sind $12+12+12+12+12 = 5 \cdot 12 = 60$ Eier. Die restlichen 6 Eier packt er in eine 6-er Schachtel. Er braucht also insgesamt 6 Schachteln.

L 2.14 (**C**) Wenn wir statt 12-mal Riesenrad zu fahren, nur 9-mal Riesenrad fahren, so haben wir 3 von 12 Fahrten nicht gemacht. Da 3 ein Viertel von 12 ist, haben wir also ein Viertel des Geldes übrig. Mit einem Viertel des Geldes können wir uns ein Viertel der 20 Flipperfahrten leisten, die mit dem gesamten Geld möglich gewesen wären. Ein Viertel von 20 ist 5. Das Geld reicht dann noch, um 5-mal Flipper zu fahren.

L 2.15 (**D**) Der Vater hat $45 - 35 = 10$ graue Steine mehr als braune zu den Beeten geschafft. Adele vermindert jedesmal, wenn sie zusammen mit Oskar Steine trägt, die Differenz zwischen grauen und den braunen Steinen um $6 - 4 = 2$. Da $10 : 2 = 5$ ist, sind nach 5 Gängen gleich viele graue und braune Steine an den Beeten, insgesamt $45 + 35 + 5 \cdot (4 + 6) = 130$.

L 2.16 (**E**) Pro Woche liest Clara $5 \cdot 6 + 2 \cdot 25 = 80$ Seiten in ihrem Buch. Wegen $302 : 80 < 4$ liest Clara drei volle Wochen und hat dann noch $302 - 3 \cdot 80 = 62$ Seiten übrig. Nun liest sie am Donnerstag und Freitag je 6 Seiten – es bleiben $62 - 12 = 50$ Seiten, am Samstag und Sonntag je 25 Seiten – und ist fertig. Es dauert also insgesamt $3 \cdot 7 + 4 = 25$ Tage. – Sicher wird mancher erst einmal gucken, wie viel in der Restwoche, in der Clara ihr 302-Seiten-Buch zu lesen beginnt, noch gelesen werden kann, bevor ab Montag mit vollen Wochen gerechnet wird. Also stellt man fest, dass Clara an den ersten 4 Tagen, vom Donnerstag bis zum Sonntag, 62 Seiten liest, der Rest sind 240 Seiten – und die schafft sie in genau drei Wochen, was natürlich ebenfalls zur Lösung (**E**) führt.

L 2.17 (**A**) Wer wegen der relativ geringen Summe von Toren, die Summe 10 aus lauter verschiedenen Summanden zu erzeugen versucht, ist bei dieser Aufgabe gut beraten. Er wird feststellen, dass $1+2+3+4=10$ die einzige Möglichkeit ist. Folglich hat einer der vier Handballer 1 Tor, einer 2 Tore, einer 3 Tore und der Beste schließlich 4 Tore geworfen. Tim, der torreichste Spieler, erzielte 4 Treffer. Er hat mit Jens zusammen so viele Tore erzielt wie Adi, Jens und Gerd zusammen, nämlich $10-4=6$. Daraus folgt unmittelbar, dass Jens 2 Tore geschossen hat. Da nun Jens mehr Tore als Adi erzielte, hat Adi 1 Tor geworfen, das ist die geringste Torzahl.

Bunt gemischt und ziemlich knifflig

L 2.18 (**B**) Die Summe *zweier* aufeinanderfolgender Zahlen ist stets ungerade, also müssen es mindestens 3 Summanden sein. Wenn sich 96 als eine Summe von 3 aufeinanderfolgenden Zahlen schreiben lässt, dann muss die mittlere dieser 3 Zahlen $96:3=32$ sein. Es gilt $96=31+32+33$ und (**B**) ist die Lösung.

Der Vollständigkeit halber überlegen wir uns noch, dass es keine weiteren Möglichkeiten gibt, die Zahl 96 als Summe von *aufeinanderfolgenden* natürlichen Zahlen zu schreiben. Ist nämlich die Anzahl der Summanden ungerade, muss 96 wie bei 3 Summanden durch diese Anzahl teilbar sein. Aber $96=2^5\cdot 3$ hat keine weiteren ungeraden Teiler. Bei einer geraden Anzahl von Summanden liegt der Durchschnitt der Summanden genau in der Mitte zwischen zwei natürlichen Zahlen. Dann ist aber der Durchschnitt der mit 2 multiplizierten Summanden eine natürliche Zahl, und wie vorher müsste die Anzahl der Summanden ein Teiler von $2\cdot 96=2^6\cdot 3$ sein, aber kein Teiler von 96. Das können nur $2^6=64$ oder $2^6\cdot 3=192$ sein. Das wären jedoch zu viele Summanden, einige müssten dann negativ sein.

L 2.19 (**B**) Die Kamille brauchen wir nach Aufgabenstellung nicht zu beachten, wichtig sind nur Fenchel und Augentrost. Dabei kommen laut Rezept auf 2 Teile Augentrost genau 3 Teile Fenchel. Also ist das gesuchte Gewicht an Augentrost $(125\,\text{g} : 3)\cdot 2=(125\,\text{g}\cdot 2):3=250\,\text{g}:3=83,\ldots\,\text{g}$. Die schriftliche Division können wir an dieser Stelle abbrechen, da ja nur ein gerundeter Wert gesucht ist. Es werden also rund 85 g benötigt.

L 2.20 (**D**) Schauen wir uns Theos Tabelle etwas genauer an und schreiben einmal sehr ausführlich auf, wie die einzelnen Zeilen entstehen:

In der 1. Zeile	10	und	3
in der 2. Zeile	$10+3$	und	$10-3$
in der 3. Zeile	$(10+3)+(10-3)=2\cdot 10+0\cdot 3$	und	$(10+3)-(10-3)$ $=0\cdot 10+2\cdot 3$
in der 4. Zeile	$(2\cdot 10+0\cdot 3)+(0\cdot 10+2\cdot 3)$ $=2\cdot 10+2\cdot 3=26$	und	$(2\cdot 10+0\cdot 3)-(0\cdot 10+2\cdot 3)$ $=2\cdot 10-2\cdot 3=14$

Würden wir dies fortsetzen, erhielten wir

in der 5. Zeile $(2 \cdot 10 + 2 \cdot 3) + (2 \cdot 10 - 2 \cdot 3) = 4 \cdot 10 + 0 \cdot 3$ und $(2 \cdot 10 + 2 \cdot 3) - (2 \cdot 10 - 2 \cdot 3) = 0 \cdot 10 + 4 \cdot 3$

in der 6. Zeile $(4 \cdot 10 + 0 \cdot 3) + (0 \cdot 10 + 4 \cdot 3) = 4 \cdot 10 + 4 \cdot 3$ und $(4 \cdot 10 + 0 \cdot 3) - (0 \cdot 10 + 4 \cdot 3) = 4 \cdot 10 - 4 \cdot 3$

und in der 7. Zeile $(4 \cdot 10 + 4 \cdot 3) + (4 \cdot 10 - 4 \cdot 3) = 8 \cdot 10 + 0 \cdot 3$ und $(4 \cdot 10 + 4 \cdot 3) - (4 \cdot 10 - 4 \cdot 3) = 0 \cdot 10 + 8 \cdot 3$

Lina hatte andere Startzahlen als Theo, jedoch steht auch bei ihr in der 7. Zeile das Achtfache ihrer Startzahlen. Daraus ergibt sich die Startzahl auf der linken Seite zu $96 : 8 = 12$. Für die Startzahl auf der rechten Seite ergibt sich analog $64 : 8 = 8$. Die gesuchte Summe ist daher 20.

L 2.21 (**B**) Bei dieser Aufgabe lohnt es sich zu schätzen. Für das arithmetische Mittel kommen hier weder die größte noch die kleinste Zahl in Frage – und auch nicht die 23, die nur kaum kleiner als die größte Zahl ist. Wir versuchen es mit 20. Um zu verifizieren, dass unsere Wahl richtig ist, rechnen wir das arithmetische Mittel der anderen 4 Zahlen aus, $\frac{11 + 21 + 23 + 25}{4} = \frac{80}{4} = 20$ und sind fertig.
Eine zweite Lösungsvariante nutzt folgende Eigenschaft des arithmetischen Mittels: Bildet man das arithmetische Mittel aus einer Menge von Zahlen *und* dem arithmetischem Mittel dieser Zahlen, so erhält man wieder das arithmetische Mittel dieser Zahlen. Bilden wir also das arithmetische Mittel aller fünf Zahlen, so ist dies die gesuchte Zahl: $\frac{11 + 20 + 21 + 23 + 25}{5} = 20$.

L 2.22 (**D**) Der Durchschnitt aller 8 Zahlen ist

$$\frac{17 + 13 + 5 + 10 + 14 + 9 + 12 + 16}{8} = \frac{96}{8} = 12.$$

Die beiden zu streichenden Zahlen müssen ebenfalls den Durchschnitt 12, also die Summe 24 haben. Folglich sind die gesuchten Zahlen 10 und 14.

L 2.23 (**D**) Da die größte Zahl, um die sich eines der Kinder verzählt hat, 8 ist, suchen wir eine Zahl, die größer als 99 und kleiner als 111 ist. Da die Differenz zwischen diesen beiden Zahlen 12 ist, muss sich die 12 aus zwei der drei Zahlen, um die sich die Mädchen verzählt haben, kombinieren lassen. Dafür passen nur 8 und 4. Wir probieren zuerst $111 - 8 = 103$. Das passt nicht, denn $103 - 4 = 99$ ist zwar in Ordnung, aber wegen $103 - 5 = 98$ und $103 + 5 = 108$ könnte niemand 102 gerufen haben.

Dann muss $111 - 4 = 107$ die richtige Zahl sein. Und wirklich hat diejenige, die 111 gezählt hat, sich um 4 vertan, diejenige, die 99 gezählt hat, lag um 8 daneben, und die dritte, die 102 gezählt hat, hat sich um 5 geirrt.
Übrigens lässt sich die Aufgabe auch schnell lösen, indem alle Zahlen zwischen 99 und 111 – unter Einbeziehung der vorgeschlagenen Lösungsmöglichkeiten von 104 bis 108 – auf ihre Eignung geprüft werden.

L 2.24 (D) In Rosas Blütenblättersammlung sind $12 + 13 + \cdots = 105$ Rosenblätter. Eine Möglichkeit herauszufinden, über wie viele Jahre sie gesammelt hat, besteht darin, die Differenzen $105 - 12$, $105 - 12 - 13$ usw. zu bilden, bis 0 entsteht. Da 17 die kleinste Zahl ist, die als Lösungsmöglichkeit vorkommt, lohnt es sich, mit ihr zu beginnen. Es ist $105 - (12 + \cdots + 17) = 105 - 87 = 18$ und $105 - (12 + 13 + \cdots + 18) = 0$, womit die Lösung gefunden ist.

L 2.25 (E) Die Summe von 3 aufeinanderfolgenden natürlichen Zahlen ist gleich dem 3-Fachen der mittleren dieser 3 Zahlen. Also ist die mittlere Zahl gleich $33 : 3 = 11$. Die ersten drei der sieben Zahlen sind also 10, 11 und 12. Es folgen 13, 14, 15 und 16, und die gesuchte Summe der letzten drei dieser Zahlen ist $14 + 15 + 16 = 3 \cdot 15 = 45$.

Es gibt auch eine Lösung, bei der Janina die 7 Zahlen nicht ausrechnet, sondern nur die gesuchte Summe: Die fünfte der 7 aufeinanderfolgenden Zahlen ist um 4 größer als die erste, die sechste ist um 4 größer als die zweite, und die siebte ist um 4 größer als die dritte. Folglich ist die Summe der letzten drei dieser 7 Zahlen um $3 \cdot 4 = 12$ größer als die Summe der ersten drei, also gleich $33 + 12 = 45$.

L 2.26 (C) Wir bilden zuerst die Summe der Startnummern aller 9 Teilnehmer: $1+2+3+4+5+6+7+8+9 = 45$. Die Summe der Startnummern der 8 Teilnehmer, die Moritz kontrolliert, ist $17 + 13 + 7 + 5 = 42$. Folglich muss der letzte Läufer die Startnummer $45 - 42 = 3$ tragen.

Die Lösung lässt sich auch ermitteln, indem wir für die von Moritz notierten Zahlen passende Summanden suchen. So kann 17 nur $8 + 9$, 13 nur $6 + 7$ sein. Es bleiben 1, 2, 3, 4 und 5. Durch systematisches Probieren finden wir $7 = 5 + 2$ und $5 = 1 + 4$ als einzige Möglichkeit. Die fehlende Startnummer ist die Nummer 3.

L 2.27 (E) Zuerst überlegen wir uns, dass die Zeitung so nummeriert ist, dass stets ungerade Zahlen auf rechten Seiten und gerade Zahlen auf linken Seiten verwendet werden. Und unsere zweite Überlegung ist, dass die Summe der Seitenzahlen auf jedem der großen Papierblätter – auf der Vorderseite sowie auf der Rückseite – gleich ist. Sie ist stets so groß wie $30 + 31$, also gleich 61. Dies liegt daran, dass die Seitenzahlen von der Doppelseite 30/31 in der Mitte ausgehend in der einen Richtung aufwärts, in der anderen abwärts gezählt werden. Wenn Johanna also die Seite 7 fehlt, die ja eine rechte Seite ist, so auch die Seite 8 auf der Rückseite. Und außerdem fehlen die Seiten $61 - 7 = 54$ und $61 - 8 = 53$. Die Seiten 7, 8, 53 und 54 gehören zum selben Papierblatt.

Wem dies zu kompliziert ist, der kann auch die Papierblätter Schritt für Schritt in Gedanken durchblättern.

L 2.28 (**A**) Da die einzelnen Arme des Windspiels im Gleichgewicht sind, wiegt die linke Seite – weißes Dreieck, Kreis und Raute – ebensoviel wie die rechte Seite – Quadrat, Herz, Stern und schwarzes Dreieck. Das sind auf jeder Seite $112\,\text{g} : 2 = 56\,\text{g}$. Nun untersuchen wir die rechte Seite: Am obersten rechten Balken wiegt das Quadrat auf der linken Seite ebensoviel wie Herz, Stern und schwarzes Dreieck auf der rechten Seite. Das sind jeweils $56\,\text{g} : 2 = 28\,\text{g}$. Die Untersuchung setzen wir fort. Herz und Stern zusammen wiegen ebensoviel wie das schwarze Dreieck, nämlich $28\,\text{g} : 2 = 14\,\text{g}$. Und letztlich sind Herz und Stern gleich schwer. Ein jedes wiegt $14\,\text{g} : 2 = 7\,\text{g}$.

L 2.29 (**D**) Bei dieser Aufgabe können wir das Ergebnis auf direktem Weg ausrechnen. Angenommen, es gibt eine Lösung x. Dann ist ganz gewiss $x \neq 4$, und es muss gelten: $\frac{3-x}{4-x} = \frac{3}{4} \cdot 2 = \frac{3}{2}$ bzw. $6 - 2x = 12 - 3x$, woraus $x = 6$ folgt. Setzen wir das Ergebnis ein, so erhalten wir $\frac{3-6}{4-6} = \frac{-3}{-2} = \frac{3}{2}$. Die Antwort (**D**) ist also richtig.

Probieren mit den drei Lösungsmöglichkeiten (**A**), (**B**) und (**C**) würde uns zwar zeigen, dass diese keine Lösung darstellen, ob allerdings Antwort (**D**) oder (**E**) die richtige ist, lässt sich daraus nicht ersehen.

L 2.30 (**C**) Wir rechnen die linke und rechte Seite der Gleichung, in der das x auftritt, nach dem gegebenen Muster aus und erhalten $3 \cdot 5 + 3 + 5 = 2 \cdot x + 2 + x$. Nach Zusammenfassen wird daraus $23 = 3x + 2$ bzw. $3x = 21$ und schließlich $x = 7$.

L 2.31 (**D**) In 8 Minuten ist Jens, der ja für eine Runde 3 Minuten braucht, $2\frac{2}{3}$ Runden gelaufen. Astrid, die er dort zum ersten Mal überrundet, schaffte in dieser Zeit eine Runde weniger, also $1\frac{2}{3} = \frac{5}{3}$ Runden. Dann braucht Astrid also für eine Runde $8\,\text{min} : \frac{5}{3} = \frac{24}{5}$ min, und das sind 4 Minuten und 48 Sekunden.

L 2.32 (**B**) Es gilt $3^{2011} = 9^n + 9^n + 9^n = 3 \cdot 9^n = 3 \cdot (3^2)^n = 3 \cdot 3^{2n} = 3^{2n+1}$, also $2n + 1 = 2011$ und damit $n = 1005$.

L 2.33 (**E**) Es sei x das Freigepäckgewicht bei der Fluggesellschaft X. Dann hat das Ehepaar 30,00 € für $60 - 2x$ zu zahlen, der Einzelreisende hat 105,00 €

für $60 - x$ zu zahlen. Übergepäckgewicht und die Kosten dafür sind proportional zueinander, es ist also $\frac{60-2x}{60-x} = \frac{30}{105} = \frac{2}{7}$ bzw. $420 - 14x = 120 - 2x$, woraus wir $12x = 300$ bzw. $x = 25$ errechnen.

L 2.34 (A) Der Einfachheit halber multiplizieren wir alle Geldbeträge mit 4. Die Summe der – per Bezahlung von Essen und Getränken – von den Pokerspielern angegebenen Platzierungen ist dann $1207 \cdot 4 = 4828$. Es hätte jedoch die Zahl $1 + 2 + \ldots + 100 = 101 \cdot 50 = 5050$ sein müssen. Nehmen wir den Extremfall an, dass gerade *die* Spieler, die auf den allerletzten Rängen gelandet sind, so bezahlt haben, als wären sie die Erstplatzierten. Es hätten also der Spieler vom 100. Platz und der vom 99. Platz und eventuell weitere sich als Sieger ausgegeben. Damit würden entsprechend $99 + 98 + 97 + \ldots$ zu 5050 fehlen. Die minimale Zahl von Falschzahlern finden wir, wenn wir in der angezeigten Weise so lange addieren, bis $5050 - 4828 = 222$ übertroffen ist. Es ist $99 + 98 < 222$, jedoch $99 + 98 + 97 > 222$. Es waren also mindestens drei unehrliche Pokerspieler beim Poker-Viertel-Cup.

Prozentrechnung

L 2.35 (E) Blaue Fische sind es 1 % von 200, also $\frac{1}{100} \cdot 200 = 2$. Und 2 Stück von irgendetwas sind 2 %, wenn es sich – wie der Name sagt – um 2 von Hundert handelt. Nach dem Herausnehmen müssen folglich 98 Fische gelb sein, also müssen 100 der 198 gelben Fische aus dem Aquarium genommen werden.

L 2.36 (B) Es gibt in diesem Schuljahr 52 % Mädchen und 48 % Jungen in der Klasse. Da es vor diesem Schuljahr genau gleich viele Mädchen wie Jungen waren, entspricht das neue Mädchen, also ein Kind, gerade $52\,\% - 48\,\% = 4\,\%$. Folglich sind $48\,\% : 4\,\% = 12$ Jungen in der Klasse.

L 2.37 (B) Bezeichnen wir die Länge des Rechtecks mit a, die Breite mit b, so ist der Flächeninhalt des neu entstehenden Rechtecks $\frac{100+20}{100} a \cdot \frac{100-20}{100} b = \frac{120}{100} \cdot \frac{80}{100} ab = \frac{12 \cdot 8}{100} ab = \frac{96}{100} ab$, der Flächeninhalt ist also um 4 % geringer.

L 2.38 (C) Es sei N die Gesamtzahl aller Stimmen und p die gesuchte Prozentzahl der Stimmen, für die Kurts Sieg mit den 62 % dieser Stimmen bereits feststünde. In diesem Fall müsste Kurt bereits mehr als 50 % aller Stimmen haben, also $\frac{62}{100} \cdot \left(\frac{p}{100} N\right) > \frac{50}{100} N$. Daraus erhalten wir $p > \frac{5000}{62} \approx 80{,}6$. Die gesuchte ganzzahlige Prozentzahl ist 81.

2.2 Einige nichtlineare Gleichungen und Gleichungssysteme

L 2.39 (D) Stellen wir uns die Einkaufswagenschlange – schön ordentlich ineinandergeschoben – vor, so steckt in der ersten Messung eine volle Wagenlänge vermehrt um 9 Stückchen, die jeweils vom folgenden Wagen herausragen. In der zweiten Schlange sind es 19 Stückchen, die zur vollen Wagenlänge hinzukommen. Bezeichnen wir die Wagenlänge mit w, die beim Ineinanderschieben verbleibende Rausraglänge mit s, so gilt $w+9s = 2{,}9\,\text{m}$ und $w+19s = 4{,}9\,\text{m}$. Daraus folgt, dass 10 Rausraglängen, die die zweite Schlange mehr enthält, $4{,}9\,\text{m} - 2{,}9\,\text{m} = 2\,\text{m}$ lang sind, eine also 0,2 m. Ein Einkaufswagen ist somit $w = 2{,}9\,\text{m} - 9 \cdot 0{,}2\,\text{m} = 1{,}1\,\text{m}$ lang.

L 2.40 (C) Um einen Truthahn zu ertauschen, benötigt Frau Gacker 5 Hähne. Da sie einen Hahn mit nach Hause nehmen will, muss sie jedoch 6 Hähne ertauschen. Für 6 Hähne muss sie 2 Gänse und 4 Hennen liefern. Nach der dritten Tauschregel ertauscht sie gleich 3 Gänse, denn eine möchte sie mit nach Hause nehmen. Für 3 Gänse benötigt sie 12 Hennen. Zusammen mit den 4 Hennen aus dem Tausch für den Hahn, den sie mit nach Hause nehmen will, macht das 16 Hennen. Der Tausch sieht insgesamt wie folgt aus:

$$\begin{aligned}
\text{16 Hennen} &\iff \text{12 Hennen} + \text{4 Hennen} \iff \text{3 Gänse} + \text{4 Hennen}\\
&\iff \text{1 Gans} + \text{2 Gänse} + \text{4 Hennen} \iff \text{1 Gans} + \text{6 Hähne}\\
&\iff \text{1 Gans} + \text{1 Hahn} + \text{5 Hähne}\\
&\iff \text{1 Gans} + \text{1 Hahn} + \text{1 Truthahn}
\end{aligned}$$

L 2.41 (B) Für die Streuselschnecke braucht Zora 3 halbe Wurstbrote, d. h., da sie ja auch ein Wurstbrot behalten möchte, dass sie sich 4 halbe Wurstbrote ertauschen muss. Sie braucht dafür 2 mal einen Apfel plus 2 mal 9 Gummibärchen. Da sie jedoch auch einen Apfel möchte, muss sie sich insgesamt 3 Äpfel ertauschen. Diese kosten $3 \cdot 16 = 48$ Gummibärchen. Hinzu kommen die 2 mal 9 Gummibärchen zum Ertauschen der Wurstbrote. Insgesamt sind also $48 + 2 \cdot 9 = 66$ Gummibärchen vonnöten.

L 2.42 (E) Wir bezeichnen die Elemente der Folge mit $\{a_i\}$, $i = 1, 2, 3, \ldots$. Der Bildungsvorschrift der Folge entsprechend, ist die gesuchte Zahl $a_7 = a_6 + a_5$. Laut Aufgabenstellung ist $a_6 = 15$ gegeben. Berechnen wir nun noch a_5. Da $a_6 = a_5 + a_4$ und $a_6 = 15$, $a_4 = 6$ ist, ist $a_5 = 15 - 6 = 9$. Also ist $a_7 = a_6 + a_5 = 15 + 9 = 24$.

L 2.43 (A) Da Quadratzahlen stets ≥ 0 sind, muss jedes der beiden Quadrate gleich 0 sein, damit die Summe 0 entsteht. Das gilt nur, wenn $a = 3$ und $b = 2$ ist. Es gibt genau ein Lösungspaar.

L 2.44 (**E**) Wir bezeichnen mit x die Anzahl der Hühner, die 7 Eier gelegt haben, mit y die Anzahl der Hühner, die 6 Eier gelegt haben, und mit z die Anzahl der Hühner, die 5 Eier gelegt haben. Nach Voraussetzung gilt $7x + 6y + 5z = 99$, und da $x = y$ ist, folgt $13x + 5z = 99$.

Eine Möglichkeit, die ganzzahligen Lösungen dieser Gleichung zu finden, besteht darin, schrittweise für x die Zahlen $1, 2, 3, \ldots$ einzusetzen und zu überprüfen, ob der Rest zu 99 durch 5 teilbar ist:

x	$13x$	$99 - 13x$	
0	0	99	nicht durch 5 teilbar
1	13	86	nicht durch 5 teilbar
2	26	73	nicht durch 5 teilbar
3	39	60	$60 = 5 \cdot 12$, also $z = 12$
4	52	47	nicht durch 5 teilbar
5	65	34	nicht durch 5 teilbar
6	78	21	nicht durch 5 teilbar
7	91	8	nicht durch 5 teilbar

Die einzige Lösung der Gleichung mit positivem, ganzzahligem x und z ist also $x = 3, z = 12$, womit die Anzahl der legewilligen Hühner $x+y+z = 3+3+12 = 18$ ist. Das sind aber nur 3/4 aller Hühner, da noch die faulen Hühner fehlen. Die Gesamtzahl aller Hühner ist folglich $18 \cdot 4 : 3 = 24$.

L 2.45 (**D**) Die Lösung kann ebenso erfolgen wie die der Aufgabe 2.44.

L 2.46 (**D**) Wir formen um: $y = \frac{2}{5}x$. Es soll $g = x + y = x + \frac{2}{5}x = \frac{7}{5}x$ eine ganze Zahl sein. Folglich ist $5g = 7x$. Also muss g durch 7 teilbar sein. Von den als Lösungsmöglichkeiten vorgeschlagenen Zahlen ist nur 35 durch 7 teilbar.

L 2.47 (**D**) Zuerst versuchen wir, eine Lösung mit $x = y$ zu finden. Wenn $\frac{1}{x} + \frac{1}{x} = \frac{1}{3}$ ist, also $\frac{2}{x} = \frac{1}{3}$, muss $x = 6$ sein. Sind x und y verschieden, so ist einer der beiden Brüche kleiner, der andere größer als $\frac{1}{6}$. Nehmen wir zuerst $x < y$ an. Dann ist $\frac{1}{x} > \frac{1}{y}$ und folglich ist $\frac{1}{x}$ größer als $\frac{1}{6}$ und kleiner als $\frac{1}{3}$. Damit kommen nur $\frac{1}{4}$ und $\frac{1}{5}$ für $\frac{1}{x}$ in Frage. Wir rechnen $\frac{1}{y} = \frac{1}{3} - \frac{1}{4} = \frac{4-3}{12} = \frac{1}{12}$, das ist eine Lösung. Hingegen liefert $\frac{1}{y} = \frac{1}{3} - \frac{1}{5} = \frac{5-3}{15} = \frac{2}{15}$ keine Lösung, denn der Bruch kann nicht gekürzt werden. So haben wir das Lösungspaar $(4; 12)$ gefunden. Wenn $x > y$ ist, finden wir mit der gleichen Überlegung das Lösungspaar $(12; 4)$. Insgesamt gibt es die 3 Lösungspaare $(6; 6)$, $(4; 12)$ und $(12; 4)$.

L 2.48 (**A**) Aus $2^x = 15$ und $15^y = 32$ finden wir, indem wir 2^x für 15 einsetzen $(2^x)^y = 2^{x \cdot y} = 32$. Da $32 = 2^5$ ist, folgt $x \cdot y = 5$.

2.3 Anordnungen und Ungleichungen

L 2.49 (**C**) Für dieselbe Strecke braucht jemand, der längere Schritte macht, nicht so viele Schritte wie jemand, der kürzere macht. Olga hat nur 10 Schritte für die Entfernung vom Klettergerüst zur Wippe gebraucht, weniger als alle anderen Kinder. Also hat Olga die längsten Schritte gemacht.

L 2.50 (**E**) Zu Beginn ist Franz vor Jette vor Jule. Wenn Jette und Franz 4-mal die Reihenfolge wechseln, also eine *gerade* Anzahl von Wechseln stattfindet, ändert sich die Reihenfolge zwischen den beiden im Vergleich zum Beginn nicht. Hingegen findet zwischen Franz und Jule bzw. zwischen Jette und Jule jeweils eine *ungerade* Anzahl von Wechseln statt. In beiden Fällen ändert sich also die Reihenfolge im Vergleich zum Beginn. Jule kommt daher vor Franz und Jette als Erste ins Ziel. Weil Franz vor Jette bleibt, ist die gesuchte Reihenfolge die unter (**E**): Jule vor Franz vor Jette.

L 2.51 (**D**) Gerda kann in der 3. Woche nicht $12 : 2 = 6$ oder mehr Melonen geerntet haben, da das dann genauso viele oder mehr Melonen wären als in den ersten beiden Wochen zusammen. Also waren es in der 3. Woche höchstens 5 Melonen. Angenommen, es waren in der 3. Woche weniger als 5 Melonen. Dann wären es in der 3. Woche höchstens 4 Melonen, in der 2. Woche höchstens 3 und in der 1. Woche höchstens 2, also ingesamt höchstens $2 + 3 + 4 = 9$ Melonen. Nun ist klar, dass es in der 3. Woche 5 Melonen gewesen sein müssen. Und in den beiden Wochen zuvor hatte Gerda 3 bzw. 4 Melonen.

L 2.52 (**E**) Die größte der fünf Zahlen ist dadurch gekennzeichnet, dass man von ihr das meiste abziehen muss, um auf die immer gleiche Zahl in der Gleichheit zu kommen. Folglich muss e die größte der fünf Zahlen sein. — Dasselbe Ergebnis lässt sich natürlich auch mithilfe von Ungleichungen erzielen: Wegen $a - 1 = e - 5$ gilt $a = e - 4$, also $a < e$. Wegen $b + 2 = e - 5$ gilt $b = e - 7$, also $b < e$, wegen $c - 3 = e - 5$ gilt $c = e - 2$, also $c < e$ und wegen $d + 4 = e - 5$ gilt $d = e - 9$, also $d < e$. Da jede der Variablen a, b, c und d kleiner als e ist, ist e am größten.

L 2.53 (**A**) Im ersten Summanden von R ist ein Faktor größer als im ersten Summanden von S und der andere Faktor ist gleich. Das gilt für alle drei Summanden, also $R > S$. Die Summanden in S sind auch jeweils größer als die in T, also $S > T$. Damit ergibt sich $R > S > T$ bzw. $T < S < R$. – Wer R, S und T einfach ausrechnet, ist allerdings auch schnell fertig.

L 2.54 (**A**) Wer den Graphen der Wurzelfunktion vor Augen hat, wird bei dieser Aufgabe nicht zögern, das Kreuz bei (**A**) zu setzen. Durch die Betrachtung einer Ungleichung wollen wir beweisen, dass dies auch wirklich richtig ist.

Wir behaupten, dass $\sqrt{n+1}-\sqrt{n}<\sqrt{n}-\sqrt{n-1}$, also $\sqrt{n+1}+\sqrt{n-1}<2\sqrt{n}$. Da beide Seiten der Ungleichung positiv sind, ist diese äquivalent zur durch Quadrieren entstehenden Ungleichung $(n+1)+2\sqrt{n^2-1}+(n-1)<4n$, und diese ist äquivalent zu $2\sqrt{n^2-1}<2\sqrt{n^2}=2n$. Diese Ungleichung ist wahr und damit auch unsere Behauptung, womit die Richtigkeit von (**A**) folgt.

L 2.55 (**A**) Für die erforderliche Abschätzung ist es sehr hilfreich, die Brüche in der folgenden Weise darzustellen: $a=\frac{2009}{2010}=\frac{2010-1}{2010}=1-\frac{1}{2010}$, $b=1-\frac{1}{2011}$ und $c=1-\frac{1}{2012}$. Und da $\frac{1}{2010}>\frac{1}{2011}>\frac{1}{2012}$ ist, finden wir, dass $a<b<c$ gilt.

Wem diese trickreiche Zerlegung jedoch nicht auffällt, der kann ebensogut auch durch direktes Rechnen zum Ergebnis kommen. Wir rechnen

$$b-a=\frac{2010}{2011}-\frac{2009}{2010}=\frac{2010\cdot 2010-2009\cdot 2011}{2010\cdot 2011}.$$

Um sofort zu erkennen, dass der Zähler dieses Bruches positiv ist, formen wir um: $2010^2-2009\cdot 2011=2010^2-(2010-1)\cdot(2010+1)=2010^2-(2010^2-1)=1$. Demzufolge ist $a<b$. Völlig analog finden wir $b<c$.

L 2.56 (**E**) Wir vergleichen die Zahlen in Zweierpotenzen. Es ist $b=8^8=(2^3)^8=2^{3\cdot 8}=2^{24}<a$. Weiterhin ist $c=3^{11}<4^{11}=(2^2)^{11}=2^{2\cdot 11}=2^{22}<2^{24}=b$, also $c<b<a$.

L 2.57 (**E**) Es ist $b>1$, also $a:b<a<a\cdot b$. Weiter ist $a<1$, also $a\cdot b<b<a+b$. Wegen $a<1$ ist $\frac{1}{a}>1$, also $a+b<\frac{1}{a}+b$.

L 2.58 (**A**) Bringen wir alle fünf Brüche auf denselben Zähler, indem wir (**A**) und (**B**) mit 6, (**C**) und (**D**) mit 3 bzw. (**E**) mit 2 erweitern, so erhalten wir:

(**A**) $\frac{6x}{6y-6}$ (**B**) $\frac{6x}{6y+6}$ (**C**) $\frac{6x}{6y-3}$ (**D**) $\frac{6x}{6y+3}$ (**E**) $\frac{6x}{6y-2}$

Bei gleichem Zähler ist der Bruch mit dem größten Nenner am kleinsten und der mit dem kleinsten Nenner am größten. Der gesuchte Bruch ist also (**A**).

L 2.59 (**C**) Der Mittelwert der gegebenen 100 Zahlen ist 100. Also ist die Summe dieser 100 Zahlen $100\cdot 100=10\,000$. Wir bezeichnen die Summe der hinzukommenden 111 Zahlen mit S. Der gesuchte Mittelwert ist $M_{111}=\frac{S}{111}$. Um S zu bestimmen, nutzen wir, dass für den Mittelwert der 211 Zahlen $\frac{10\,000 + S}{211} = 111$ gilt. Daraus finden wir $S = 111 \cdot 211 - 10\,000$. Nun können wir M_{111} bestimmen. Dass $M_{111} > 111$ ergibt sich daraus, dass unter den 211 Zahlen (mit dem Mittelwert 111) sich 100 befinden, die einen kleineren Mittelwert als 111, nämlich 100, haben. Folglich muss der Mittelwert M_{111} der hinzugekommenen Zahlen größer als 111 sein. Nun schätzen wir M_{111} noch nach oben ab. Wir brauchen nicht bis zum Ende auszurechnen, für die Lösung der Aufgabe genügt eine grobe Abschätzung: $M_{111} = \frac{111 \cdot 211 - 10\,000}{111} = 211 - \frac{10\,000}{111} < 211 < 222$.

L 2.60 (E) Angenommen wir haben die Zahlen von 1 bis 9 in irgendeiner Reihenfolge und schreiben für die erste Zahl a_1, für die zweite Zahl a_2 usw. Die Summe, die Alfons aufschreibt, ist dann $\frac{a_1 + a_2}{2} + \frac{a_2 + a_3}{2} + \frac{a_3 + a_4}{2} + \ldots + \frac{a_7 + a_8}{2} + \frac{a_8 + a_9}{2} = \frac{a_1}{2} + a_2 + a_3 + a_4 + a_5 + a_6 + a_7 + a_8 + \frac{a_9}{2}$. Wenn also Alfons die Mittelwerte addiert, dann trägt bis auf die erste und die letzte Zahl jede der 9 Zahlen zur Summe zweimal die Hälfte, also einmal die Zahl selbst bei. Die erste und die letzte Zahl gehen nur zur Hälfte in die Summe ein. Damit die Summe der Mittelwerte am größten wird, müssen erste und letzte Zahl kleinstmöglich, also die eine gleich 1, die andere gleich 2 sein. Die größte Summe, die Alfons erhalten kann, ist somit $\frac{1}{2} + \frac{2}{2} + 3 + 4 + 5 + 6 + 7 + 8 + 9 = 1\frac{1}{2} + 42 = 43{,}5$.

L 2.61 (E) Die Zahl $\sqrt{n}$ liegt zwischen 9 und 11, diese beiden Zahlen eingeschlossen. Also muss n zwischen $9^2 = 81$ und $11^2 = 121$ liegen, und dafür gibt es genau $121 - 80 = 41$ Möglichkeiten.

2.4 Folgen und Funktionen

L 2.62 (E) Wir schreiben ein wenig um: Dem Aufgabentext entnehmen wir, dass $7^{\frac{1}{2}}, 7^{\frac{1}{3}}$ und $7^{\frac{1}{6}}$ aufeinanderfolgende Elemente einer geometrischen Folge sind. Der Quotient ist $\frac{7^{\frac{1}{3}}}{7^{\frac{1}{2}}} = 7^{\left(\frac{1}{3} - \frac{1}{2}\right)} = 7^{-\frac{1}{6}}$. Daraus berechnen wir das auf $7^{\frac{1}{6}}$ folgende Element. Es ist $7^{\frac{1}{6}} \cdot 7^{-\frac{1}{6}} = 1$.

Wer weiß, dass bei geometrischen Folgen jedes Folgenglied geometrisches Mittel seiner Nachbarn ist, findet auf folgende Weise schnell eine Lösung: Bezeichnen wir mit x das gesuchte Folgenglied, so gilt $\sqrt[6]{7} = \sqrt{\sqrt[3]{7} \cdot x} = \sqrt[6]{7} \cdot \sqrt{x}$. Also ist $x = 1$.

L 2.63 (E) Die durchschnittliche Geschwindigkeit erhalten wir als Quotient aus zurückgelegtem Weg und der dafür erforderlichen Zeit (gemessen in km/h oder m/s). Legen wir zu einem Punkt, der zu einer Vogelart gehört, durch den Koordinatenursprung eine Gerade, so ist der Anstieg dieser Gerade genau der Quotient aus Weg und Zeit. Es hat also die Vogelart die größte Durchschnittsgeschwindigkeit, für die die Gerade durch den Ursprung, verbunden mit dem jeweiligen Punkt der einzelnen Vogelart, am steilsten ist. Den steilsten Anstieg hat die Gerade des Kiebitzes, er war der schnellste Flieger auf dem Weg in den Süden, denn er hatte die größte durchschnittliche Reisegeschwindigkeit.

L 2.64 (**A**) Der Graph der Funktion g ist der um 2 nach links verschobene an der x-Achse gespiegelte Graph der Funktion f. Folglich könnte die Gleichung $g(x) = -f(x+2)$ lauten oder, dazu äquivalent, $g(x-2) = -f(x)$, wie sie in (**A**) vorgeschlagen ist. Wir begründen noch, dass keine der anderen Gleichungen zutreffen kann. Es genügt, dies für geeignete Werte von x zu tun. Für (**B**) wählen wir etwa $x = 1$ und erkennen, dass $g(1) < 0$, jedoch $f(3) > 0$ ist. (**C**) kann nicht zutreffen, weil die Graphen keine vertikale Symmetrieachse haben, sodass zum Beispiel $g(2) > -f(0)$ ist. Für (**D**) trifft dasselbe Argument wie für (**B**) zu. Und im Falle (**E**) schließlich trifft dasselbe Argument wie im Fall (**C**) zu.

L 2.65 (**B**) Durch das Einsetzen geeigneter Werte für x können wir genügend Information zusammentragen, um den gesuchten Funktionswert anzugeben. Setzen wir $x = 1$ und $x = 100$ ein, so erhalten wir das folgende lineare Gleichungssystem, aus dem wir die beiden Unbekannten $f(1)$ und $f(100)$ ausrechnen können:

$$2f(1) + 3f(100) = 5 \cdot 1$$
$$2f(100) + 3f(1) = 5 \cdot 100$$

Durch Addieren beider Gleichungen und anschließendes Dividieren durch 5 finden wir die erste, durch Subtrahieren dieser Gleichungen die zweite der folgenden Gleichungen:

$$f(1) + f(100) = 101$$
$$f(1) - f(100) = 495$$

Daraus folgt dann durch Addition der beiden Gleichungen $2f(1) = 596$ bzw. $f(1) = 298$.

L 2.66 (**A**) Da genau einer der Graphen richtig ist, liegt es bei dieser Aufgabe nahe, die falschen auszuschließen. Dazu wählen wir geeignete Werte für x bzw. y. Setzen wir $x = 0$, so muss $|y - |y|| = 2$ gelten, was nur für $y = -1$ gilt. Damit sind nur die Lösungsmöglichkeiten (**A**) und (**E**) möglich. Wir können auf dieselbe Weise ausschließen, dass (**E**) Lösung sein kann. Falls nämlich (**E**) Lösung wäre, müsste an der Stelle $x = -\frac{1}{2}$ auch $y = -\frac{1}{2}$ gelten. Jedoch ist $\left(-\frac{1}{2} - \left|-\frac{1}{2}\right|\right)^2 + \left(-\frac{1}{2} - \left|-\frac{1}{2}\right|\right)^2 = 2 \neq 4.$

L 2.67 (**B**) Wir bezeichnen $\mathcal{F} = \{1, 20, 39, 58, \ldots\}$ und $\mathcal{G} = \{35, 61, 87, 113 \ldots\}$. Da die Differenz der arithmetischen Folge $\mathcal{F}$ gleich 19 ist, gehören zu $\mathcal{F}$ auch $58 + 19 = 77$, $77 + 19 = 96$ und $96 + 19 = 115$ dazu. Und da in der arithmetischen Folge $\mathcal{G}$ die Zahl 113 ist, kann die Differenz der Folge, in der $\mathcal{F}$ und $\mathcal{G}$ Teilfolgen sind, nicht größer als 2 sein. Da nun aber in $\mathcal{F}$ gerade und ungerade Zahlen sind, muss die Differenz 1 sein. Und da $\mathcal{F}$ mit 1 beginnt, ist die einzige Folge, in der sowohl $\mathcal{F}$ als auch $\mathcal{G}$ gleichzeitig Teilfolgen sind, die Folge der positiven ganzen Zahlen $\{1, 2, 3, 4 \ldots\}$. Also ist (**B**) richtig.

Allgemein gilt: Wenn eine arithmetische Folge zwei gegebene arithmetische Folgen enthält, dann teilt ihre Differenz den größten gemeinsamen Teiler der Differenzen der gegebenen Folgen. In unserem Fall ist dieser größte gemeinsame Teiler 1, also kann es sich nur um eine Folge mit der Differenz 1 handeln.

L 2.68 (**A**) Es ist $f_1(x) = x$, $f_2(x) = \dfrac{1}{1-x}$, $f_3(x) = \dfrac{1}{1 - \dfrac{1}{1-x}} = \dfrac{x-1}{x}$ und $f_4(x) = \dfrac{1}{1 - \dfrac{x-1}{x}} = x$. Aus $f_1(x) = f_4(x)$ folgt, dass sich die Elemente der Folge zyklisch mit der Periode 3 wiederholen.
Es gilt somit $f_{2011}(2011) = f_1(2011) = 2011$.

L 2.69 (**B**) Wir betrachten die Folge $\{r_n\}$ der Reste der Folgenglieder a_n bei Division durch 7. Nach Voraussetzung ist $r_0 = 1$ und $r_1 = 2$. Wenn nun $a_n = 7k_n + r_n$ und $a_{n+1} = 7k_{n+1} + r_{n+1}$ (k_n, k_{n+1} natürliche Zahlen), so ist $a_{n+2} = (7k_n + r_n) + (7k_{n+1} + r_{n+1})^2 = 7(k_n + 7k_{n+1}^2 + 2k_{n+1}r_{n+1}) + r_n + r_{n+1}^2$. Der Rest bei Division von a_{n+2} durch 7 ist $r_n + r_{n+1}^2$. Also gilt für die Folge der Reste $\{r_n\}$ dieselbe Bildungsvorschrift wie für die Folge $\{a_n\}$.

Nun erstellen wir eine Übersicht über die Reste r_n der ersten Folgenglieder a_n:

n	0	1	2	3	4	5	6	7	8	9	10	11	12	…
r_n	**1**	**2**	**5**	**6**	**6**	**0**	**6**	**1**	**0**	**1**	1	2	5	…

Wir sehen hier eine typische Eigenschaft von Resten bei Rekursionen: Ab einer bestimmten Stelle wiederholen sich die Reste, die Folge r_n wird periodisch. In unserem Fall hat die Periode (in der Tabelle **fett** gekennzeichnet) die Länge 10. Der 0-te Rest r_0 ist derselbe wie der 10-te, wie der 20-te, der 30-te, … und schließlich wie der 2010-te. Also lässt das 2009-te Glied der Folge a_n denselben Rest wie das 9-te Glied der Folge, und dieser ist 1, wie in der Tabelle angegeben.

3 Kombinatorik – mit Zahlen und Figuren

3.1 Wie geht es weiter? – Muster und Regeln

L 3.1 (D) Wie Jana die Streifen in dem Fan-Schal strickt, kann einfach ausgezählt werden. Sie strickt blau-rot-grün-schwarz-weiß und wieder blau-rot-grün-schwarz-weiß und weiter blau-rot-grün, und dann folgt die Pause. Der 14. Streifen ist schwarz, ebenso wie der 4. Streifen und der 9. Streifen. – Hier können wir eine Gesetzmäßigkeit entdecken: Alle Streifen, die beim Abzählen zu einer durch 5 teilbaren Zahl gehören, sind weiß. Alle Streifen, die beim Abzählen zu einer Zahl gehören, die beim Dividieren durch 5 den Rest 1 lässt, sind blau. Alle, bei denen der Rest 2 ist, sind rot. Beim Rest 3 beim Dividieren durch 5 sind die Streifen grün. Und wenn der Rest 4 ist wie bei 14, sind sie schwarz.

L 3.2 (E) Wir listen die ersten Zahlen auf, die zu nennen sind: 1; 5; 7; 9. Es ist bereits zu erkennen, dass auch von den Zahlen zwischen 10 und 20 und zwischen 20 und 30 wieder jeweils 4 existieren, die bei dem Abzählspiel genannt werden müssen. Wer mag, kann die auch hinschreiben, es dauert nicht lange: 11; 15; 17; 19; 21; 25; 27; 29. Damit haben wir schon $3 \cdot 4 = 12$ der gesuchten „Rufzahlen“. Die restlichen beiden müssen jetzt größer als 40 sein, denn alle 30-er Zahlen fallen weg. Es sind 41 und 45, und 45 ist demnach diejenige Zahl, die das 14. Kind zu rufen hat.

L 3.3 (C) In der 3. Runde der E-Mail-Kette haben vier Kinder Post bekommen und schicken nun in der nächsten Runde jeder zwei E-Mails auf die Reise, sodass $4 \cdot 2 = 8$ Kinder für die 5. Runde bereitstehen. Diese acht Kinder senden dann an $2 \cdot 8 = 16$ Kinder eine E-Mail. Insgesamt haben damit $1 + 2 + 4 + 8 + 16 = 31$ Kinder eine E-Mail erhalten.

L 3.4 (B) Am schnellsten lässt sich diese Aufgabe lösen, wenn wir uns überlegen, dass es ausreicht, einmal mit einem der Kinder, das wir uns merken, das Abzählen zu beginnen und bis zum Ende zu bringen. Ist das zuletzt übrigbleibende Kind gerade Arno, dann war die Wahl des Kindes, bei dem das Abzählen zu beginnen ist, richtig. Anderenfalls muss Leni *das* Kind wählen, das um so viele Plätze vom ursprünglichen Beginner entfernt sitzt, wie Arno von dem Übriggebliebenen entfernt ist. Wir machen das jetzt vor und beginnen das Abzählen gleich einmal mit Leni. Dazu schreiben wir uns die fünf Kinder in der Reihenfolge, in der abgezählt wird, auf und lassen dann jeweils beim nächsten Abzählen das ausgeschiedene Kind (fettgedruckt) weg:

KÄN	GU	RU	RAUS	BIST	DU
Leni	Sarah	Hannes	Esra	Arno	**Leni**
Sarah	Hannes	Esra	Arno	Sarah	**Hannes**
Esra	Arno	Sarah	Esra	Arno	**Sarah**
Esra	Arno	Esra	Arno	Esra	**Arno**

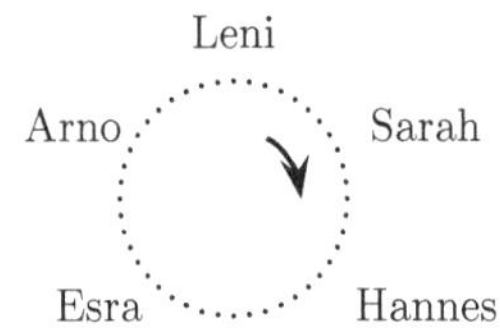

Wenn also Leni mit dem Abzählen beginnt, bleibt Esra übrig. Da Arno in der Reihenfolge *unmittelbar* nach Esra steht, muss Leni vorschlagen, dass das Abzählen mit dem Kind beginnt, das *unmittelbar* nach ihr dran ist. Das ist Sarah.

L 3.5 (**B**) Eine Möglichkeit zum Lösen dieser Aufgabe ist es, sich zu vergewissern, dass beim Addieren aufeinanderfolgender ungerader Zahlen, sofern mit 1 begonnen wird, stets Quadratzahlen entstehen, also $1 = 1^2$, $1+3 = 2^2$, $1+3+5 = 3^2$ usw. Der Vollständigkeit halber merken wir an, dass dies mithilfe der *Methode der vollständigen Induktion* bewiesen werden kann. Dann ist klar, dass $1+3+\cdots+17 = 9^2 = 9 \cdot 9$ ist.
Eine andere Möglichkeit besteht darin, die Addition $1+3+\cdots+17$ durchzuführen, wobei man natürlich ebenfalls $81 = 9 \cdot 9$ erhält.

L 3.6 (**E**) Wer die Mosaiksteine des dritten Spiegels auch noch ausgezählt hat, konnte feststellen, dass die Differenz zwischen der Mosaiksteinanzahl des zweiten und ersten und die Differenz zwischen der des dritten und zweiten Spiegels jeweils gleich 8 ist. Durch kühnes Weiterzählen gelangt man zum Ergebnis $28 + 6 \cdot 8 = 76$, das sich auch unter den Lösungsmöglichkeiten findet. Wir wollen diese Rechnung noch etwas begründen. Von einem Spiegel der Serie gelangen wir zum nächstgrößeren, indem wir rechts und links je zwei Mosaiksteine hinzufügen und ebenso oben und unten (s. Bild). Also kommen in jedem Schritt 8 quadratische Mosaiksteine hinzu.

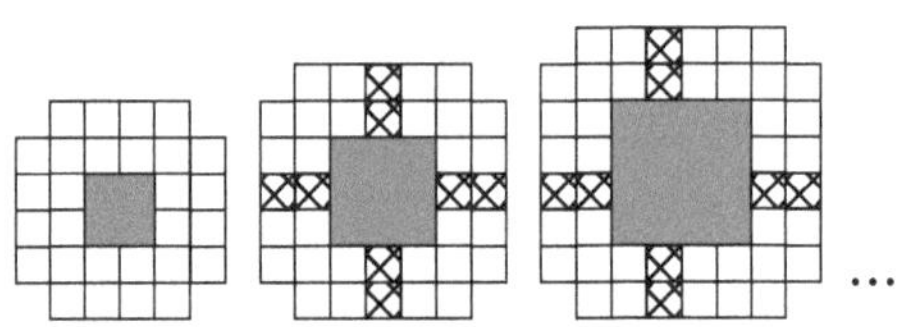

L 3.7 (**D**) Da nach der Anzahl der Sechsecke nach dem fünften Schritt gefragt ist, also nur noch zwei erweiterte Figuren zu zeichnen und dann die Sechsecke auszuzählen sind, ist Zeichnen und Zählen hier eine legitime Lösungsmethode. Allerdings ist dafür schon so viel Zeit erforderlich, dass der Wunsch nach einer mehr mathematischen Lösung ganz natürlich entsteht.

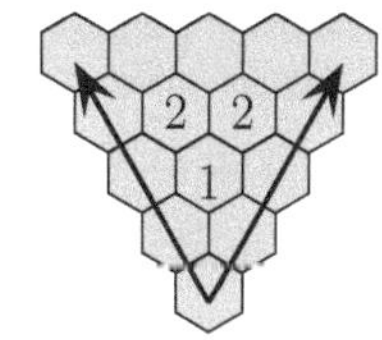

Und hier nun eine Methode, um zu einer allgemeinen Lösung zu kommen: Dazu betrachten wir einen Teil der Figur. Sicher kommt in jedem Schritt in jeder der 6 Richtungen, die senkrecht zu den 6 Sechsecksseiten verlaufen (s. Pfeile), ein Sechseck hinzu. Im ersten Schritt sind es dann genau diese 6 Sechsecke. Im nächsten Schritt kommt zusätzlich in jedem der 6 Winkelräume, wie ein solcher in der Skizze angedeutet ist, ein Sechseck dazu. Und die Anzahl wächst in jedem Schritt um 1 – und dies in jedem der 6 Winkelräume. Damit erhalten wir als Berechnungsformel für die Gesamtzahl G_n im n-ten Schritt: $G_n = 1 + 6 \cdot (n-1) + 6 \cdot (1 + 2 + \ldots + (n-2))$ und dies ist zusammengefasst $G_n = 1 + 6 \cdot (n-1) + 6 \cdot \frac{(n-2)\cdot(n-1)}{2} = 1 + 3n(n-1)$. Im 5. Schritt sind es dann also $1 + 3 \cdot 5 \cdot 4 = 61$ Sechsecke.

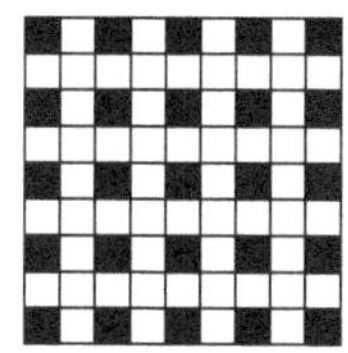

L 3.8 (D) Die fertige Tanzfläche ist rechts gezeichnet. Und mit dem Auszählen der weißen Fliesen ist man nach kurzer Zeit fertig. Es sind 56. — Die Aufgabe lässt sich allerdings auch lösen, ohne zu zeichnen und auszuzählen: In der fertigen Tanzfläche sind, da in den Ecken stets schwarze Fliesen liegen, 9×9 Fliesen verbaut. Denken wir uns die weißen Fliesen weg, bleiben $5 \cdot 5$ schwarze Fliesen. Die gesuchte Anzahl der weißen ist dann $9 \cdot 9 - 5 \cdot 5 = 81 - 25 = 56$.

3.2 Kombinatorik mit Zahlen

Strukturieren erleichtert das Zählen

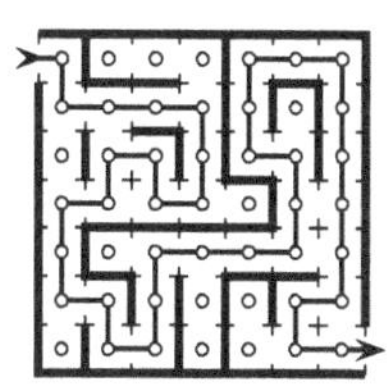

L 3.9 (C) Auf dem eingezeichneten Weg durch das Labyrinth kann ich von den 49 „Juwelen" 37 einsammeln. Die restlichen „Juwelen" liegen in Nischen, in die ich zwar hineingehen, aber nicht wieder herauskommen kann, ohne die Regeln des Spiels zu verletzen. Auf jedem anderen gültigen Weg durch das Labyrinth liegen weniger als 37 „Juwelen". Also kann ich höchstens 37 „Juwelen" sammeln.

L 3.10 (B) Zur 5 muss 4 addiert werden, damit das Ergebnis der Rechnung 9 ist. Setze ich für das erste Sternchen ein +, so muss der Rest 0 ergeben. Das ist nur möglich, indem $5+4-1-3+4$ oder $5+4+1+3-4$ geschrieben wird. Setze ich für das erste Sternchen ein −, so muss der Rest 8 ergeben, wofür es nur eine Möglichkeit gibt: $5-4+1+3+4$. Insgesamt gibt es also drei Möglichkeiten, wie die Zeichen gesetzt werden können.

L 3.11 (**B**) Wer mag, kann bei dieser relativ kleinen Anzahl von Häusern die Hausnummern aufschreiben und auszählen. Es ist jedoch effektiver zu rechnen: mit $\frac{53-15}{2}$ erhalten wir die Anzahl der Häuser ab dem mit der Hausnummer 17 bis zum Haus mit der Nummer 53 (die 15 wurde mit abgezogen). Also gibt es in der Straße $\frac{53-15}{2}+1=20$ Häuser.

L 3.12 (**D**) Neben der in der Aufgabe dargestellten Lösung gibt es eine weitere, mit einem weißen Karo in der Mitte des 3×3-Feldes. Des weiteren gibt es vier Möglichkeiten, bei denen das mittlere Feld grau ist. Dabei ist jeweils genau eines der Eckfelder frei, und da es vier Eckfelder sind, kommen genau vier Varianten zu den beiden mit dem leeren Mittelfeld hinzu. Also ist (**D**) richtig.

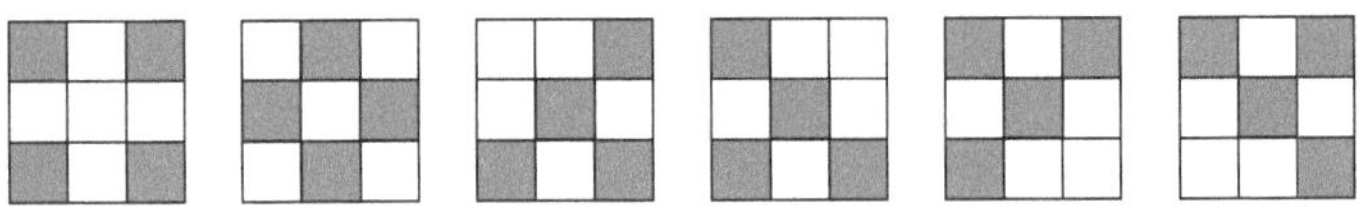

L 3.13 (**C**) Hannibal kann sich, gleich nachdem er die zweite Haselnuss eingesammelt hat, nach links oder nach rechts wenden. Der eingezeichnete Weg zeigt, dass er in beiden Fällen auf der nächsten „Ebene“ die Möglichkeit hat, nach rechts bzw. links zu gehen. Ganz klar ist dann, für welche Richtung er sich entscheiden muss, um seiner Hanna möglichst viele Nüsse schenken zu können. Auf jedem der gezeichneten Wege, die ja zueinander gespiegelt sind, kann er 11 Haselnüsse sammeln.

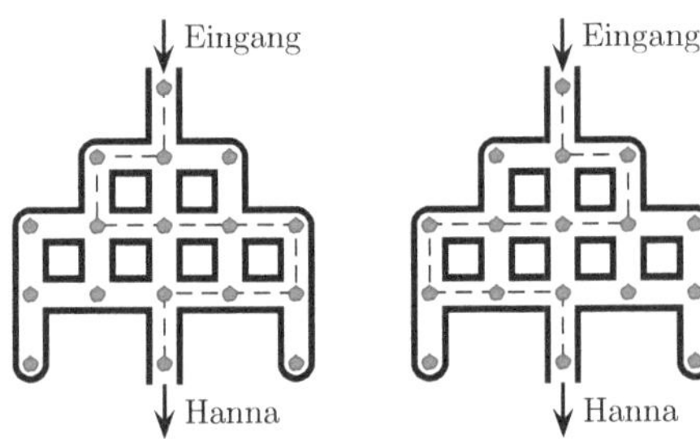

L 3.14 (**B**) Im Bild rechts ist ein möglichst langer Weg eingezeichnet, der kein Wegstück und keine Kreuzung mehrfach benutzt. Auf ihm liegen 19 knackige Kürbiskerne.
Um zu sehen, dass Fridolin nicht *mehr* als 19 Kürbiskerne sammeln kann, markieren wir die Kürbiskerne wie im Bild abwechselnd schwarz und weiß. Nun ist schnell klar, dass Fridolin schwarze und weiße Kürbiskerne abwechselnd sammelt. Insgesamt gibt es 13 schwarze, aber nur 9 weiße. Also kann Fridolin höchstens die 9 weißen und 10 schwarze sammeln, also insgesamt 19. Drei schwarze Kürbiskerne bleiben übrig.

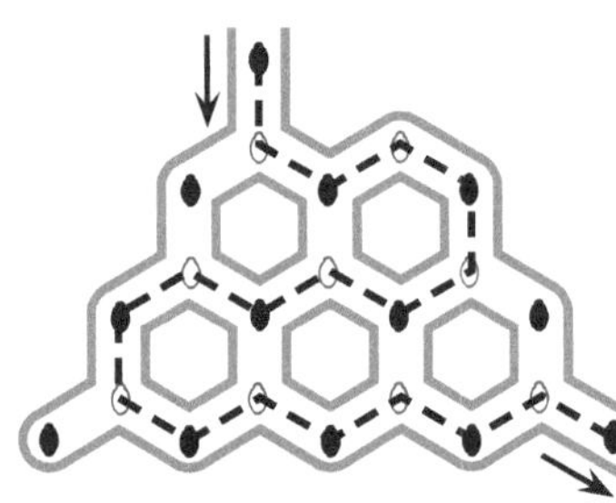

L 3.15 (E) Die Ziffern sind aus unterschiedlich vielen Streichhölzern zusammengelegt: Die 1 und die 7 aus nur 3 Hölzern, die 2, 3 und 4 aus 4 Hölzern, die 5, 6 und 9 aus 5 Hölzern, die 0 aus 6 und die 8 aus 7 Hölzern. Da wir eine zweistellige Zahl mit möglichst vielen Hölzern suchen, verwenden wir dazu Ziffern, die aus möglichst vielen Hölzern gebildet werden. Da die 8 die einzige Ziffer mit maximaler Hölzchenzahl ist, ist 88 *die* zweistellige Zahl, bei der wir die meisten Streichhölzer finden, nämlich $2 \cdot 7 = 14$.

L 3.16 (E) Die Aufgabe ähnelt der vorigen, die Frage jedoch unterscheidet sich und so auch der Lösungsweg. Wieder zählen wir aus, aus wie vielen Hölzern die einzelnen Ziffern gelegt werden: Die 1 und die 7 bestehen aus 3 Hölzern, 2, 3 und 4 aus 4 Hölzern, 5, 6 und 9 aus 5 Hölzern, die 0 aus 6 und die 8 aus 7 Hölzern. Um eine möglichst große Ziffernsumme zu bekommen, wählen wir ganz sicher unter den Ziffern mit gleicher Hölzchenzahl jeweils stets die größte Ziffer. Von 1 und 7 ist dies die 7, von 2, 3 und 4 ist es die 4, von 5, 6 und 9 die 9. Die 8 können wir sofort aus der Betrachtung ausschließen, da sie mehr als doppelt so viele Hölzchen erfordert wie die 7, also durch zweimal die 7 – mit der Ziffernsumme 14 – ersetzt werden könnte. Die 7 ist nun die einzige Ziffer, mit der sich eine 5-stellige Zahl legen lässt, 77777, deren Ziffernsumme 35 ist. Diese Quersumme ist offenbar durch keine Kombination der Ziffern 4, 7 und 9 zu übertreffen.

L 3.17 (D) In der Ziffernfolge 200920092009... ist 9 die einzige ungerade Zahl. Von den 2009 hintereinander zu denkenden Zahlen 2009 haben alle bis auf die letzte hinter der 9 eine 2. Die gesuchte Eigenschaft kommt also 2008 mal vor: $2008 \cdot 9 = 18072$ ist die gesuchte Summe.

L 3.18 (D) Zur Lösung dieser Aufgabe genügt geschicktes Rechnen. Statt erst die Summe der ersten 100 geraden Zahlen zu bilden und anschließend die Summe der ersten 100 ungeraden Zahlen abzuziehen, können wir auch von der ersten geraden Zahl 2 die erste ungerade Zahl 1 abziehen, dann von der 4 die 3, dann von der 6 die 5 usw., und anschließend alles zusammenaddieren:

$$
\begin{aligned}
& (2+4+\ldots+200)-(1+3+\ldots+199) \\
= \; & (2-1)+(4-3)+(6-5)+\ldots+(200-199)
\end{aligned}
$$

Die einzelnen Differenzen sind alle gleich 1. Da es 100 Summanden sind, ist das gesuchte Ergebnis $100 \cdot 1 = 100$.

L 3.19 (D) Zuerst stellen wir fest, dass bei allen gesuchten vierstelligen Zahlen die letzte Ziffer 5 sein muss. Für die Tausender-, Hunderter- und Zehnerstelle hingegen kommt jede der Zahlen 1, 3, 5, 7 und 9 unabhängig voneinander als Ziffer in Frage. Da dies 5 Ziffern sind, die für die 3 möglichen Stellen infrage kommen, handelt es sich um $5^3 = 125$ Zahlen.

L 3.20 (B) Um als Produkt der Ziffern 2 zu erhalten, kommt nur infrage, dass in der Zifferndarstellung genau eine 2 auftaucht, alle anderen Ziffern müssen 1 sein. Da die Ziffernsumme 22 sein soll, muss es sich um $22 - 2 = 20$ Einsen handeln. Die 2 kann an jeder Stelle der 21-stelligen Zahl aus 20 Einsen und einer 2 stehen, folglich gibt es genau 21 Möglichkeiten.

L 3.21 (C) Wir können 100 aufeinanderfolgende natürliche Zahlen finden, deren Hunderterziffern ungerade sind, z. B. $100, 101, \ldots, 199$ oder $300, 301, \ldots, 399$. Die nächste Zahl besteht auf jeden Fall nur aus geraden Ziffern. Aber vor 300 (ebenso vor 500, 700 und 900) stehen noch weitere 11 Zahlen, die mindestens eine ungerade Ziffer enthalten: $289, 290, 291, \ldots, 299$. Die größtmögliche Anzahl von aufeinanderfolgenden dreistelligen Zahlen, deren jede *mindestens eine* ungerade Ziffer enthält, ist also 111.

L 3.22 (D) Damit die mittlere Ziffer Mittelwert der beiden anderen sein kann, müssen Einer- und Hunderterziffer beide gerade oder beide ungerade sein. Sind beide gerade oder beide ungerade, dann ist der Mittelwert als mittlere Ziffer möglich. Zu jeder der neun Ziffern, die die Hunderterstelle einnehmen können, also zu 1, 2,..., 9, gibt es genau fünf Einerziffern, sodass ein Mittelwert gebildet werden kann: Zur 1 beispielsweise können 1, 3, 5, 7 und 9, zur 2 können 0, 2, 4, 6 und 8 als Einerziffern dazugehören usw. Das sind insgesamt $9 \cdot 5 = 45$.

L 3.23 (B) Da die Zahlen voneinander verschieden sein sollen, erhalten wir eine größtmögliche Anzahl von Summanden, wenn wir versuchen, möglichst viele kleine Summanden „unterzubringen“. Es ist $1 + 2 + 3 + 4 = 10 < 13$, jedoch $1 + 2 + 3 + 4 + 5 = 15 > 13$. Also können es gewiss nicht mehr als 4 Summanden sein. Der größte Summand in einer solchen Vierersumme ist dann $13 - (1 + 2 + 3) = 7$.

L 3.24 (A) Wir legen die Situation in ein kartesisches Koordinatensystem mit $(0, 0)$ als Startpunkt. Bei jedem Sprung, den der Zirkusfloh macht, ändert sich genau eine der Koordinaten: sie kann um 1 wachsen oder um 1 abnehmen. Damit ist klar, dass am Endpunkt der 10 Sprünge die Summe beider Koordinaten stets eine gerade Zahl ist, deren Betrag maximal 10 ist. Andererseits ist auch jeder Punkt, dessen Betrag der Koordinatensumme eine gerade Zahl kleiner oder gleich 10 ist, vom Zirkusfloh zu erreichen. Ist nämlich (x, y) ein Koordinatenpaar mit $|x| + |y| \leq 10$ und $x + y$ geradzahlig, dann ist (x, y) zu erreichen, indem Fred zunächst mit der geraden Anzahl $|x| + |y|$ von Sprüngen direkt zum Punkt (x, y) springt und dann im Falle, dass $|x| + |y|$ kleiner als 10 ist, die verbleibende Zahl von Sprüngen (die ja wieder geradzahlig ist) durch Hin- und Herspringen zu einem waagerecht benachbarten Gitterpunkt absolviert.
Zählen wir nun alle Gitterpunkte mit gerader Koordinatensumme $x + y$ und $|x| + |y| \leq 10$. Wenn $x = -10$ ist, muss $y = 0$ sein. Ist $x = -9$, gibt es für y die beiden Möglichkeiten 1 und -1. Für $x = -8$ gibt es die drei möglichen

y-Koordinaten $-2, 0, 2$, für $x = -7$ die vier Möglichkeiten $-3, -1, 1, 3$ usw. Das Prinzip ist nun klar: Zu jeder erreichbaren x-Koordinate gibt es $10 - |x| + 1$ mögliche y-Koordinaten. Wir addieren schließlich die Anzahl der möglichen y-Werte für die x-Koordinaten $-10, -9, \ldots, -1, 0, 1, \ldots 9, 10$ und erhalten so die Anzahl aller erreichbaren Punkte: $1 + 2 + \ldots + 10 + 11 + 10 + \ldots + 2 + 1 = (1 + 10) + (2 + 9) + \ldots + (10 + 1) + 11 = 11 \cdot 11 = 121$.

L 3.25 (C) Seien abc und def zwei dreistellige Zahlen, deren Ziffern a, b, c, d, e, f allesamt verschieden sind. Wir wählen $def > abc$. Damit die Differenz $def - abc$ möglichst klein wird, versuchen wir möglichst nah an einem Hundertersprung zu liegen. Das heißt, dass $d = a + 1$ ist und dass die kleinere Zahl abc knapp unter $d00$, die größere Zahl def knapp über $d00$ liegen muss. Ein voller Hunderter ist nicht möglich, da Einer- und Zehnerstelle beide gleich 0 wären. Die Zahl def soll nun knapp über einem vollen Hunderter liegen, abc knapp darunter. Für ef ist 01 regelgerecht. Für bc ist 99 nicht möglich, aber 98. Der gesuchte Wert ist also mindestens 3. Wir suchen für a und d zwei aufeinanderfolgende Ziffern, die ungleich 0, 1, 8 und 9 sind. Es gibt genau 5 Möglichkeiten: 2 und 3, 3 und 4, 4 und 5, 5 und 6, 6 und 7. Bei den zugehörigen Zahlenpaaren (298,301), (398,401), (498,501), (598,601) und (698,701) wird die kleinstmögliche Differenz 3 angenommen.

L 3.26 (B) Wir stellen uns vor, dass wir ein Damebrett mit minimaler Anzahl von Steinen vor uns haben. Als Summen, die über die Spalten und Zeilen gebildet werden, haben wir, der Aufgabe entsprechend, 6 verschiedene Zahlen. Addieren wir diese 6 Zahlen, so erhalten wir das Doppelte der Anzahl der Damesteine auf dem Brett. Aus diesem Grund können die 6 Zahlen nicht die (minimal denkbaren) Zahlen 0, 1, 2, 3, 4 und 5 sein, denn deren Summe ist 15, also keine gerade Zahl. Damit muss die gesuchte kleinstmögliche Anzahl Damesteine, die sich auf dem Brett unterbringen lassen, mindestens $16 : 2 = 8$ sein. Auf der Abbildung ist eine Möglichkeit mit 8 Steinen angegeben.

1	0	3	4
0	0	1	1
1	0	2	3
2	0	6	

L 3.27 (E) Summieren wir die Anzahl der Steine aller Zeilen (oder aller Spalten), so erhalten wir die Gesamtzahl N aller Steine auf dem Brett. Die Summe der Steine aller Zeilen *und* Spalten ist demnach $2N$. Wenn die Anzahl der Damesteine in jeder Zeile und jeder Spalte unterschiedlich sein soll, müssen in den Zeilen und Spalten mindestens $0, 1, 2, 3, 4, 5, 6$ bzw. 7 Steine liegen. Also folgt $2N \geq 0 + 1 + 2 + 3 + 4 + 5 + 6 + 7$, was wegen $0 + 1 + 2 + 3 + 4 + 5 + 6 + 7 = 28$ gleichbedeutend mit $N \geq 14$ ist. Eine mögliche Lösung mit der Minimalzahl von 14 Steinen zeigt die Abbildung.

0	0	0	1
0	0	2	0
0	0	0	6
0	3	2	0

L 3.28 (**D**) Zur Lösung dieses Problems notieren wir bei n gestellten Aufgaben chronologisch die $A(n)$ Möglichkeiten, wie oft +, – und 0 bei der Korrektur auftauchen könnten:

1 Aufgabe:	$+$			$A(1) = 3$ Möglichkeiten
	$-$			
	0			
2 Aufgaben:	$+0$	$++$		$A(2) = 3 + 3 = 6$ Möglichkeiten
	-0	$--$		
	00	$+-$		
3 Aufgaben:	$+00$	$++0$	$+++$	$A(3) = 3 + 3 + 4 = 10$ Möglichkeiten
	-00	$--0$	$++-$	
	000	$+-0$	$+--$	
			$---$	

usw.

Wir sehen nun bei n Aufgaben das Folgende: Entweder hat ein Schüler eine der n Aufgaben nicht gelöst. Dann gibt es für die restlichen $n-1$ Aufgaben genauso viele Möglichkeiten, wie diese mit +, – und 0 versehen sind, wie die Gesamtzahl *aller* Möglichkeiten bei $n-1$ Aufgaben. Andernfalls sind alle n Aufgaben gelöst worden. Dann kann das + n-mal, $(n-1)$-mal, …, 1-mal oder 0-mal auftauchen – insgesamt weitere $n+1$ Möglichkeiten. Wir erhalten somit die Rekursionsformel $A(n) = A(n-1) + (n+1)$.

Ersetzen wir $A(1)$ durch 1+2, so finden wir $A(2) = 1+2+3$, $A(3) = 1+2+3+4, \ldots$, $A(n) = 1 + 2 + \ldots + (n+1)$ – die Summe der ersten $n+1$ natürlichen Zahlen. Entweder addieren wir nun so lange, bis wir die Zahl 55 überschreiten, oder wir kennen die entsprechende Formel, wissen also, dass $A(n) = \dfrac{(n+1)(n+2)}{2}$ ist. Dann ist $A(n) \geq 55$ gleichbedeutend mit $(n+1)(n+2) \geq 110 = 10 \cdot 11$. Die kleinste Zahl, die diese Ungleichung erfüllt, ist $n = 9$.

Wer sich in Kombinatorik bereits etwas auskennt, kann die Aufgabe auch schneller lösen: Wir suchen nämlich gerade die Anzahl der Möglichkeiten, die es gibt, aus der 3-elementigen Menge $\{+, -, 0\}$ ohne Beachtung der Reihenfolge genau n Elemente auszuwählen, wobei aber natürlich jedes Element mehrmals gewählt werden darf. Das ist eine *Kombination mit Wiederholung* und die gesuchte Anzahl ist

$$\binom{n+3-1}{n} = \frac{(n+2)!}{((n+2)-n)!n!} = \frac{(n+2)!}{2!n!} = \frac{(n+2)(n+1)}{2} \,.$$

Permutieren, Kombinieren, Variieren

L 3.29 (**D**) Wir kürzen Julius' geplante Aktivitäten mit Buchstaben ab: R für Rad fahren, S für schwimmen, L für lesen und E für essen. Berücksichtigen wir die Einschränkungen, die Julius sich auferlegt, so finden wir die folgenden vier Möglichkeiten: RSLE, RSEL, RLSE, RELS. Nur so ist gewährleistet, dass Julius den Tag mit einer Radtour beginnt und in keinem Fall das Schwimmen unmittelbar auf das Essen folgt.

L 3.30 (**C**) Da die 4 nur einmal auftritt und ganz rechts steht, muss sie ganz gewiss gestrichen werden. Die beiden Einsen sind bereits am richtigen Platz, brauchen also nicht gestrichen zu werden. Streichen wir die beiden Zweien, so haben wir eine Zahl, die von links wie von rechts gelesen gleich ist, eine sogenannte *Palindromzahl*. Wir haben dazu drei Ziffern gestrichen. Es muss jetzt noch überlegt werden, ob nach dem Streichen der 4 das Streichen *einer* weiteren Ziffer bereits ausreicht. Dass dies nicht der Fall ist, lässt sich schnell bestätigen, indem die Ziffern – es sind ja nur fünf – durchprobiert werden.

L 3.31 (**A**) Jeden der 4 oberen Punkte verbindet Chris mit jedem der 5 unteren Punkte. Dann hat er $4 \cdot 5 = 20$ Verbindungsstrecken zu zeichnen. – Die Strecken kann man natürlich auch zählen. Allerdings ist das mühselig und wenig elegant.

L 3.32 (**C**) Nach 20:11 gibt es mit derselben Stundenzahl keine weitere Uhrzeit mit diesen vier Ziffern. Wir versuchen es in der nächsten Stunde mit der Stundenzahl 21. Es bleiben 0 und 1 für die Minuten, und damit ist klar, dass die Uhrzeit 21:01 die gesuchte Uhrzeit ist. Von 20:11 bis dahin vergehen 50 Minuten.

L 3.33 (**D**) Wir vergleichen in den einzelnen Lösungsvorschlägen, ob sich eine Belegung der Sternchen mit Ziffern finden lässt, bei der die Summe der Ziffern an geradzahligen Stellen gleich der Summe der Ziffern an ungeradzahligen Stellen ist. Im Fall (**A**) müssten die Sternchen so ersetzt werden, dass $1 + \star + 1 = 6 + \star + 8$ ist. Das geht sicher nicht, denn die Ziffer auf der linken Seite müsste größer als 10 sein, weil $6+\star+8-1-1 = 12+\star > 10$ ist. Im Fall (**B**) müsste $\star+2+\star = 7+7+7$ sein, was sicher nicht möglich ist, denn die Summe der beiden unbekannten Ziffern müsste $7 + 7 + 7 - 2 = 19$ sein. Im Fall (**C**) nun lässt sich der Wert der fehlenden Ziffer errechnen, weil nur *ein* Sternchen zu ersetzen ist: $4+4+4-1-1 = 10$. Das ist jedoch keine Ziffer, sodass auch (**C**) nicht die Lösung ist. Kommen wir zu Fall (**D**), so sehen wir, dass es genau eine Möglichkeit gibt, die Sternchen durch Ziffern zu ersetzen und dabei die Bedingung der Aufgabe zu erfüllen, nämlich: 129998. Tatsächlich ist $1 + 9 + 9 = 19 = 2 + 9 + 8$. Für den Fall (**E**) schließlich finden wir keine Möglichkeit, die Sternchen durch Ziffern zu ersetzen, denn die Ziffer 8 allein ist schon größer als die drei auf ungeraden Plätzen stehenden Ziffern 1, 1 und 2 zusammen.

L 3.34 (B) Wir überlegen uns, wie viele verschiedene Beläge für eine Pizza möglich sind. Mit nur einer Beilage gibt es die drei Möglichkeiten Sardellen, Schinken und Champignons. Hinzu kommen Mischungen aus je zwei Beilagen. Und davon gibt es noch einmal 3, nämlich Sardellen–Schinken, Sardellen–Champignons und Schinken–Champignons. Es kann also aus insgesamt 6 verschiedenen Belägen ausgewählt werden. Zu jedem der 6 Beläge gibt es drei Größen. Insgesamt sind also $6 \cdot 3 = 18$ verschiedene Pizzen im Angebot.

L 3.35 (E) Wichtig ist, dass die 6, dreht man sie einmal herum, zu einer 9 wird (und umgekehrt). Das kommt in den Beispielzahlen der Aufgabe bereits zum Ausdruck. In jeder 3-stelligen Zahl, die gelegt werden kann, zeigt eine Karte die 8. Für die anderen beiden Karten gibt es die folgenden Möglichkeiten:

1. Auf beiden Karten ist die 6.
2. Auf beiden Karten ist die 9.
3. Auf einer Karte ist die 6, auf der anderen die 9.

Wir listen rechts alle Zahlen ganz systematisch auf, um keine Möglichkeit zu übersehen. Mit den drei Karten lassen sich die folgenden 12 Zahlen bilden:

2× die 6	2× die 9	6 und 9	
668	998	698	968
686	989	689	986
866	899	869	896

L 3.36 (E) In dem Dominostein-Satz tritt jede Punktzahl achtmal auf: Sechsmal kommt sie in Kombination mit jeder der anderen Punktzahlen vor, und auf genau einem Stein tritt sie doppelt auf. Damit finden wir auf allen Steinen zusammen $8 \cdot (0 + 1 + 2 + 3 + 4 + 5 + 6) = 8 \cdot 21 = 168$ Punkte.

L 3.37 (E) Wir schreiben systematisch alle Möglichkeiten auf, bei denen als Ergebnis 1 entsteht:
$2 \cdot 0 + 1 + 0 = 2 \cdot 0 + 1 - 0 = 2 + 0 - 1 + 0 = 2 + 0 - 1 - 0 = 2 - 0 - 1 + 0 = 2 - 0 - 1 - 0 = 1$.
Das sind 6 Möglichkeiten.

L 3.38 (C) Die 5 Blütenblätter können sich auf folgende Weise zusammensetzen: (I): 5 dunkel, 0 hell; (II): 4 dunkel, 1 hell; (III): 3 dunkel, 2 hell; (IV): 2 dunkel, 3 hell; (V): 1 dunkel, 4 hell und (VI): 0 dunkel, 5 hell. Das sind 6 Möglichkeiten. In den Fällen (I), (II), (V) und (VI) gibt es nur eine Variante der Anordnung, in den Fällen (III) und (IV) jedoch können die 2 gleichfarbigen Blätter nebeneinander oder durch eines der 3 anderen Blätter getrennt sein. Insgesamt sind es also $4 + 2 \cdot 4 = 8$ Möglichkeiten.

L 3.39 (**C**) Damit in einer Reihe jede der vier verschiedenen Perlen die drei anderen berühren kann, muss jede der Farben mindestens zweimal auftreten, da sie ja immer nur höchstens zwei andere Perlen berühren kann. Folglich ist die Mindestzahl 8, und für 8 geben wir die folgende Lösung an: blau–rot–gold–silber–blau–gold–silber–rot.

L 3.40 (**D**) Wir betrachten zuerst die Zweien an den Zehner- und Einerstellen. Da auf jeder Etage nur 35 Zimmer sind, sind die Zweien in den Zahlen von 01 bis 35 zu zählen. In den Einerstellen tritt die 2 viermal auf ($\star$02, $\star$12, $\star$22 und $\star$32). Im Zehner erscheint sie genau zehnmal ($\star$20, $\star$21 ..., $\star$29). Und an der Hunderterstelle schließlich finden wir die 2 nur in der zweiten Etage und zwar genau 35-mal. Insgesamt sind das $35 + 5 \cdot (10 + 4) = 105$ mal.

L 3.41 (**A**) Zuerst stellen wir fest, dass in der Gleichungskette
$4 = 4 + 0 + 0 + 0 = 3 + 1 + 0 + 0 = 2 + 2 + 0 + 0 = 2 + 1 + 1 + 0 = 1 + 1 + 1 + 1$
alle möglichen Darstellungen der 4 als Summe von vier Ziffern erfasst sind, wobei hier die Reihenfolge der Summanden keine Rolle spielt. Nun werden jeder dieser Darstellungen die daraus zu bildenden 4-stelligen Zahlen zugeordnet und diese werden dann der Größe nach aufgeschrieben. Es ergeben sich die folgenden 4-stelligen Zahlen mit Ziffernsumme 4 (bis zur gesuchten fünften Zahl): 1003; 1012; 1021; 1030; 1102; usw. Die 1102 steht also an 5. Stelle.

L 3.42 (**B**) Wenn das Produkt der Ziffern einer Zahl gleich 2 ist, muss – weil 2 eine Primzahl ist – eine Ziffer gleich 2 sein, und alle anderen müssen gleich 1 sein. Die Ziffernsumme 11 kann nur entstehen, wenn neben der 2 noch neun Einsen als Ziffern vorkommen. Die gesuchten Zahlen sind also 10-stellig, eine Ziffer ist 2 und die anderen neun Ziffern sind gleich 1. Da die Ziffer 2 an jeder der 10 Stellen stehen kann, gibt es genau 10 Zahlen mit der angegebenen Eigenschaft: 2111111111, 1211111111, 1121111111, 1112111111, 1111211111, 1111121111, 1111112111, 1111111211, 1111111121, 1111111112.

L 3.43 (**C**) Wir stellen systematisch zusammen, welche Schießergebnisse bei 3 Schüssen möglich sind: 7 7 7 (= 21); 7 7 3 (= 17); 7 7 1 (= 15); 7 7 0 (= 14); 7 3 3 (= 13); 7 3 1 (= 11); 7 3 0 (= 10); 7 1 1 (= 9); 7 1 0 (= 8); 7 0 0 (= 7); 3 3 3 (= 9); 3 3 1 (= 7); 3 3 0 (= 6); 3 1 1 (= 5); 3 1 0 (= 4); 3 0 0 (= 3); 1 1 1 (= 3); 1 1 0 (= 2); 1 0 0 (= 1); 0 0 0 (= 0). Unter diesen 20 Möglichkeiten sind nur 17 verschieden. Die Gesamtpunktzahlen 3, 7 und 9 treten doppelt auf. Die Maximalzahl verschiedener Schießergebnisse ist also 17.

L 3.44 (**D**) Wenn Bruno die vier mehrfarbigen Katzen nimmt, so ist die Bedingung der Aufgabe ganz gewiss erfüllt, denn wie auch immer er zwei von diesen Katzen herausgreift, es gibt immer eine Farbe, in der sie übereinstimmen, da es ja insgesamt nur drei Farben sind. Wenn Bruno eine der einfarbigen Katzen nimmt, so passen dazu immer genau drei andere Kuscheltierkatzen und zwar jene, die *diese* eine Farbe enthalten. Es gibt also folgende vier Möglichkeiten für Brunos Kuscheltierkatzenauswahl:

Möglichkeit 1:	gelb-weiß	rot-weiß	gelb-rot	rot-weiß-gelb
Möglichkeit 2:	rot	rot-weiß	gelb-rot	rot-weiß-gelb
Möglichkeit 3:	gelb	gelb-weiß	gelb-rot	rot-weiß-gelb
Möglichkeit 4:	weiß	gelb-weiß	rot-weiß	rot-weiß-gelb

L 3.45 (**D**) Zur Menge der dreistelligen Zahlen, die nur die 1, 2 oder 3 als Ziffer haben, gehören drei, in denen jeweils nur eine dieser Ziffern auftritt, nämlich 111, 222 und 333. Zur Menge gehören weiterhin die dreistelligen Zahlen, in denen jede der Ziffern auftritt. Dies sind die durch Vertauschen der 1, 2 und 3 entstehenden Zahlen, wovon es genau 6 gibt und die offensichtlich sämtlich zur gesuchten Teilmenge gehören. Ferner gibt es jene dreistelligen Zahlen, in denen genau 2 der 3 Ziffern auftreten. Davon gibt es zu jeder der 3 Kombinationen von 2 Ziffern (1 und 2, 2 und 3, 3 und 1) genau 6 – am Beispiel der Ziffern 1 und 2 machen wir dies klar: 112, 121, 211, 122, 212, 221. Auch diese insgesamt 18 Zahlen können zur gesuchten Teilmenge gehören, da je zwei in gewiss einer Ziffer übereinstimmen. Die zugehörige Teilmenge hätte dann $6+18=24$ Elemente, denn von den Zahlen 111, 222 bzw. 333 kann keine hinzukommen. Jede Teilmenge, die der Bedingung aus der Aufgabe genügt und z. B. 111 enthält, kann die 6 Zahlen, die aus den anderen beiden Ziffern, 2 und 3, gebildet werden, nicht enthalten, umfasst also weniger Elemente.

L 3.46 (**D**) Da die Ziffern einer „coolen" Zahl alle verschieden sind, ist die erste Ziffer mindestens 6, denn die anderen vier Ziffern sind mindestens 0, 1, 2 und 3 und $0+1+2+3=6$. Ist die erste Ziffer 7, müssen die anderen vier Ziffern 0, 1, 2 und 4 sein. Für 8 als erste Ziffer gibt es wegen $8=0+1+2+5$ und $8=0+1+3+4$ zwei Möglichkeiten. Für die 9 als erste Ziffer sind es wegen $9=0+1+2+6$, $9=0+1+3+5$ oder $9=0+2+3+4$ drei Möglichkeiten. Für jeden der beschriebenen 7 Fälle gibt es für die zweite Ziffer vier Möglichkeiten, für die dritte Ziffer noch drei, für die zweite Ziffer zwei, und für die letzte nur noch eine Möglichkeit. Die erste Ziffer ist durch die anderen 4 eindeutig bestimmt. Es gibt also $4\cdot3\cdot2\cdot1=24$ mögliche Zahlen für jeden der 7 Fälle und somit $7\cdot24=168$ „coole" 5-stellige Zahlen.

L 3.47 (**C**) Wir beschreiben die Straßen durch die Angabe der Stockwerksfolgen, stellen uns also vor, wir stünden vor den 10 Häusern und würden notieren, wie die Höhen aufeinander folgen.

Wir stellen zuerst fest, dass neben einem 1- und neben einem 3-stöckigen Haus stets ein 2-stöckiges stehen muss, während es umgekehrt beim 2-stöckigen 2 Möglichkeiten gibt.
Betrachten wir eine Straße, die links mit einem 1-stöckigen Haus beginnt, so folgt rechts daneben ein 2-stöckiges. Für das Haus rechts neben dem 2-stöckigen gibt es 2 Möglichkeiten (1- oder 3-stöckig), worauf es – unabhängig davon, ob ein 1- oder ein 3-stöckiges Haus folgte – für das darauf rechts folgende Haus nur die Möglichkeit 2-stöckig gibt. Und nun wiederholt es sich. Wir finden für mit einem 1-stöckigen Haus beginnende Straßen also $1 \cdot 2 \cdot 1 \cdot 2 \cdot 1 \cdot 2 \cdot 1 \cdot 2 \cdot 1 = 2^4$ Möglichkeiten der Anordnung der Häuser, d. h. 2^4 verschiedene Straßen. Dasselbe trifft natürlich für mit einem 3-stöckigen Hause beginnende Straßen zu. Für Straßen, die mit einem 2-stöckigen Haus beginnen, gibt es entsprechend $2 \cdot 1 \cdot 2 \cdot 1 \cdot 2 \cdot 1 \cdot 2 \cdot 1 \cdot 2 = 2^5$ Möglichkeiten. Insgesamt gibt es somit $2 \cdot 2^4 + 2^5 = 2^5 + 2^5 = 2 \cdot 2^5 = 2^6 = 64$ Straßen.

L 3.48 (B) Diese Aufgabe ist vom mathematischen Inhalt her mit der vorhergehenden identisch. Losgelöst vom Modell liest sich die Lösung dann folgendermaßen: Betrachten wir jene Zahlen, die mit 1 beginnen. Die 2. Ziffer liegt damit fest, es kann nur eine 2 sein. Als 3. Ziffer kommen 1 und 3 infrage, für die 4. Ziffer gibt es wieder nur eine Möglichkeit (die Ziffer 2) usw. Es gibt also genau $1 \cdot 2 \cdot 1 \cdot 2 \cdot 1 \cdot 2 \cdot 1 \cdot 2 \cdot 1 = 2^4$ mögliche Zahlen mit erster Ziffer 1, was analog für die mit 3 beginnenden Zahlen zutrifft. Beginnt eine Zahl mit 2, so ist sie offenbar das Spiegelbild von einer der mit 1 oder mit 3 beginnenden Zahlen. Von dieser Sorte gibt es also $2 \cdot (1 \cdot 2 \cdot 1 \cdot 2 \cdot 1 \cdot 2 \cdot 1 \cdot 2 \cdot 1) = 2 \cdot 2^4$ verschiedene Zahlen. Damit gibt es insgesamt $4 \cdot 2^4 = 2^2 \cdot 2^4 = 2^6 = 64$ Zahlen der in der Aufgabe beschriebenen Art.

Wahrscheinlichkeiten

L 3.49 (D) Wir überlegen uns zuerst, welche Augenzahlen als Summe zweier Augenzahlen überhaupt infrage kommen und wie die entsprechende Summe entstehen kann. Wir führen in der folgenden kleinen Tabelle in der ersten Spalte die Punktzahl des dritten Wurfes auf und geben in den folgenden Spalten an, wie diese Augenzahl als Summe der Augenzahlen der davorliegenden zwei Würfe entstanden sein kann.

3. Wurf	mögliche Summen				
1	–				
2	$1+1$				
3	$1+2$	$2+1$			
4	$1+3$	$2+2$	$3+1$		
5	$1+4$	$2+3$	$3+2$	$4+1$	
6	$1+5$	$2+4$	$3+3$	$4+2$	$5+1$

Es gibt insgesamt 15 Fälle, in denen die Summe der Augenzahlen der beiden ersten Würfe gleich der Augenzahl beim dritten Wurf ist. In einem Fall erscheint eine 2 im dritten Wurf, in sieben Fällen erscheint mindestens eine 2 im ersten oder zweiten Wurf. Insgesamt sind das 8 Fälle. Die Wahrscheinlichkeit, mindestens eine 2 anzutreffen, ist also $\frac{8}{15}$.

L 3.50 (B) Sei n die gesuchte Anzahl von Würfeln. Für jeden einzelnen Würfel ist unabhängig von den anderen die Wahrscheinlichkeit, eine 6 zu würfeln, gleich $\frac{1}{6}$ und die Wahrscheinlichkeit, keine 6 zu würfeln, beträgt $\frac{5}{6}$. Die Wahrscheinlichkeit, beim *gleichzeitigen* Werfen aller n Würfel keine 6 zu würfeln (das ist die Wahrscheinlichkeit dafür, dass Ria als Erste ins Wasser muss), ist folglich $\left(\frac{5}{6}\right)^n$. Die Wahrscheinlichkeit, dass ein bestimmter Würfel eine 6 zeigt, während die anderen keine 6 zeigen, ist $\frac{1}{6} \cdot \left(\frac{5}{6}\right)^{n-1}$. Da jeder der n Würfel die 6 zeigen könnte, ist die Wahrscheinlichkeit, beim gleichzeitigen Werfen der n Würfel genau eine 6 zu würfeln $n \cdot \frac{1}{6} \cdot \left(\frac{5}{6}\right)^{n-1}$ (das ist die Wahrscheinlichkeit dafür, dass Yves als Erster ins Wasser muss). Damit für beide die Wahrscheinlichkeit, zuerst ins Wasser zu müssen, gleich ist, muss also gelten:

$$\left(\frac{5}{6}\right)^n = \frac{n}{6} \cdot \left(\frac{5}{6}\right)^{n-1}$$

Damit ist klar, dass $n = 5$ die gesuchte Anzahl von Würfeln ist. Bei 5 Würfeln ist für beide die Chance, als Erster ins Wasser zu müssen, gleich, und diese Chance beträgt etwa 40 %.

L 3.51 (E) Wir bezeichnen mit r bzw. g die Anzahl der roten bzw. grünen Socken. Wenn die Wahrscheinlichkeit, zwei gleichfarbige Socken zu erwischen, gleich 1/2 ist, dann ist die Wahrscheinlichkeit, zwei gleichfarbige Socken zu greifen, also gleich der Wahrscheinlichkeit, zwei ungleichfarbige Socken zu greifen. Wir berechnen beide Wahrscheinlichkeiten und stellen uns vor, dass wir zwei Socken nacheinander ziehen, ohne den erstgezogenen zurückzulegen. Zwei gleichfarbige Socken zu greifen, bedeutet, zwei rote *oder* zwei grüne zu greifen. Die Wahrscheinlichkeit dafür ist:

$$\frac{r}{r+g} \cdot \frac{r-1}{r+g-1} + \frac{g}{r+g} \cdot \frac{g-1}{r+g-1} = \frac{r(r-1)+g(g-1)}{(r+g)(r+g-1)}$$

Für zwei ungleichfarbige Socken gibt es 2 Möglichkeiten: erst rot, dann grün *oder* erst grün, dann rot. Die Wahrscheinlichkeit dafür ist:

$$\frac{r}{r+g} \cdot \frac{g}{r+g-1} + \frac{g}{r+g} \cdot \frac{r}{r+g-1} = \frac{2rg}{(r+g)(r+g-1)}$$

Diese beiden Wahrscheinlichkeiten sollen gleich sein, und wenn wir mit dem gemeinsamen Nenner $(r+g)(r+g+1)$ multiplizieren, erhalten wir die Gleichung $r(r-1)+g(g-1)=2rg$. Da wir an der Summe $r+g$ interessiert sind, bringen wir $r+g$ auf eine Seite der Gleichung und erhalten $r+g=r^2+g^2-2rg=(r-g)^2$. Die Anzahl der Socken ist demzufolge eine Quadratzahl. Das ist eine *notwendige* Bedingung. Damit die Wahrscheinlichkeit wirklich $1/2$ ist, muss die Gesamtzahl der Socken auf dem Wühltisch darüber hinaus genau das Quadrat des Unterschieds zwischen der Anzahl roter und grüner Socken sein.

Die Situation in der Aufgabe tritt also zum Beispiel ein, wenn 1 rote und 3 grüne oder 15 rote und 10 grüne Socken auf dem Wühltisch liegen.

3.3 Kombinatorisches in der Geometrie

L 3.52 (B) In der Zeichnung oben links ist dargestellt, dass und welche zwei Bausteine verschoben werden müssen, damit ein zusätzlicher in die Box passt. Dass das Verschieben nur eines Bausteines nicht genügt, sehen wir, indem wir die beiden Verschiebungen betrachten, die zu Beginn überhaupt möglich sind. Außer der bereits oben links abgebildeten Verschiebung wäre die darunter abgebildete noch möglich. Wir erkennen, dass keine der beiden allein genügend Raum schafft, um einen weiteren Baustein unterzubringen.

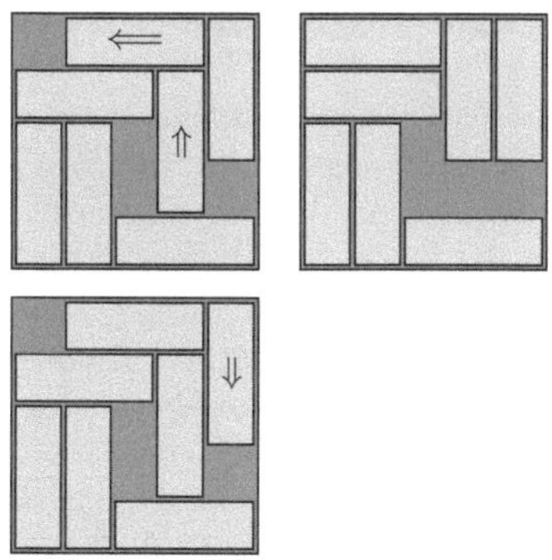

L 3.53 (B) Diese Aufgabe, die mit demselben Modell wie die vorhergehende arbeitet, ist durch eine andere Lage der Bausteine etwas schwieriger – für die Älteren halt. In der gegebenen Situation passt kein weiterer Stab, die beiden Lücken haben jede nur das Maß 2 cm × 1 cm. Nun lässt sich zunächst nur der linke Stab verschieben (linkes Bild). Im nächsten Schritt verschieben wir die beiden oberen Stäbe nach links. Dadurch entsteht eine hinreichend große Lücke, und ein weiterer Stab (im Bild schraffiert) passt in das entstandene Loch. Es müssen also mindestens drei Stäbe verschoben werden.

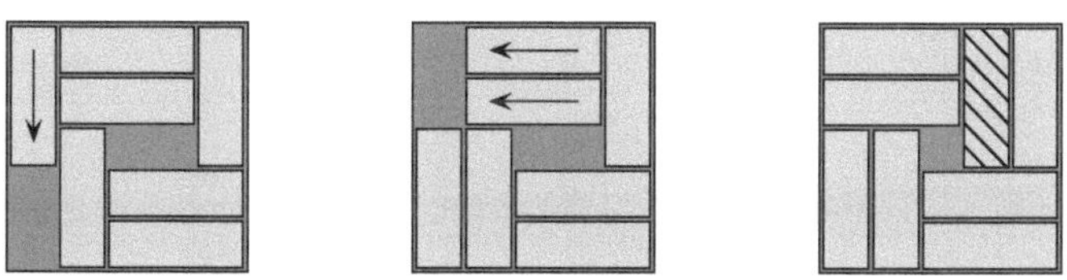

L 3.54 (**C**) Die Bilder zeigen der Reihe nach ein Trapez, ein rechtwinkliges Dreieck, ein spitzwinkliges Dreieck und ein stumpfwinkliges Dreieck:

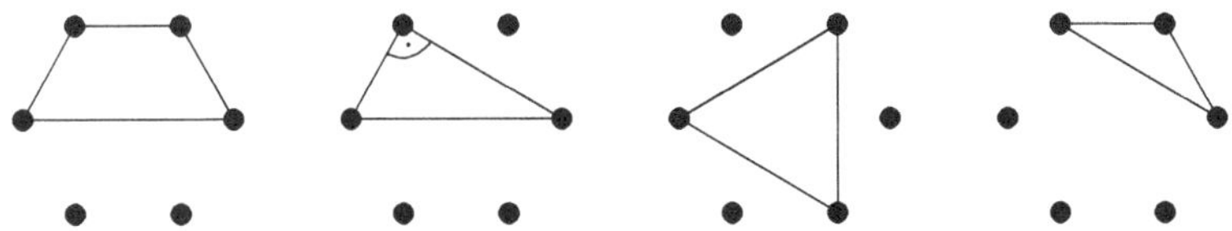

Angenommen es gäbe ein Quadrat. Dazu müssen von den 6 Eckpunkten des Sechsecks genau 2 weggelassen werden. Folglich würden unter den 4 Eckpunkten des Quadrats zwei benachbarte Sechseckseckpunkte sein. Zwei benachbarte Sechseckseckpunkte bilden jedoch mit keinen der übrigen Eckpunkte des Sechsecks ein Quadrat. Ein Quadrat lässt sich also nicht finden.

L 3.55 (**A**) Da es nur vier mögliche Farben für die Streifen gibt, ist die Farbe eines Streifens eindeutig bestimmt, wenn er an drei Streifen verschiedener Farben angrenzt. So ist die Farbe des Streifens 1, der an rot, weiß und grau grenzt, braun. Streifen 2 grenzt nun an braun, weiß und grau, ist demzufolge rot. Nacheinander finden wir die übrigen Farben, wie sie rechts zu sehen sind. Die gesuchte Farbe ist rot.

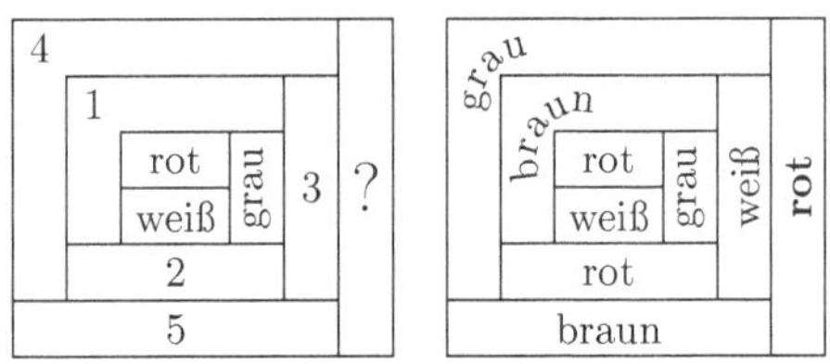

L 3.56 (**D**) Vier der in der Aufgabe vorgegebenen Figuren lassen sich durch Verbinden geeigneter drei bzw. vier der sechs Punkte erzeugen, wie die folgenden Abbildungen belegen:

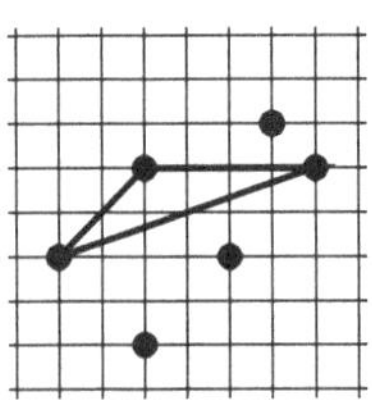

Stumpfwinkliges Dreieck

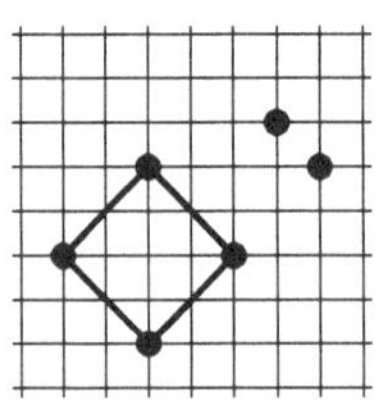

Quadrat

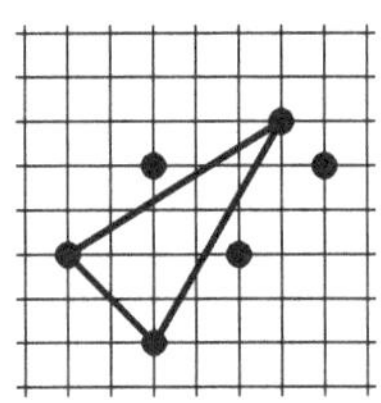

Spitzwinkliges Dreieck

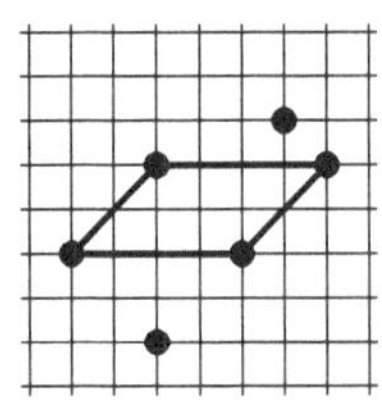

Parallelogramm

Ein Rechteck, das kein Quadrat ist, können wir aus den gegebenen Punkten nicht erzeugen.

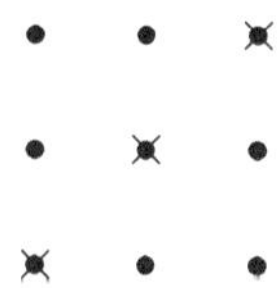

L 3.57 (B) Wenn keine 3 der 9 Punkte auf derselben Geraden liegen dürfen, so muss ganz sicher aus jeder der 3 senkrechten Reihen mindestens ein Punkt entfernt werden. Gelingt es uns, diese 3 Punkte so zu entfernen, dass von den restlichen 6 Punkten keine drei auf einer gemeinsamen Geraden liegen, so haben wir mit 3 die Minimalzahl der zu entfernenden Punkte gefunden. Da auch aus jeder waagerechten Reihe ein Punkt entfernt werden muss, versuchen wir es mit den 3 Punkten einer Diagonale. Die Zeichnung zeigt, dass dies eine Lösung ist.

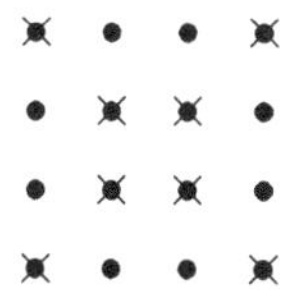

L 3.58 (C) Die Aufgabe ähnelt der vorigen. Aus der Tatsache, dass in keiner Reihe, keiner Spalte mehr als 2 Punkte bleiben dürfen, schließen wir wieder, dass mindestens 8 Punkte zu löschen sind. Und mit dem nebenstehenden Bild ist eine Möglichkeit gefunden, wo es ausreicht, 8 Punkte zu löschen.

L 3.59 (A) Die folgenden Abbildungen zeigen Beispiele für die vielen verschiedenen Möglichkeiten, die Amanda hat, einen Weg mit nur 8 Kästchen zu umlaufen.

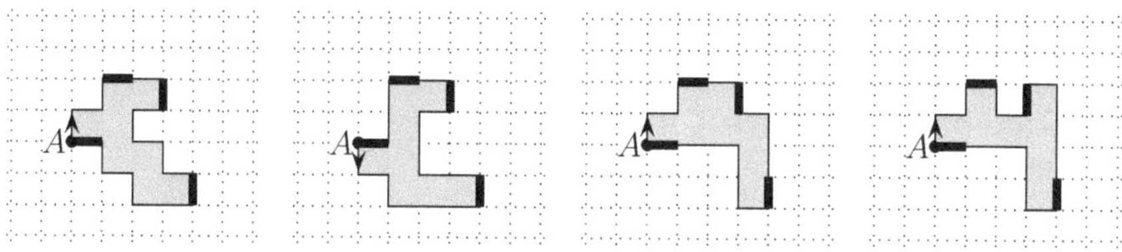

Mit einer umfangreichen Fallunterscheidung und entsprechender Argumentation kann gezeigt werden, dass es keinen Weg für Amanda gibt, auf dem sie nur 7 Kästchen umläuft. Zur Lösung der Aufgabe war dies von den Teilnehmern am Wettbewerb jedoch nicht gefordert. Es genügte, einen der vielen Wege zu finden, bei dem Amanda 8 Kästchen umläuft.

L 3.60 (C) Unter dem grau gezeichneten 4er-Teil in Bild (a) sind alle 4 Zahlen verborgen, unter dem 3er-Teil im Bild (b) rechts daneben sind es folglich die Zahlen 1, 3 und 4. Da das Fragezeichenfeld zusammen mit dem grauen 3er-Teil wieder eines der 4er-Teile bildet, in dem laut Aufgabenstellung 1, 2, 3 und 4 je genau einmal vorkommen, muss in dem mit dem Fragezeichen gekennzeichneten Dreieck wieder eine 2 stehen.

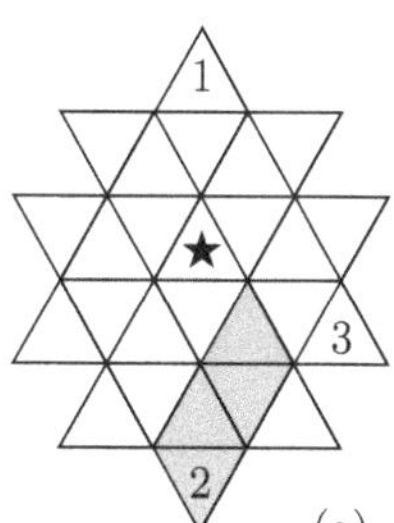

(a)

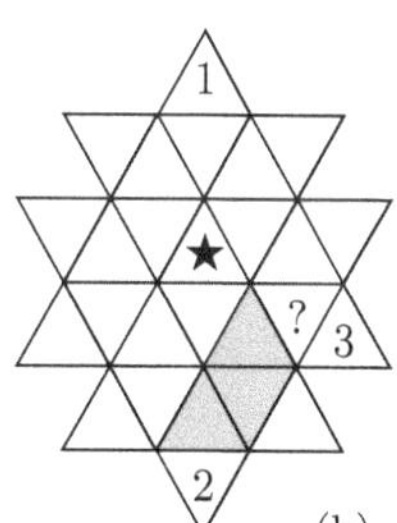

(b)

Mit derselben Begründung finden wir, wenn wir wie in Bild (c) von einem neuen 4er-Teil ausgehen, für die 3 einen weiteren Platz. Und ebenso für eine weitere 2. Damit haben wir bereits 3 zusätzliche Zahlen im Dreieckspuzzle eintragen können (Bild (d)).

In den beiden Dreiecken, die in Bild (e) grau gefärbt sind, kann keine 1 stehen, und da 2 und 3 schon entsprechend vorhanden sind, muss dort beide Male eine 4 erscheinen. Damit ist jedoch klar, dass in dem in Bild (f) grau gefärbten Dreieck eine 1 erscheinen muss. Und damit kommt für das Feld mit dem Stern nur noch die 2 infrage.

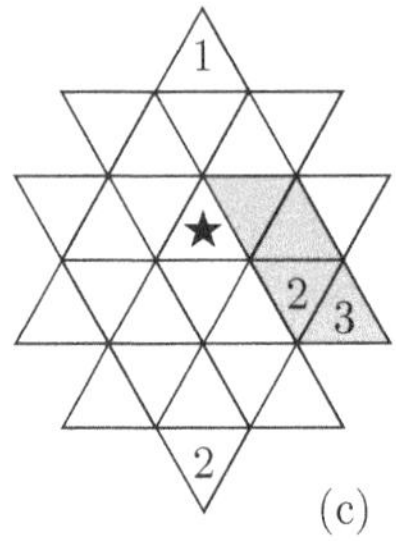
(c)

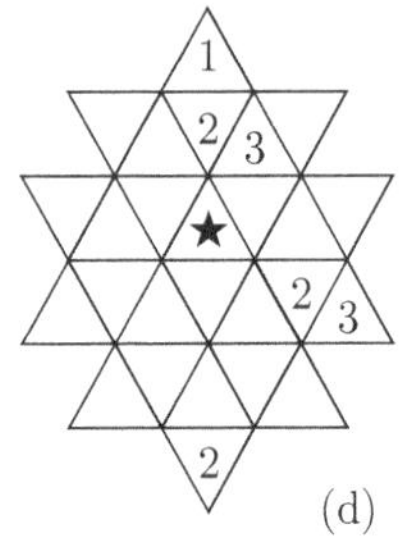
(d)

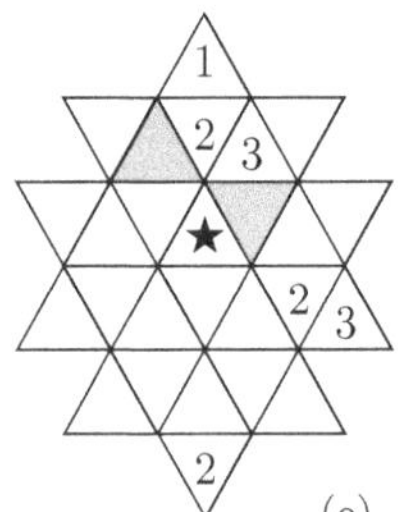
(e)

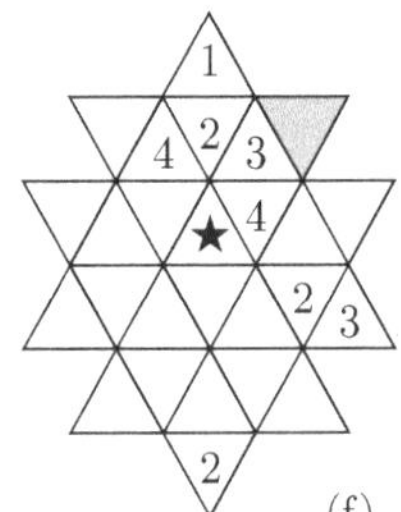
(f)

L 3.61 (**D**) Ein Würfel aus 27 kleinen Würfeln hat die Abmessungen $3 \times 3 \times 3$, denn $3 \cdot 3 \cdot 3 = 3^3 = 27$. Das Bild zeigt einen solchen Würfel. In ihm sind acht kleine Würfel markiert, die sich alle an mindestens einer Ecke (genau in der Mitte) berühren. Wir brauchen also *mindestens acht verschiedene Farben.*

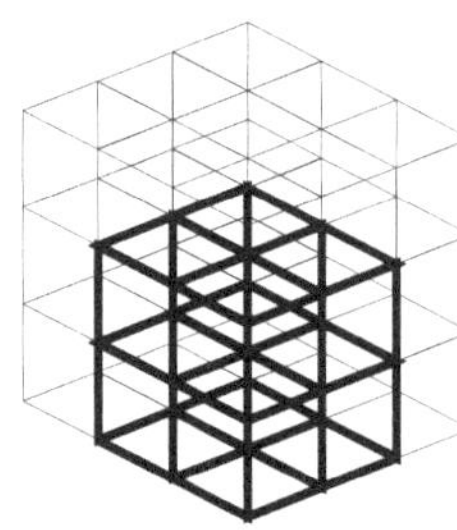

Wir versuchen nun, eine Färbung mit acht verschiedenen Farben zu finden, die wir der Einfachheit halber mit $1, 2, 3, \ldots, 8$ bezeichnen. Wir färben zuerst die untere Ebene mit den vier Farben 1 bis 4, sodass Würfel, die sich an mindestens einer Ecke berühren, verschiedenfarbig sind (Bild unten links). Die mittlere Ebene färben wir nach demselben Muster, aber mit den Farben 5 bis 8 (Bild unten Mitte). Für die obere Ebene nutzen wir dieselbe Färbung wie in der unteren Ebene (Bild unten rechts).

1	2	1
3	4	3
1	2	1

5	6	5
7	8	7
5	6	5

1	2	1
3	4	3
1	2	1

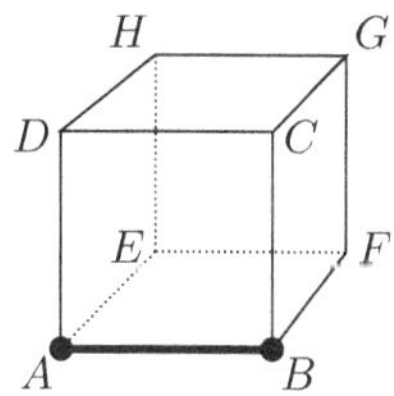

L 3.62 (B) Zuerst stellen wir fest, dass alle 8 Ecken des Würfels zu den 4 Kanten gehören, da keine zwei einen gemeinsamen Punkt besitzen, der ja nur ein Eckpunkt sein kann. Wenn nun eine Kante zu einer solchen Auswahl gehört, muss innerhalb mindestens einer der beiden Seitenflächen, zu der diese Kante gehört, auch die gegenüberliegende, parallele Kante zur Auswahl gehören. Gehört beispielsweise $\overline{AB}$ zur Auswahl, gehört entweder $\overline{EF}$ oder $\overline{CD}$ oder beide ebenfalls zur Auswahl, denn wäre das nicht der Fall, müssten $\overline{FG}$ *und* $\overline{CG}$ zur Auswahl gehören, die jedoch den gemeinsamen Punkt G besitzen. Also besteht jede Kanten-Auswahl aus zwei Paaren paralleler Kanten. Die Paare gehören zu zwei einander gegenüberliegenden Seitenflächen. Jetzt können wir die gesuchte Anzahl wie folgt abzählen: Es gibt 3 Möglichkeiten, einander gegenüberliegende Seitenflächen auszuwählen, oben und unten, links und rechts, vorn und hinten. Und für jede der 2 Seitenflächen gibt es 2 mögliche Wahlen für zwei parallele Kanten. Also finden wir insgesamt $3 \cdot 2 \cdot 2 = 12$ Kanten-Auswahlen. Jetzt haben wir jedoch diejenigen Möglichkeiten, bei denen alle vier Kanten zueinander parallel sind, doppelt gezählt. Das sind 3 Fälle. Also gibt es nur $12 - 3 = 9$ verschiedene Möglichkeiten der Auswahl.

L 3.63 (C) Wir bezeichnen die Winkel beim ersten Dreieck $\alpha_1, \beta_1, \gamma_1$, beim zweiten $\alpha_2, \beta_2, \gamma_2$ und beim dritten $\alpha_3, \beta_3, \gamma_3$. Dabei seinen $\gamma_1, \gamma_2, \gamma_3$ die stumpfen Winkel. Angenommen $\alpha_1 + \alpha_2 = 90°$. Da alle Winkel voneinander verschieden sind, gibt es keinen unter den verbliebenen, mit denen sich α_1 oder α_2 zu $90°$ kombinieren ließe. Und da $\alpha_1 + \beta_1 < 90°$ wie auch $\alpha_2 + \beta_2 < 90°$, muss $\beta_1 + \beta_2$ ebenfalls kleiner als $90°$ sein. Folglich muss für eine Kombination zu $90°$ ein Winkel des dritten Dreiecks mit β_1 und/oder β_2 kombiniert werden. Angenommen, es ist $\beta_1 + \alpha_3 = 90°$. Dann folgt aus der analogen Argumentation wie eben, dass $\beta_2 + \beta_3 < 90°$ sein muss. Damit gibt es höchstens zwei Paare, die sich zu $90°$ kombinieren lassen. Dass es tatsächlich drei stumpfwinklige Dreiecke gibt, bei denen sich zwei Kombinationen zu $90°$ finden, belegen wir mit einem Beispiel. Es seien die Winkel des ersten Dreiecks $(30°, 50°, 100°)$, die des zweiten $(60°, 10°, 110°)$ und die des dritten $(40°, 20°, 120°)$. Dann finden wir $30° + 60° = 50° + 40° = 90°$.

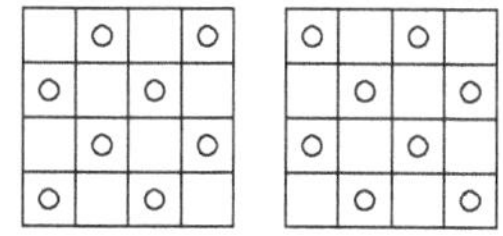

L 3.64 (B) Zuerst überlegen wir, welche möglichen Positionen es für die beiden benachbarten roten Quadrate gibt. Sie können senkrecht liegen und sich dabei über die erste und zweite, die zweite und dritte oder die dritte und vierte Zeile des 4×4-Gitters erstrecken. Das sind 12 Möglichkeiten. Für die waagerechte Lage gibt es ebenso 12, also insgesamt 24 mögliche Positionen. Die Eckfelder des Gitters gehören dabei jeweils zu 2 Positionen, die übrigen Randfelder zu jeweils 3 und die inneren vier Felder zu jeweils 4 möglichen Positionen. Um mit Sicherheit eines der roten Quadrate aufzudecken, müssen wir im schlechtesten Fall jede dieser 24 Positionen einmal markieren.

Dazu brauchen wir in jeder Zeile mindestens 2 Klicks, also insgesamt mindestens 8 Klicks. Allerdings genügen 8 Klicks auch schon, wenn wir, wie im Bild oben dargestellt, die Felder schachbrettartig anklicken. Dieses Muster ist außerdem das einzig mögliche, um mit 8 Klicks alle 24 Möglichkeiten für die 2 Quadrate zu markieren. Für die erste Zeile gibt es nämlich nur 6 Möglichkeiten für 2 Klicks:

Die letzten drei Varianten scheiden sofort aus, da noch ein Doppelquadrat frei ist. Würden wir die dritte Möglichkeit wählen, wäre die Zeile darunter vom vierten Typ. Also bleiben nur die ersten beiden Varianten, woraus sich sogleich das komplette Muster ergibt.
Als nächstes stellen wir fest, dass es unabhängig davon, welche konkrete Strategie Ben zur Lösung der Aufgabe wählt, stets eine Position für das Doppelquadrat gibt, für das er auch wirklich 8 Klicks benötigt, um das erste rote Quadrat zu finden. Denn angenommen, es reichen stets weniger Klicks aus, dann betrachten wir eine Position, für die k Klicks mit $k < 8$ ausreichen. Dann ist irgendwo im Gitter eine Lücke, in die ein anderes Doppelquadrat passt. Wählen wir diese Position, dann sind nach unserer Strategie die ersten k Klicks dieselben, da die Bedingungen ja identisch sind. Allerdings finden wir im k-ten Klick *kein* rotes Quadrat. Wir brauchen also mindestens $k + 1$ Klicks. So finden wir schrittweise eine Position des Doppelquadrats, bei dem wir mit einer gewählten Strategie zum Finden des ersten roten Quadrats 8 Klicks benötigen. Und dann ist das Gitter, wie wir gesehen haben, schachbrettartig markiert.
Über die Lage des zweiten roten Quadrats liefert dieses Muster allerdings keine Auskunft. Je nachdem, wo dieses sich befindet, brauchen wir 2, 3 oder 4 weitere Klicks. Die Antwortmöglichkeiten (**A**) und (**E**) scheiden jetzt bereits aus.

Wir geben nun eine Strategie an, die mit 2 weiteren, also 10 Klicks auskommt, d. h., wir beschreiben eine bestimmte Reihenfolge der Klicks im Schachbrettmuster.

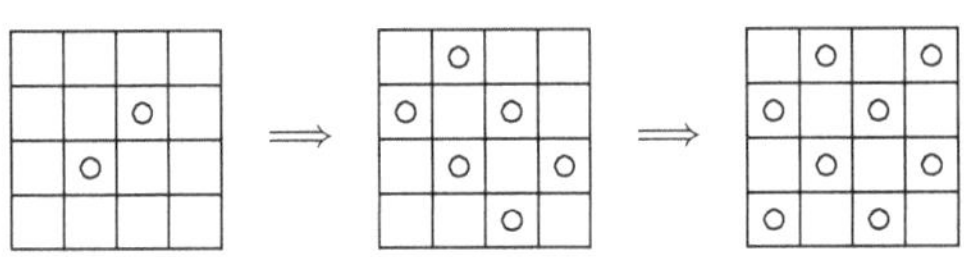

Zuerst klicken wir auf die inneren beiden markierten Quadrate. Decken wir ein rotes Quadrat auf, brauchen wir im ungünstigsten Fall weitere 4, also insgesamt höchstens 6 Klicks. Decken wir kein rotes Quadrat auf, dann klicken wir nacheinander auf *die* vier Randquadrate, die keine Ecken sind. Decken wir hier ein rotes Quadrat auf, brauchen wir zu den 6 Klicks im ungünstigsten Fall weitere 3, also insgesamt höchstens 9 Klicks. Ist auch hier kein rotes Quadrat dabei, müssen wir noch die beiden Ecken markieren. Hier finden wir nun *mit Sicherheit* ein rotes Quadrat und brauchen zu den 8 Klicks im ungünstigsten Fall weitere 2, also insgesamt 10 Klicks.

4 Geometrie

4.1 Bestimmung einer Länge

Zählen und Vergleichen

L 4.1 (A) Der Kreidestrich verläuft über alle 10 Platten. Auf der 2. bis 9. Platte ist er jeweils die halbe Länge plus die halbe Breite der Platte lang, also insgesamt $8 \cdot (15\,\text{cm} + 10\,\text{cm}) = 200\,\text{cm}$. Auf der ersten und letzten Platte ist jeweils nur die halbe Länge der Platte mit Kreide markiert, das sind $2 \cdot 15\,\text{cm} = 30\,\text{cm}$. Insgesamt ist der dicke Kreidestrich also $200\,\text{cm} + 30\,\text{cm} = 230\,\text{cm}$ lang.

Eine andere Möglichkeit, die Länge auszurechnen, besteht darin, den Kreidestrich in kurze und lange Abschnitte zu unterteilen; es gibt 5 lange und 4 kurze. Die langen Abschnitte sind so lang wie eine Platte und sind daher 30 cm lang. Die kurzen Abschnitte sind so lang wie die Breite der Platten, 20 cm. Insgesamt ergibt das eine Länge von $5 \cdot 30\,\text{cm} + 4 \cdot 20\,\text{cm} = 230\,\text{cm}$.

L 4.2 (B) Der Zeichnung ist zu entnehmen, dass das mittelgroße Quadrat die doppelte und das große Quadrat die dreifache Seitenlänge des kleinen Quadrats hat. Wir finden, dass sich die dick gezeichnete Linie aus 5-mal der Länge des kleinen Quadrats, 5-mal der Länge des mittelgroßen Quadrats und 2-mal der Länge des großen Quadrats zusammensetzt. Insgesamt erhalten wir so $5 \cdot 20\,\text{cm} + 5 \cdot 40\,\text{cm} + 2 \cdot 60\,\text{cm} = 420\,\text{cm}$. – Wir hätten ebenso die Streckenabschnitte zählen können, die so lang wie die kleinste Quadratseite sind. Das sind 21, und $21 \cdot 20\,\text{cm} = 420\,\text{cm}$.

L 4.3 (E) Die linke senkrechte Kante der Figur ist genauso lang wie die beiden anderen senkrechten Kanten zusammen. Ebenso ist die waagerechte Kante unten genauso lang wie die beiden anderen waagerechten Kanten zusammen (siehe Bild). Der Umfang der Figur ist gleich der Summe aller Kanten, also gleich

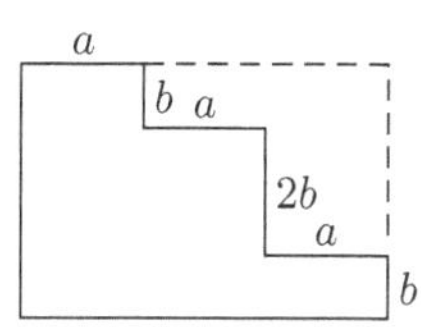

$$2 \cdot (b + 2b + b) + 2 \cdot (a + a + a) = 6a + 8b.$$

Dieser Umfang ist ebenso groß wie der des großen vervollständigten Rechtecks.

L 4.4 (C) Da die 12 gleichseitigen Dreiecke zueinander kongruent sind, sind sämtliche Dreiecksseiten gleich lang. Der Umfang des Sterns ist die Summe von 12 Seitenlängen, der Umfang des grauen Sechsecks die Summe von 6 Seitenlängen. Folglich ist der Umfang des Sechsecks halb so lang wie der des Sterns, also 18 cm, denn der Umfang des Sterns misst 36 cm.

Mit dem Satz des Pythagoras

L 4.5 (E) Wir erhalten $\triangle DCE$, indem wir $\triangle BCF$ um 90° im Uhrzeigersinn um den Quadrateckpunkt C drehen. Folglich ist EF die Hypotenuse im gleichschenklig-rechtwinkligen Dreieck $\triangle EFC$ und hat nach dem Satz des Pythagoras die Länge $\sqrt{1^2+1^2}=\sqrt{2}$. – Wer die Drehung um C nicht bemerkt, kann auch auf folgendem Wege zum Ziel kommen: Die Dreiecke $\triangle BCF$ und $\triangle DCE$ sind gleichseitig, folglich messen alle Innenwinkel 60°. Da $ABCD$ ein Quadrat ist, ist $\measuredangle DCB = 90°$. Daraus ergibt sich $\measuredangle DCF = 90° - 60° = 30°$, woraus folgt, dass $\measuredangle ECF = 60° + 30° = 90°$ ist. Da $\overline{EC} = \overline{FC}$ ist, ist $\triangle EFC$ ein gleichschenklig-rechtwinkliges Dreieck, und für $\overline{EC}$ als Hypotenuse folgt $\overline{EF} = \sqrt{1^2+1^2} = \sqrt{2}$.

L 4.6 (B) Wegen der Symmetrie der Figur, die dadurch entsteht, dass der Puck stets mit dem Winkel reflektiert wird, mit dem er auftrifft, ist die gesuchte Länge genau das Sechsfache von $\overline{AX}$. Nach dem Satz des Pythagoras ist $\overline{AX} = \sqrt{10^2+15^2} = \sqrt{5^2(2^2+3^2)} = 5\sqrt{13}$. Für den gesamten Puck-Weg ergibt das $6 \cdot 5\sqrt{13}\,\text{m} = 30\sqrt{13}\,\text{m}$.

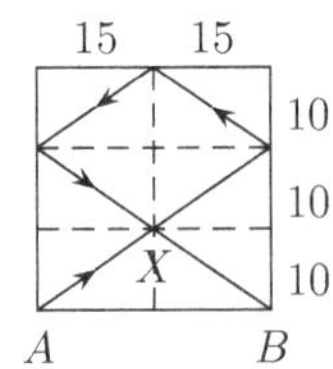

L 4.7 (E) Die Diagonale des Quadrates setzt sich zusammen aus dem Radius des großen Kreises, dem Radius r des kleinen Kreises und dem Abstand des Mittelpunktes des kleinen Kreises von der rechten oberen Ecke. Die Länge der Diagonale des Quadrates kann mithilfe des Satzes des Pythagoras bestimmt werden, sie ist $\sqrt{1^2+1^2}=\sqrt{2}$. Mit einer völlig analogen Rechnung finden wir für den Abstand des Mittelpunktes des kleinen Kreises zum rechten oberen Eckpunkt $r\sqrt{2}$. Jetzt können wir den Radius des kleinen Kreises aus der Gleichung $\sqrt{2} = 1 + r + r\sqrt{2}$ bestimmen. Lösen wir nach r auf, erhalten wir

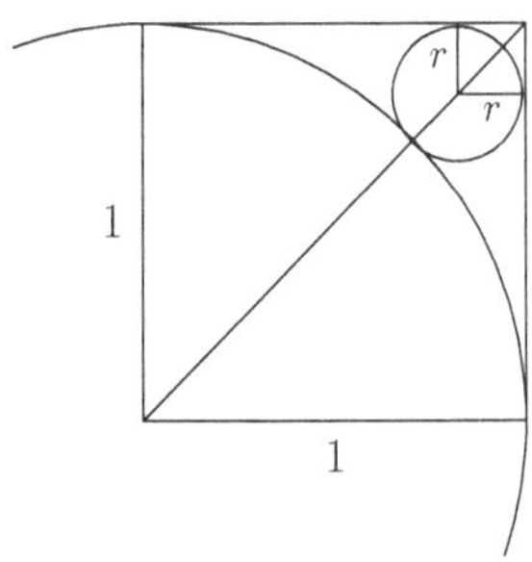

$$r = \frac{\sqrt{2}-1}{\sqrt{2}+1} = \frac{(\sqrt{2}-1)^2}{(\sqrt{2}+1)(\sqrt{2}-1)} = \frac{(\sqrt{2}-1)^2}{(\sqrt{2}^2-1^2)} = (\sqrt{2}-1)^2 = 3-2\sqrt{2}.$$

L 4.8 (E) Es sei die Länge der Quadratseite 1, dann ist die des Dreiecks $\frac{4}{3}$. Die Dreieckshöhe h ist nach dem Satz des Pythagoras $h = \sqrt{\left(\frac{4}{3}\right)^2 - \left(\frac{4}{6}\right)^2} = \frac{2\sqrt{3}}{3}$.

Nach der bekannten Flächeninhaltsformel ist $A_\triangle = \frac{1}{2} \cdot \frac{4}{3} \cdot \frac{2\sqrt{3}}{3} = \frac{4\sqrt{3}}{9}$. Das ist auch das gesuchte Verhältnis, da der Flächeninhalt des Quadrats 1 ist.

Jede Aufgabe braucht eine spezielle Lösungsidee

L 4.9 (**D**) Wir bezeichnen mit a die Länge der längeren, mit b die der kürzeren Seite des Rechtecks. Offenbar habe ich bei der größeren Summe die beiden längeren zur kürzeren addiert, also $2a + b$, bei der kleineren Summe die beiden kürzeren Seiten zur längeren, also $a+2b$. Addiere ich beide Summen, so erhalte ich $3a+3b = 20 + 22 = 42$. Also ist $a + b = 14$ und der Umfang $u = 2a + 2b = 2 \cdot 14 = 28$.

L 4.10 (**C**) Da der Umfang aller drei gewählten Figuren gleich ist, können wir Schritt für Schritt die Fensterhöhe errechnen. Der Umfang ist die vierfache Länge der Quadratseite, also 36 m. Folglich ist die Länge einer Dreiecksseite des gleichseitigen Dreiecks 36 m : 3 = 12 m. Das rechteckige Fenster ist so lang wie eine Dreiecksseite, und da der Umfang gleich dem des Dreiecks ist, beträgt die Höhe die halbe Dreiecksseite, also beachtliche 6 m.

L 4.11 (**C**) Da das rechteckige Mosaik 12 cm hoch ist, ist es $360\,\text{cm}^2 : 12\,\text{cm} = 30\,\text{cm}$ breit. Da das Mosaik 5 Quadrat-Teile breit ist, beträgt die Seitenlänge jedes einzelnen Quadrat-Teils $30\,\text{cm} : 5 = 6\,\text{cm}$.

L 4.12 (**C**) Es sei a die Seitenlänge des Quadrats. Wenn wir nun die Umfänge der Rechtecke addieren, zählen wir jede Rechtecksseite *im Inneren* des Quadrats zweimal. Die Summe der Umfänge aller Rechtecke zu bilden, heißt also: Die senkrechten Seiten des Quadrats je einmal und die mittlere senkrechte Linie zweimal zu zählen; das sind $4a$. Von den waagerechten Linien zählen wir die des Quadrats je einmal, die inneren waagerechten Strecken je zweimal, das sind $2a + 6a$. Die genaue Lage der waagerechten Strecken ist nicht von Bedeutung, wichtig ist nur, dass es genauso viele (nämlich 3) waagerechte Linien links von der senkrechten inneren Strecke wie rechts davon gibt. Also ist die Summe der Umfänge $120\,\text{cm} = 4a + 2a + 6a = 12a$, bzw. $a = 10\,\text{cm}$. Der Flächeninhalt des Quadrats ist folglich $a^2 = 100\,\text{cm}^2$.

L 4.13 (**B**) Wir bezeichnen die Punkte der gegebenen Figur wie im Bild. Bei der Drehung gehen A in A', B in B' und G in G' über. Dabei gilt $x = \overline{A'G'} = \overline{A'B'} + \overline{DE} = \overline{AB} + \overline{DE}$. Nach Voraussetzung ist $\overline{DE} = 13$. Weiter ist $\overline{AB} = 11 + 13 = 24$. Also ist $24 + 13 = 37$ die gesuchte Länge der Seite x.

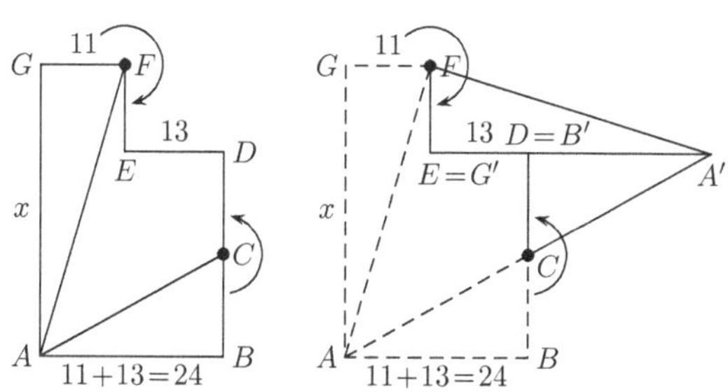

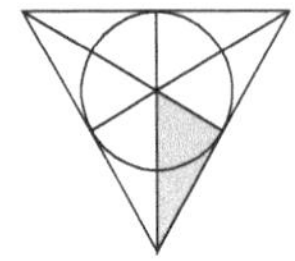

L 4.14 (**D**) Wenn die Seitenansicht des Lochs ein gleichseitiges Dreieck ist, dann ist die Seitenansicht der Kugel der Inkreis dieses Dreiecks. Der Inkreismittelpunkt ist der Schnittpunkt der Winkelhalbierenden, die in diesem Fall gleichzeitig die Seitenhalbierenden sind. Die Tiefe des Lochs ist somit gleich der Länge der Seitenhalbierenden. Wer weiß, dass sich die Seitenhalbierenden in jedem Dreieck im Verhältnis $2:1$ teilen, kann sofort schließen, dass hier die Seitenhalbierende dreimal so lang wie der Inkreisradius ist, also $3 \cdot 15\,\text{cm} = 45\,\text{cm}$. – Ein anderer Lösungsweg verwendet eine Zerlegung: Jedes der 6 Teildreiecke, in die die drei Seitenhalbierenden das gleichseitige Dreieck zerlegen (eines ist im Bild grau hervorgehoben), ist die Hälfte eines gleichseitigen Dreiecks – das ergibt sich aus den Winkelverhältnissen. Die längste Seite eines solchen Teildreiecks ist also doppelt so lang wie die kürzeste Seite, deren Länge gleich dem Inkreisradius ist. Die Länge der Seitenhalbierenden setzt sich also aus dem einfachen und dem doppelten Inkreisradius zusammen, beträgt also $3 \cdot 15\,\text{cm} = 45\,\text{cm}$.

L 4.15 (**A**) Da $\triangle BCX$ rechtwinklig ist, liegt X auf dem Thaleskreis über dem Durchmesser BC mit dem Mittelpunkt im Mittelpunkt M der Trapezseite $\overline{BC}$. Dann ist $\overline{MB} = \overline{MC} = \overline{MX} = 1$. Da im Trapez die Länge der Mittellinie $\overline{MX}$ gleich dem arithmetischen Mittel der Längen der beiden parallelen Trapezseiten ist, gilt $\overline{AB} + \overline{CD} = 2 \cdot \overline{MX} = 2$. Damit finden wir für den Umfang des Trapezes $\overline{AB} + \overline{BM} + \overline{MC} + \overline{CD} + \overline{DX} + \overline{XA} = 6$.

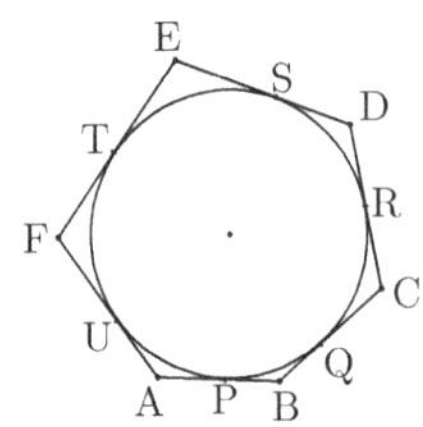

L 4.16 (**B**) Es seien P, Q, R, S, T, U die Berührungspunkte der Seiten AB, BC, CD, DE, EF bzw. FA mit dem Kreis. Von jedem der Eckpunkte des Sechsecks gehen Tangenten an den Kreis, wobei die Strecken von diesem Eckpunkt bis zu den beiden Berührungspunkten jeweils gleich lang sind. So ist $\overline{AP} = \overline{AU}, \overline{BP} = \overline{BQ}, \overline{CQ} = \overline{CR}, \overline{DR} = \overline{DS}, \overline{ES} = \overline{ET}, \overline{FT} = \overline{FU}$. Folglich ist

$$\begin{aligned}
\overline{FA} &= \overline{AU} + \overline{FU} = \overline{AP} + \overline{FT} \\
&= (\overline{AB} - \overline{BP}) + (\overline{EF} - \overline{ET}) = \overline{AB} - \overline{BQ} + \overline{EF} - \overline{ES} \\
&= \overline{AB} - (\overline{BC} - \overline{CQ}) + \overline{EF} - (\overline{DE} - \overline{DS}) \\
&= \overline{AB} - \overline{BC} + \overline{CR} + \overline{EF} - \overline{DE} + \overline{DR} \\
&= \overline{AB} - \overline{BC} + (\overline{CR} + \overline{DR}) - \overline{DE} + \overline{EF} \\
&= \overline{AB} - \overline{BC} + \overline{CD} - \overline{DE} + \overline{EF}\,.
\end{aligned}$$

Damit ist $\overline{FA} = 4 - 5 + 6 - 7 + 8 = 6$ und (**B**) die Lösung. Wenn wir Anfang und Ende der Rechnung vergleichen, sehen wir: Für *jedes* Tangentensechseck gilt $\overline{AB} - \overline{BC} + \overline{CD} - \overline{DE} + \overline{EF} - \overline{FA} = 0$.

L 4.17 (B) Ein genauer Blick auf die Zeichnung lässt vermuten, dass die gestrichelten Kreisbogenabschnitte im Inneren des Dreiecks genauso lang wie die durchgezogenen Abschnitte außerhalb des Dreiecks sind. Wir beweisen diese Vermutung, indem wir rückwärts arbeiten:

Gegeben sei ein gleichseitiges Dreieck der Seitenlänge 3. Wir dritteln die Seiten und verbinden die Teilungspunkte wie in der Abbildung. Dabei wird das Ausgangsdreieck in kongruente gleichseitige Dreiecke zerlegt. Das entstehende Sechseck ist somit regelmäßig. Sein Umkreis, dessen Mittelpunkt aus Symmetriegründen der Schwerpunkt des Ausgangsdreiecks ist, hat den Radius 1, und ist folglich der in der Aufgabe gegebene Kreis. Damit ist unsere Vermutung bewiesen.

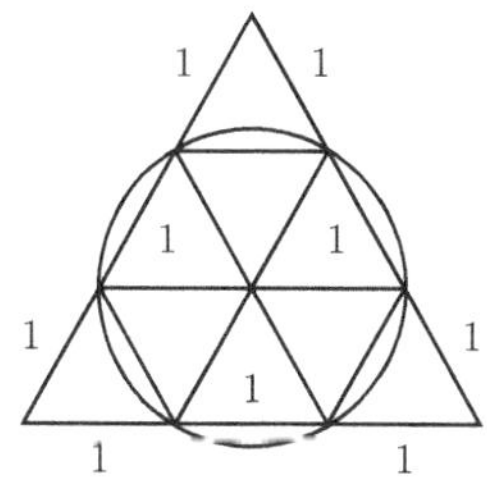

Und der gesuchte Umfang u der Figur besteht aus 6 Seitendritteln des Dreiecks und einem halben Kreisumfang, d. h. $u = 6 + \frac{1}{2} \cdot 2\pi \cdot 1 = 6 + \pi$.

L 4.18 (A) Bezeichnen wir die Strecke $\overline{MQ}$ mit x, so gilt für die gesuchte Größe $\overline{ML} = 8+x$. Um x zu berechnen, fällen wir zunächst von N aus das Lot auf die Rechtecksseiten $\overline{JM}$ bzw. $\overline{KL}$ und bezeichnen die Lotfußpunkte mit A bzw. B. Als halbierter rechter Winkel ist $\measuredangle AJN = 45°$, was demzufolge auch auf $\measuredangle JNA$ zutrifft.

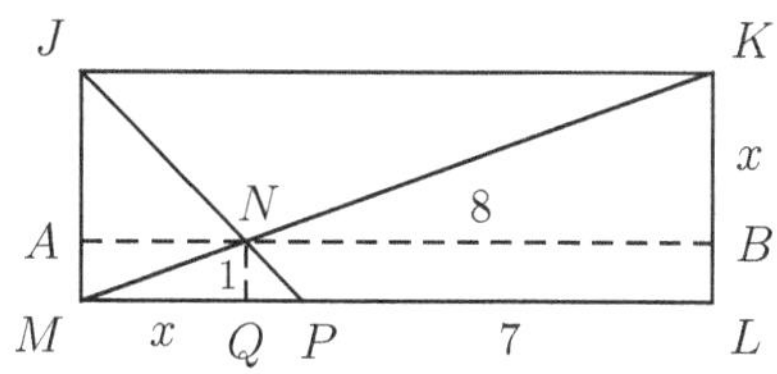

Somit folgt nun $\overline{JA} = \overline{AN} = \overline{KB} = \overline{MQ} = x$. Die Dreiecke MQN und NBK sind offenbar zueinander ähnlich, und so gilt nach dem Strahlensatz $\frac{\overline{BK}}{\overline{NB}} = \frac{\overline{NQ}}{\overline{MQ}}$. Drücken wir die Strecken in dieser Gleichung mithilfe von x und den gegebenen Größen aus, so erhalten wir $\frac{x}{8} = \frac{1}{x}$, woraus unmittelbar $x = \sqrt{8} = 2\sqrt{2}$ folgt. Für die Länge von $\overline{ML}$ finden wir damit $\overline{ML} = 8 + 2\sqrt{2}$.

4.2 Berechnung von Winkeln

L 4.19 (B) Im Dreieck PSR, das wegen $\overline{RP} = \overline{RS}$ gleichschenklig ist, rechnen wir die Größe der Basiswinkel aus: $(180° - 12°) : 2 = 84°$. Dabei haben wir benutzt, dass die Winkelsumme im Dreieck 180° beträgt. Der Winkel $\measuredangle RSP$ ist Außenwinkel des wegen $\overline{RS} = \overline{SQ}$ ebenfalls gleichschenkligen Dreiecks SQR. Da der Außenwinkel stets gleich der Summe der beiden gegenüberliegenden Winkel ist, finden wir unmittelbar für die Größe des Basiswinkels $\measuredangle SRQ$: $84° : 2 = 42°$.

L 4.20 (**E**) Da M Mittelpunkt der Hypotenuse des rechtwinkligen Dreiecks $\triangle ABC$ ist, befindet sich C auf dem Thaleskreis über AB mit Mittelpunkt M. Es ist $\overline{AM} = \overline{CM}$. Folglich ist das Dreieck $\triangle CAM$ gleichschenklig und, da einer seiner Winkel, nämlich $\measuredangle BAC = 60°$ ist, sogar gleichseitig. Der gesuchte Winkel $\measuredangle BMC$ ist als Außenwinkel dieses Dreiecks 120° groß.

L 4.21 (**C**) Stumpfwinklige Dreiecke sind dadurch charakterisiert, dass sie einen stumpfen Winkel haben, d. h. einen Winkel, der größer als 90° und kleiner als 180° ist. Da die Winkelsumme im Dreieck 180° beträgt, müssen die anderen beiden Winkel kleiner als 90° Grad, also spitze Winkel sein. Folglich gibt es in 5 Dreiecken 10 spitze Winkel.

L 4.22 (**C**) Da die Innenwinkelsumme im Dreieck 180° ist, beträgt der Innenwinkel bei D gerade $180° - 65° - 50° = 65°$. Das Dreieck ADC ist folglich gleichschenklig mit Basis CD, also $\overline{AD} = \overline{AC}$, woraus nach Aufgabenstellung $\overline{AC} = \overline{BC}$ folgt. Damit ist auch das Dreieck ABC gleichschenklig mit Basis AB. Die Winkel bei A und B sind daher gleich groß, und der gesuchte Winkel bei B ist gleich $(180° - 70°) : 2 = 55°$.

L 4.23 (**C**) Schauen wir uns die Winkelgrößen aufmerksam an, so fällt zuerst auf, dass der stumpfe 120°-Winkel und der 80°-Winkel nicht zum selben Dreieck gehören können, da ihre Summe größer als 180° ist. Folglich gehört der 80°-Winkel zum spitzwinkligen Dreieck. Dann kann aber der Winkel von 10° nicht zu dem spitzwinkligen Dreieck gehören, denn der dritte Winkel in diesem Dreieck wäre $180° - 80° - 10° = 90°$ groß, es würde also ein rechtwinkliges Dreieck sein. Da $120° + 10° + 55° > 180°$ ist, muss der 55°-Winkel zu dem spitzwinkligen Dreieck gehören. Der dritte Winkel in diesem Dreieck ist $180° - 80° - 55° = 45°$ groß, und damit der kleinste im spitzwinkligen Dreieck.

L 4.24 (**B**) Wir stellen uns vor, dass die Punkte, in die Q bzw. P bei der Wischerbewegung übergehen, mit R bzw. S bezeichnet sind. Dann ist $\overline{OR}$ Radius des Kreises um O und steht damit auf der Tangente in R senkrecht. Der Winkel β ist also die Summe dieses rechten Winkels und $\measuredangle ORS$. Das Dreieck OSR ist nach Voraussetzung gleichschenklig, und daher $\measuredangle ORS = \frac{1}{2}(\pi - \alpha)$. Daraus folgt, dass $\beta = \frac{\pi}{2} + \frac{1}{2}(\pi - \alpha) = \pi - \frac{\alpha}{2}$ ist.

L 4.25 (**E**) Aufgrund der Symmetrie des Neunecks entsteht ein gleichseitiges Dreieck, wenn die Schenkel des Winkels bis zum Schnitt mit der Gerade verlängert werden, die durch die dem Scheitelpunkt X gegenüberliegende Neunecksseite verläuft. Folglich ist der gesuchte Winkel 60° groß.

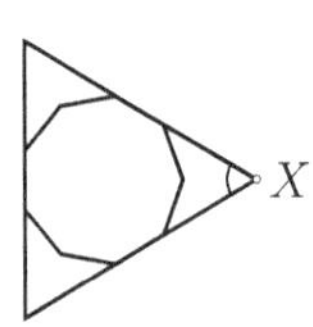

L 4.26 (**A**) Da die Winkelsumme im Dreieck $180°$ beträgt, ist die Summe der beiden dem $68°$-Winkel gegenüberliegenden Winkel $180° - 68° = 112°$. Die Summe der beiden halben Winkel, die dem gesuchten Winkel gegenüberliegen, ist damit $112° : 2 = 56°$, und folglich ist der gesuchte Winkel $180° - 56° = 124°$.

L 4.27 (**B**) Dass 2 nicht Lösung ist, ist schnell zu sehen. Betrachtet man nämlich die 4 Winkel in T und in Z, so müssen darunter mindestens 2 verschiedene sein, da es sonst lauter rechte Winkel wären, was $T = Z$ zur Folge hätte. Neben den Winkeln α und β muss dann noch mindestens ein dritter sein, da α und β nicht mit den Winkeln in T identisch sein können. Finden wir nun ein Dreieck, in dem es unter den 9 Winkeln nur genau 3 verschiedene gibt, ist 3 die Lösung. Dies lässt sich mithilfe von Gleichungssystemen finden, die sich aus den Winkelsummen der Dreiecke ergeben. Einfacher ist es allerdings, wenn man etwas über das goldene Dreieck weiß. Dies ist das gleichschenklige Dreieck mit den Innenwinkeln $36°$, $72°$ und $72°$. Ein solches Dreieck hat Seitenlängen im Verhältnis $\varphi : 1$, also im Verhältnis des Goldenen Schnitts. Der Goldene Schnitt hat zur Folge, dass das Dreieck ähnlich zu dem Dreieck ist, das man durch Halbieren eines Basiswinkels erhält. Wählt man also das Dreieck WXY als Goldenes Dreieck mit $\zeta = 36°$, so sind, sofern man die Punkte Z und dann T geeignet wählt, XZW und ZTX ebenfalls goldene Dreiecke. In diesem Fall erhalten wir mit den Bezeichnungen aus der Zeichnung in der Aufgabe $\alpha = \beta = \delta = \theta = \zeta = 36°$, $\eta = \iota = 72°$ und $\gamma = \epsilon = 108°$, und es gibt tatsächlich genau drei verschiedene Winkel.

L 4.28 (**C**) Wir tragen in jedem der vier Bilder die uns bekannten Winkel ein:

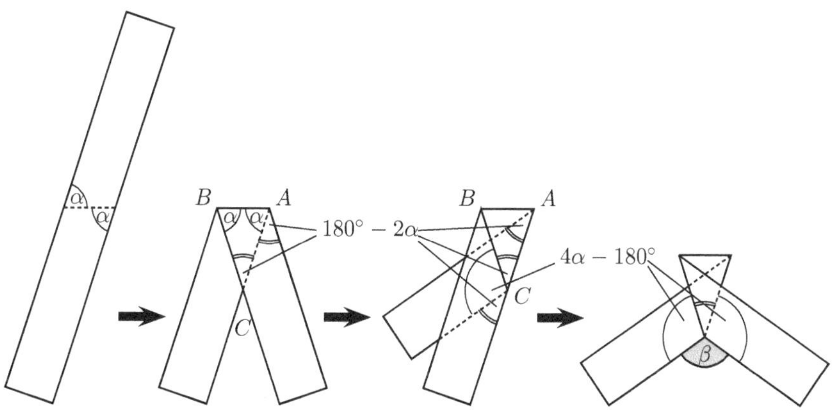

Im Bild 1 haben wir neben dem bekannten Winkel α seinen Wechselwinkel eingetragen. Im Bild 2 sehen wir den Streifen nach dem 1. Falten. Der im Bild 1 eingezeichnete Wechselwinkel ist ebenso wie der gegebene Winkel Innenwinkel des von den Kanten des Streifens gebildeten Dreiecks ABC, das demnach gleichschenklig mit Basis AB ist. Der dritte Innenwinkel von $\triangle ABC$ misst $180° - 2\alpha$.

Dies ist auch die Größe des Wechselwinkels zu diesem Winkel bei A. Das Ergebnis des 2. Faltens ist in Bild 3 dargestellt. Gefaltet wird um $180° - 2\alpha$, und dieser Winkel tritt als Stufenwinkel auch bei C auf. Der dritte Winkel bei C ist der Ergänzungswinkel zu $180°$ und beträgt $180° - (2 \cdot (180° - 2\alpha)) = 4\alpha - 180°$. Beim 3. Falten entsteht schließlich der gesuchte Winkel β.
Es ist $\beta = 360° - 2 \cdot (4\alpha - 180°) - (180° - 2\alpha) = 540° - 6\alpha = 120°$.

L 4.29 (**B**) Legen wir eine Parallele zu den kürzeren Rechtecksseiten durch den Scheitel des 112°-Winkels, dann entstehen dabei die Winkel δ und ε (siehe Bild). Die Schenkel von δ und vom 47°-Winkel sind zueinander parallel, also $\delta = 47°$. Analog sind auch die Schenkel des gesuchten Winkels γ und von ε zueinander parallel, also ist $\varepsilon = \gamma$. Folglich gilt für den Vollwinkel am Berührungspunkt der beiden Quadrate $360° = 112° + 90° + \gamma + 47° + 90° = 339° + \gamma$ bzw. $\gamma = 21°$. – Wir können γ ebenso aus der Winkelsumme des dick umrandeten Siebenecks bestimmen. Die Innenwinkelsumme im n-Eck beträgt $(n-2) \cdot 180°$, also die des Siebenecks $5 \cdot 180° = 900°$. Wir rechnen $900° = 2 \cdot 90° + 2 \cdot 270° + 47° + 112° + \gamma$, woraus wieder $\gamma = 21°$ folgt.

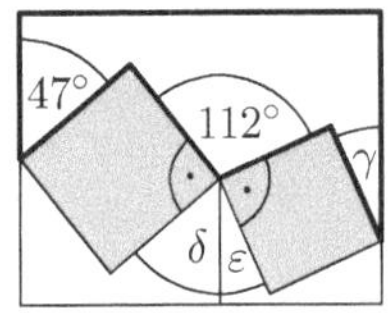

L 4.30 (**C**) Das Dreieck ABC ist gleichschenklig mit Basis $\overline{BC}$, folglich ist $\measuredangle ACB = \measuredangle CBA = 75°$. Nun finden wir die Winkel $\measuredangle BAC = 180° - 2 \cdot 75° = 30°$ und $\measuredangle CAD = 80° - 30° = 50°$. Im Dreieck ACD ist dann $\measuredangle DCA = 180° - 50° - 65° = 65°$. Also ist das Dreieck ACD gleichschenklig und ebenso wegen $\overline{AD} = \overline{AC} = \overline{AB}$ das Dreieck ABD. Dann folgt für den Basiswinkel $\measuredangle ADB = (180° - 80°) : 2 = 50°$, und der gesuchte Winkel ist $\measuredangle BDC = 65° - 50° = 15°$.

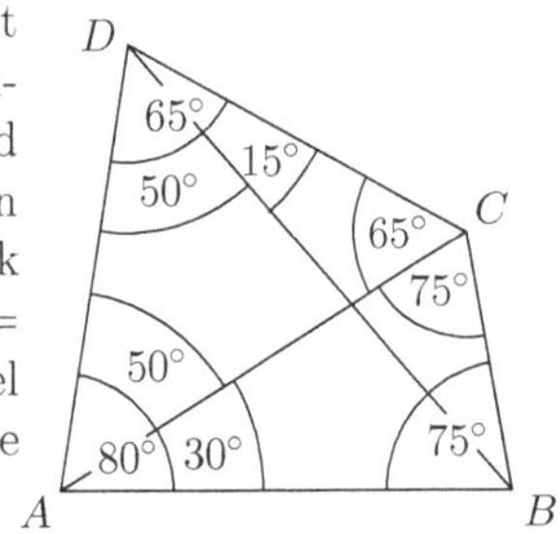

4.3 Flächeninhalt und Volumen

Zählen und Vergleichen

L 4.31 (**B**) Die Figuren (**A**) und (**E**) können aus Figur (**B**) entstehen, indem 4 bzw. 2 Spitzen abgeschnitten werden. Sie sind also kleiner als Figur (**B**). Nun schneiden wir bei Figur (**B**) die grau gezeichneten Ecken ab und legen sie nach links bzw. rechts, wie im Bild zu sehen. Der Flächeninhalt bleibt dabei gleich, und wir erkennen, dass (**B**) viel größer ist als (**C**) bzw. (**D**). Figur (**B**) hat also die größte Fläche.

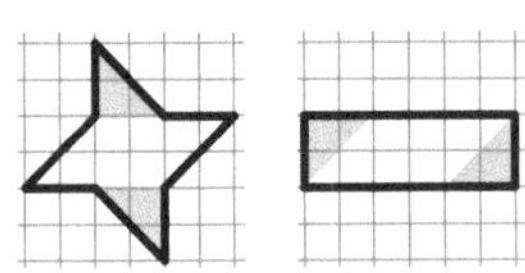

L 4.32 (A) Der Streifen, den Leon bekommt, besteht aus 5 Stücken, die Schokoladentafel hat also 5 Stücke in der Breite. Nach dem Abbrechen dieses einen Streifens ist der Streifen, den Hanna bekommt, 7 Stückchen lang. Die komplette Tafel war demzufolge 8 Stückchen lang. Damit ergibt sich, dass die komplette Tafel aus $5 \cdot 8 = 40$ Stückchen bestand. Davon sind nach der Vergabe von $5 + 7 = 12$ Stücken noch $40 - 12 = 28$ übrig. – Eine andere Herangehensweise ist es, die Anzahl der Reststücke direkt auszurechnen: Der Teil der Tafel, den Eva übrig behält, ist so lang wie Hannas Streifen, also 7 Stücke. Die Breite des Restes ist ein Stückchen kürzer als Leons Streifen, also 4 Stücke. Die Resttafel hat also $7 \cdot 4 = 28$ Stücke.

L 4.33 (B) Nach dem Zusammenfügen der vier Würfel gehören von jedem dieser Würfel vier seiner sechs Seitenflächen zur Oberfläche des Quaders, nehmen also zwei Drittel dieser Oberfläche ein. Folglich ist der Oberflächeninhalt des Quaders $\frac{2}{3} \cdot 4 \cdot 24\,\text{cm}^2 = 64\,\text{cm}^2$. – Natürlich ist es hier auch gut möglich, den gesuchten Flächeninhalt „auszuzählen“: Eine Würfelseite hat einen Flächeninhalt von $4\,\text{cm}^2$, die Quaderoberfläche wird von 16 solcher Würfelseiten gebildet. Also ist der gesuchte Flächeninhalt $16 \cdot 4\,\text{cm}^2 = 64\,\text{cm}^2$.

L 4.34 (C) Von den 36 Würfeln der Mauer umrahmen 32 das auszufüllende quadratische Spielfeld, denn 4 Würfel sind in den Ecken und tragen nicht zum Rand dieses Feldes bei. Folglich hat eine Seite des Spielfelds eine Seitenlänge von $32 : 4 = 8$ kleinen Würfeln. Es passen also $8 \cdot 8 = 64$ Würfel in das quadratische Spielfeld.

L 4.35 (D) Das Teilquadrat in der Mitte des großen Quadrates hat ein Neuntel der Fläche des großen Quadrates. Dieses Neuntel ist in vier Viertel geteilt. Das Viertel mit dem kleinen schwarzen Quadrat ist seinerseits in 25 Teile geteilt. Wir fügen die Informationen in einer Rechnung zusammen: Der Anteil des Flächeninhalts des kleinen schwarzen Quadrates am Flächeninhalt des großen Quadrates beträgt $\frac{1}{9} \cdot \frac{1}{4} \cdot \frac{1}{25} = \frac{1}{900}$.

L 4.36 (C) Der gesuchte Flächeninhalt ist die Summe der Flächeninhalte der vier grauen Dreiecke (siehe Bild). Da die längste Seite eines solchen Dreiecks genauso lang ist wie die Diagonale des kleinsten Quadrats, lassen sich zwei dieser Dreiecke zu einem Quadrat zusammensetzen, das den Flächeninhalt des kleinsten Quadrats hat. Damit ist der Flächeninhalt der grauen Fläche $2 \cdot 6\,\text{cm}^2 = 12\,\text{cm}^2$.

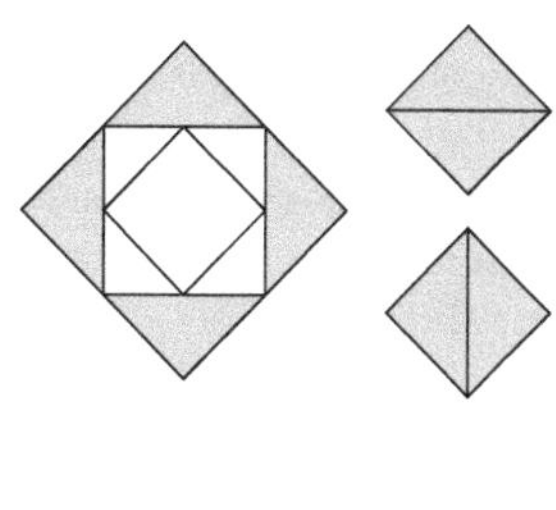

L 4.37 (A) Bei jedem Quader sind nach dem Zersägen drei Seitenflächen gestrichen und jede einer gestrichenen Seitenfläche gegenüberliegende Seitenfläche ist ohne Farbe. Weil gegenüberliegende Seitenflächen eines Quaders denselben Flächeninhalt haben, ist genau die Hälfte jeder Quaderoberfläche gestrichen, also muss die andere Hälfte noch gestrichen werden. – Zum selben Ergebnis können wir auch auf folgende Weise gelangen: Jeder der Schnitte, die Elli führt, verläuft parallel zu zwei der Seitenflächen des Würfels, da sie ja Quader erhält. Die beiden zu streichenden Flächen, die dabei entstehen, sind jeweils so groß wie eine Würfelseitenfläche. Bei den drei Schnitten entstehen 6 solche Flächen, also noch einmal so viel, wie sie bereits gestrichen hat. Dann hat sie folglich die Hälfte der Gesamtoberfläche der Quader noch zu streichen.

L 4.38 (A) Der große Würfel hat die Abmessungen $3 \times 3 \times 3$. Die Kanten des großen Würfels sind also 3-mal so lang wie die der kleinen Würfel. Daraus folgt, dass die Oberfläche des großen Würfels 3^2-mal so groß ist wie die der kleinen Würfel (das Volumen wäre 3^3-mal so groß). Für den Oberflächeninhalt des großen Würfels erhalten wir also $3^2 \cdot 24\,\text{cm}^2 = 216\,\text{cm}^2$.
Zum selben Ziel gelangen wir, wenn wir den Flächeninhalt einer Seitenfläche eines kleinen Würfels ausrechnen und die Oberfläche des großen Würfels auszählen.

L 4.39 (A) Der Flächeninhalt der Oberfläche des gesamten Würfels beträgt $6 \cdot 100\,\text{cm}^2 = 600\,\text{cm}^2$. Auf jeder Seitenfläche sind, wie rechts zu sehen ist, ein ganzes Quadrat und vier halbe, also insgesamt drei Quadrate schwarz. Die weiße Fläche setzt sich aus vier ganzen und vier Viertel-Quadraten, also fünf Quadraten gleicher Größe zusammen. Die schwarze Fläche verhält sich also zur weißen Fläche wie $3 : 5$. Die gesamte schwarze Fläche beträgt also $600 \cdot \dfrac{3}{3+5} = 225\,\text{cm}^2$.

L 4.40 (C) Diese und die folgende Aufgabe sind inhaltlich gleich. Wir wollen jedoch in zwei unterschiedlichen Lösungswegen zeigen, dass es sich lohnt, genauer hinzuschauen. Der zweite Lösungsweg, mit dem wir die nächste Aufgabe angehen, ist auch für die hier vorliegende geeignet, ist also allgemeiner Art. Der jetzt aufgezeigte nutzt die spezielle Lage des Dreiecks ABC, ist eleganter, jedoch nicht in jedem Fall so einfach anwendbar.

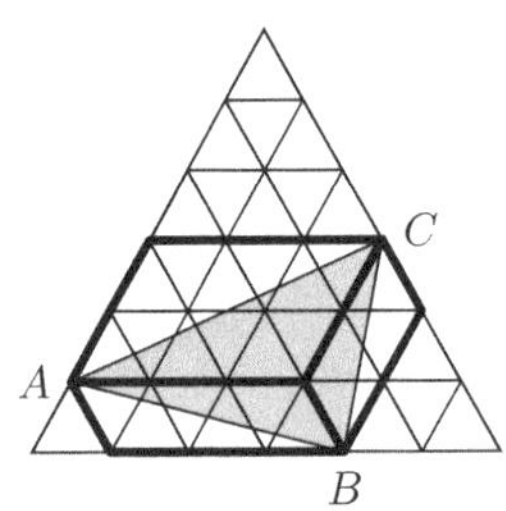

Nun also die geschickte Flächenzerlegung: Im Bild rechts sind drei Parallelogramme dick umrandet, die jeweils aus einer weißen und einer grauen *Hälfte* bestehen, da die Seiten des Dreiecks ABC gleichzeitig Diagonalen der Parallelogramme sind. Die Parallelogramme bestehen aus $12 + 6 + 4 = 22$ kleinen Dreiecken. Also hat das Dreieck ABC den Flächeninhalt $11\,\text{cm}^2$.

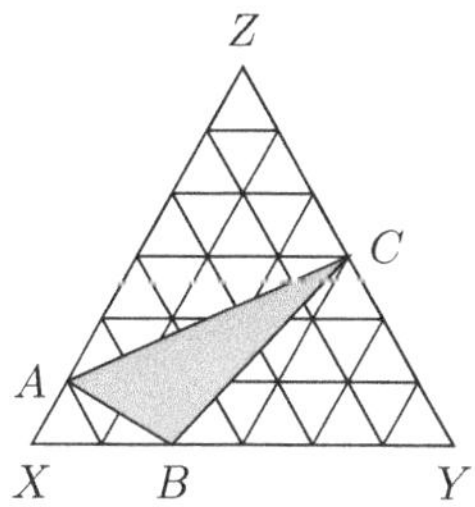

L 4.41 (A) Wir bestimmen den Inhalt des grauen Dreiecks, indem wir die Flächeninhalte der 3 weißen Dreiecke XBA, BYC und ACZ ermitteln und vom Flächeninhalt des großen Dreiecks XYZ abziehen. Wir bezeichnen die Seitenlänge eines kleinen Dreiecks mit a, seine Höhe mit h. Der Flächeninhalt von $\triangle XYZ$ ist dann $\frac{1}{2}6a \cdot 6h$. Um den Flächeninhalt des grauen Dreiecks zu errechnen, subtrahieren wir vom Flächeninhalt der Gesamtfläche die Flächeninhalte der Dreiecke XBA, BYC und ZAC. Die Grundlinie von XBA ist $2a$ lang, die Höhe dieses Dreiecks beträgt h. Im Dreieck BYC ist die Grundlinie $4a$ lang, die Höhe beträgt $3h$, und im Dreieck ZAC schließlich ist die Grundlinie $5a$ lang, die Höhe $3h$. Dann erhalten wir den gesuchten Flächeninhalt der grauen Dreiecksfläche als

$$\frac{1}{2}(6a \cdot 6h - 2a \cdot 1h - 4a \cdot 3h - 5a \cdot 3h) = \frac{1}{2}a \cdot h \cdot (36 - 2 - 12 - 15) = \frac{1}{2}a \cdot h \cdot 7.$$

Da der Flächeninhalt eines kleinen Dreiecks $\frac{1}{2}a \cdot h = 1\,\text{cm}^2$ ist, ist der gesuchte Flächeninhalt $7\,\text{cm}^2$.

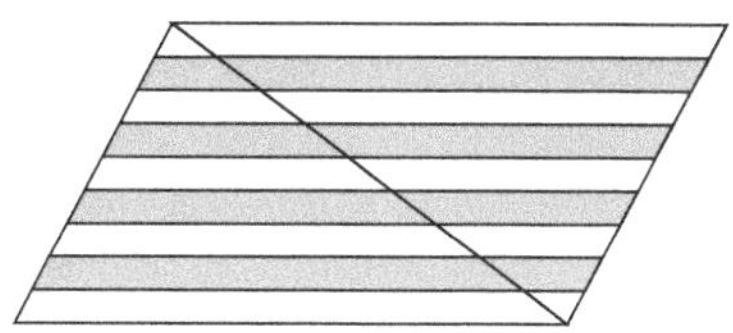

L 4.42 (E) Wir ergänzen das Dreieck durch Hinzufügen des um 180° gedrehten Dreiecks zu einem Parallelogramm. Am gesuchten *Verhältnis* grau zu weiß ändert sich durch die Verdopplung der Fläche nichts. In dem Parallelogramm sind 4 graue und 5 weiße zueinander kongruente Streifen. Der Flächeninhalt der grauen Streifen beträgt $\frac{4}{4+5} = \frac{4}{9}$ des Inhalts der Gesamtfläche.

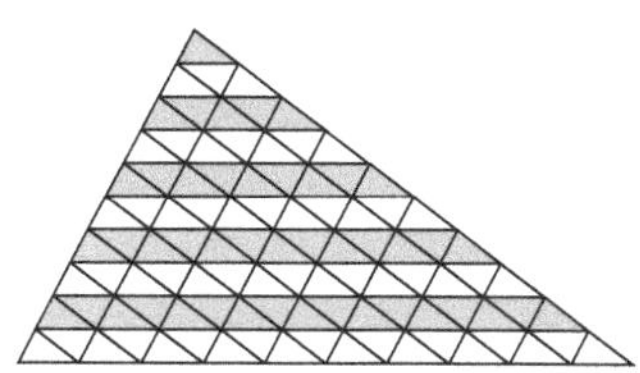

L 4.43 (C) Diese Aufgabe ähnelt der vorigen. Da jedoch die Anzahl der Streifen hier eine gerade ist, lässt sich der raffinierte Drehungsgedanke nicht anwenden. Wir gehen also zur Lösung anders vor: Wie in der Abbildung rechts zerlegen wir die Fläche in kleine Dreiecke, die zueinander und zu dem kleinen grauen in der Spitze des Ausgangsdreiecks befindlichen Dreieck kongruent sind. Dessen Flächeninhalt sei D. Der Flächeninhalt des obersten weißen Streifens ist dann $3D$, der des folgenden grauen Streifens $5D$, usw. Der Flächeninhalt des 10. Streifens ist $(2 \cdot 10 - 1) \cdot D = 19 \cdot D$. Für die gesamte Dreiecksfläche ergibt sich $(1+3+5+\ldots+19) \cdot D = 100D$. Davon enthalten die grauen Streifen $1 + 5 + 9 + 13 + 17 = 45$ der kongruenten Teildreiecke. Folglich beträgt der Anteil der Fläche der 5 grauen Streifen an der Gesamtfläche 45 %.

Flächenberechnung mithilfe rechtwinkliger Dreiecke

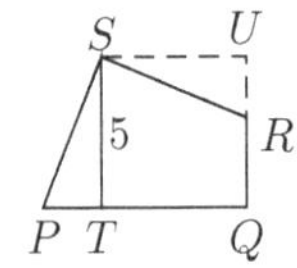

L 4.44 (C) Wir vervollständigen das Viereck $TQRS$ zu einem Rechteck. Dann ist $\triangle SPT \cong \triangle SRU$, denn $\measuredangle RSU = \measuredangle PST$, da $\measuredangle PSR = 90°$ ist, und $\measuredangle STP = \measuredangle SUR = 90°$ sowie $\overline{PS} = \overline{SR}$. Daraus folgt, dass $\overline{ST} = \overline{SU} = 5$ ist. Folglich ist $TQUS$ ein Quadrat und sein Flächeninhalt ist gleich 25. Dieser Flächeninhalt ist gleich dem gesuchten Flächeninhalt.

L 4.45 (E) Die Seite, die mit der kürzesten Seite des rechtwinkligen Dreiecks den rechten Winkel einschließt, ist $18\,\text{cm} : 2 = 9\,\text{cm}$ lang. Die kürzeste Seite ist $21\,\text{cm} - 2 \cdot 9\,\text{cm} = 3\,\text{cm}$ lang. Zwei der Dreiecke bilden zusammen ein Rechteck, das folglich 9 cm lang und 3 cm breit ist. Sein Flächeninhalt beträgt $3\,\text{cm} \cdot 9\,\text{cm} = 27\,\text{cm}^2$. Da aus den Dreiecken zwei solche Rechtecke gebildet werden können, beträgt der Flächeninhalt der grauen Fläche insgesamt $54\,\text{cm}^2$.

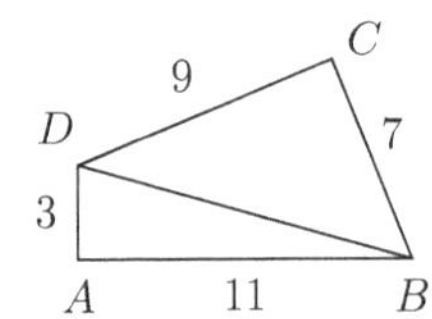

L 4.46 (C) Wir denken uns die Diagonale BD eingezeichnet. Das Viereck wird dadurch in zwei rechtwinklige Dreiecke geteilt. Den Flächeninhalt dieser beiden rechtwinkligen Dreiecke können wir ausrechnen, da wir in beiden Fällen die Seitenlängen der beiden aufeinander senkrecht stehenden Seiten kennen – die Dreiecke sind jeweils die Hälften der aus den beiden Seiten zu konstruierenden Rechtecke. Der gesuchte Flächeninhalt ist $\dfrac{3 \cdot 11}{2} + \dfrac{9 \cdot 7}{2} = \dfrac{33 + 63}{2} = 48$.

L 4.47 (A) Die Diagonale des Quadrats, die gleichzeitig Diagonale des grauen Vierecks ist, zerlegt dieses in zwei kongruente, rechtwinklige Dreiecke. Der Flächeninhalt von jedem dieser beiden Dreiecke ist nach der Flächenformel $\frac{1}{2} \cdot 2 \cdot 6 = 6$. Der Flächeninhalt des Quadrats ist $6 \cdot 6 = 36$. Folglich ist $\dfrac{(6+6)}{36} = \dfrac{1}{3}$ der gesuchte Bruchteil.

L 4.48 (E) Da $\overline{NM} = 6\,\text{cm}$, haben die kleinen Quadratseiten je die Länge $\dfrac{10\,\text{cm} - 6\,\text{cm}}{2} = 2\,\text{cm}$. Da die vier Dreiecke rechtwinklig und gleichschenklig sind, lassen sie sich zu einem Quadrat zusammenfügen, dessen Seitenlänge 6 cm ist. Damit finden wir folgende Flächeninhalte:

Der Flächeninhalt der vier kleinen Quadrate: $4 \cdot 2^2\,\text{cm}^2 = 16\,\text{cm}^2$
Der Flächeninhalt der vier Dreiecke: $6^2\,\text{cm}^2 = 36\,\text{cm}^2$
Der Flächeninhalt der grauen Fläche:
$10^2\,\text{cm}^2 - 16\,\text{cm}^2 - 36\,\text{cm}^2 = (100 - 16 - 36)\,\text{cm}^2 = 48\,\text{cm}^2$.

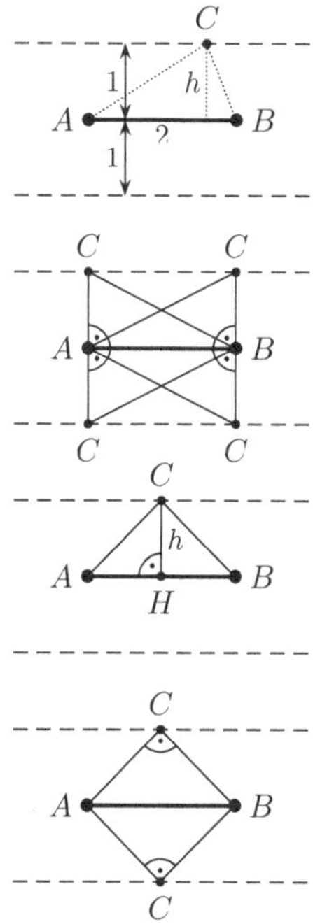

L 4.49 (C) Damit das Dreieck ABC den Flächeninhalt $A = 1\,\text{cm}^2$ hat, muss C im Abstand von 1 cm zur Grundlinie $\overline{AB}$ liegen, also auf einer der im ersten Bild gezeichneten Parallelen. Der Abstand von C zu $\overline{AB}$ ist dann gleich der Höhe h, so dass
$A = \frac{1}{2} \cdot \overline{AB} \cdot h = \frac{1}{2} \cdot 2\,\text{cm} \cdot 1\,\text{cm} = 1\,\text{cm}^2$ ist.
Nun überlegen wir uns, an welchem der drei Punkte A, B und C sich der rechte Winkel des Dreiecks ABC befinden kann. Zunächst kann der rechte Winkel an einem der beiden gegebenen Punkte A oder B sein. Dafür gibt es offenbar 4 Möglichkeiten (siehe zweites Bild).
Nun überlegen wir, ob sich der rechte Winkel auch bei C befinden kann. Wir betrachten zuerst den Fall, dass das Dreieck ABC gleichschenklig ist mit Basis $\overline{AB}$. Der Winkel bei C hat dann seinen größtmöglichen Wert. Wir zeigen, dass der Winkel in diesem Fall 90° groß ist, und folglich nur diese und die an $\overline{AB}$ gespiegelte Lage als weitere mögliche Positionen für C hinzukommen. In diesem Fall zerlegt nämlich die Höhe h das Dreieck ABC in zwei ebenfalls gleichschenklige Dreiecke, da $\overline{AH} = \overline{HB} = 1\,\text{cm} = h$. Die beiden spitzen Winkel dieser kleinen Dreiecke sind jeweils 45°. Also ist $\measuredangle ACB = 90°$. Insgesamt gibt es 6 Möglichkeiten für die Lage von C.

Hier hilft der Nachweis von Ähnlichkeit oder Kongruenz

L 4.50 (E) Wenn h die Höhe des Trapezes bezeichnet, dann ist der gesuchte Flächeninhalt $h \cdot \overline{AB}$, denn die Strecke $\overline{AB}$ ist genau die Mittellinie des Trapezes. Der Flächeninhalt des schraffierten Rechtecks ist $\frac{1}{2} \cdot h \cdot \overline{AB}$, also halb so groß wie der des Trapezes. Damit ist der Flächeninhalt des Trapezes $2 \cdot 13\,\text{cm}^2 = 26\,\text{cm}^2$.

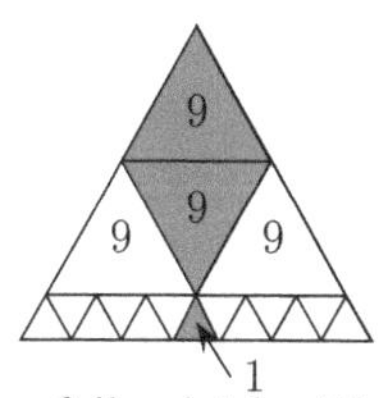

L 4.51 (C) Wir zeichnen die zur Grundlinie des Dreiecks parallele Diagonale der Raute und eine Parallele zur Grundlinie durch den Berührungspunkt der Raute mit dem kleinen grauen Dreieck. Die dabei entstehenden vier Dreiecke sind offenbar gleichseitig und zueinander kongruent. Ihr Flächeninhalt ist gleich dem der halben Raute, also 9. Da das kleine graue Dreieck mit dem Flächeninhalt 1 nach Konstruktion ebenfalls gleichseitig ist, ist es zu den vier großen ähnlich. Weil sich die Flächeninhalte wie 1 : 9 verhalten, verhalten sich die Seitenlängen wie $1 : \sqrt{9} = 1 : 3$. Dann passt das kleine graue Dreieck in jedes der beiden Parallelogramme links und rechts des kleinen grauen Dreiecks genau 6 mal hinein. Die Parallelogramme haben also jeweils eine Fläche von 6. Der Flächeninhalt des Ausgangsdreiecks ist somit $4 \cdot 9 + 1 + 2 \cdot 6 = 49$.

L 4.52 (E) Durch die Streckungen entstehen ähnliche Dreiecke. Es ist $\triangle ABC \sim \triangle PQC \sim \triangle ARS \sim \triangle UBT$. Da der Streckungsfaktor 2 ist, sind die Flächen von $\triangle PQC$, $\triangle ARS$ und $\triangle UBT$ viermal so groß wie die Fläche von $\triangle ABC$. Die Dreiecke $\triangle RBQ$, $\triangle STC$ und $\triangle AUP$ sind, da sie jeweils in zwei Seiten und einem Winkel, dem Scheitelwinkel, übereinstimmen, zueinander kongruent. So finden wir $A_{PQRSTU} = A_{PQC} + A_{ARS} + A_{UBT} - 2 \cdot A_{ABC} + A_{RBQ} + A_{STC} + A_{AUP}$. Dabei haben wir berücksichtigt, dass wir die Fläche von $\triangle ABC$ dreimal addiert haben, wir mussten sie also dann zweimal subtrahieren. Wir fassen zusammen: $A_{PQRSTU} = 3 \cdot 4 - 2 + 3 = 13$.

L 4.53 (A) Da die Parallelogramme, in die Kreise einbeschrieben werden können, Rhomben (Rauten) sind, und da die Winkel des Parallelogramms mit dem Flächeninhalt T gleich denen mit dem Flächeninhalt Y sind, sind diese beiden Parallelogramme zueinander kongruent. Wir brauchen folglich nur den Flächeninhalt von Y zu kennen.

Einige Kreisaufgaben

L 4.54 (B) Da die Winkelsumme im Dreieck 180° beträgt, bilden die drei Kreisausschnitte an den Ecken zusammen genau einen Halbkreis, dessen Fläche $\frac{1}{2} \cdot \pi \cdot 2^2 = 2\pi$ beträgt. Folglich ist der Flächeninhalt der grauen Fläche $36 - 2\pi$.

L 4.55 (A) Wir bezeichnen den Flächeninhalt von jedem der Kreise mit x und den des inneren (kleinen) Quadrats mit y. Der graue Bereich zwischen den vier Kreisen entsteht durch Entfernung von 4 Viertelkreisen vom kleinen Quadrat und hat somit den Flächeninhalt $y - 4 \cdot \frac{x}{4} = y - x$. Dazu kommen im grauen Bereich noch 8 Achtelkreise, die zusammen den Flächeninhalt $8 \cdot \frac{x}{8}$ haben. Der graue Bereich hat also den Flächeninhalt $y - x + x = y$, ist also ebenso groß wie der des kleinen Quadrats. Nun ist aber der Flächeninhalt dieses Quadrats halb so groß wie der des diagonal aufgestellten Quadrats, und dieses Quadrat hat wiederum den halben Flächeninhalt des großen Quadrats. Der Flächeninhalt des grauen Bereichs ist also gleich dem des kleinen Quadrats, und somit gleich einem Viertel des Flächeninhalts des großen Quadrats.

L 4.56 (C) Jedes der vier kongruenten Teile wird von einem Viertelbogen des Kreises mit dem Radius 4 sowie von zwei Halbbögen eines Kreises mit dem Radius 2 begrenzt. Der Umfang U ist folglich $U = \left(\frac{1}{4} \cdot 2\pi \cdot 4 + 2 \cdot \frac{1}{2} \cdot 2\pi \cdot 2\right) = 6\pi$.

L 4.57 (E) Der Radius der großen Halbkreise hat die halbe Länge der Diagonale des Quadrats, also $\sqrt{2}$. Damit können wir nun die Länge des Durchmessers der kleinen Kreise ausrechnen, sie beträgt $2 - 2 \cdot \left(2 - \sqrt{2}\right) = 2\sqrt{2} - 2$, und der Radius hat die Länge $\sqrt{2} - 1$. Die gesuchte Fläche ist die vierfache Kreisfläche des kleinen Kreises, also $4 \cdot \pi \left(\sqrt{2} - 1\right)^2 = 4\left(3 - 2\sqrt{2}\right)\pi$.

Verdeckte Flächen

L 4.58 (E) Der Flächeninhalt des kompletten unteren Rechtecks ist $8 \cdot 10 = 80$. Der Teil des unteren Rechtecks, der vom oberen bedeckt ist (die weiße Fläche), hat demzufolge einen Flächeninhalt von $80 - 37 = 43$. Diese weiße Fläche ergibt zusammen mit der grauen Fläche die Fläche des oberen Rechtecks. Hieraus errechnen wir schließlich den Flächeninhalt der grauen Fläche. Er ist: $9 \cdot 12 - 43 = 108 - 43 = 65$.

L 4.59 (A) Der Flächeninhalt des Rechtecks beträgt $6 \cdot 10 = 60$ und der des Quadrats $6 \cdot 6 = 36$. Die graue Fläche ist halb so groß wie die Rechtecksfläche, also $60 : 2 = 30$. Damit hat der rechteckige weiße Teil des Quadrats einen Flächeninhalt von $36 - 30 = 6$. Dieser Flächeninhalt ist gleich dem Produkt der Seitenlängen 6 und x. Folglich ist x gleich 1.

L 4.60 (D) Bedecken zwei Flächen einander (teilweise), so ist der Flächeninhalt des bedeckenden Teiles der einen Fläche gleich dem des bedeckten Teiles der anderen Fläche. Ist eine Fläche maximal bedeckt, so natürlich auch die andere. Folglich entsprechen die 60 % der Dreiecksfläche den zwei Dritteln der Quadratfläche. Mit $F_\triangle$ sei der Flächeninhalt der Dreiecksfläche bezeichnet. Dann gilt: $\frac{60}{100} \cdot F_\triangle = \frac{3}{5} \cdot (6\,\text{cm} \cdot 6\,\text{cm})$, woraus wir $\frac{3}{5} F_\triangle = \frac{2 \cdot 36\,\text{cm}^2}{3}$ bzw. $F_\triangle = 40\,\text{cm}^2$ errechnen.

L 4.61 (C) Wir bezeichnen den Flächeninhalt der drei grauen Dreiecke mit G, den der weißen Vierecksfläche mit W und den gesuchten Flächeninhalt der Gesamtfläche des Ausgangsdreiecks mit A. Wir wissen, dass $G + W = \frac{2}{3}A$ und dass außerdem $G + 2W = A$ ist, denn der weiße Teil wird bei der Faltung überdeckt, muss also zweimal gezählt werden. Aus dem Gleichungssystem mit zwei Unbekannten errechnen wir $W = \frac{2}{3}A - 1 = \frac{A-1}{2}$, wobei wir $G = 1$ eingesetzt haben. Nach A aufgelöst, erhalten wir $A = 3$.

L 4.62 (**E**) Wir bezeichnen die Flächenteile wie im Bild mit A bis E. Gesucht ist $A - (C + E) = A - C - E$. Bekannt sind die Flächeninhalte der 3 Quadrate:

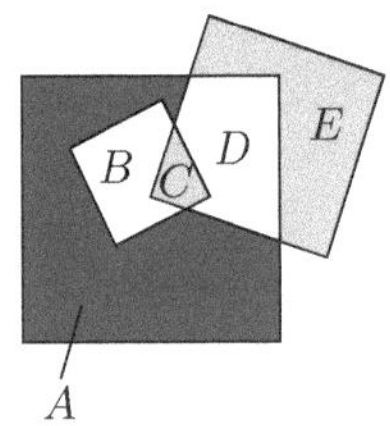

$$\begin{aligned} A + B + C + D &= 49 \\ B + C &= 9 \\ C + D + E &= 25 \end{aligned}$$

Wir stellen die gesuchte Größe $A–C–E$ als Kombination der Quadratflächen dar:

$$\begin{aligned} A - C - E &= (A + B + C + D) - (B + C) - (C + D + E) \\ &= 49 - 9 - 25 = 15 \end{aligned}$$

Der gesuchte Flächeninhalt hängt nicht von der Lage der Quadrate ab. Wir könnten also auch eine ganz spezielle, zum Rechnen günstige Lage wählen.

Volumenbestimmung

L 4.63 (**D**) Der Tisch besteht aus der Tischplatte und den vier Beinen. Für die Platte hat Tanja $4 \cdot 5 = 20$ Würfel zusammengeklebt. Für die Beine brauchte sie $4 \cdot 3 = 12$ Würfel. Insgesamt hat sie $20 + 12 = 32$ Würfel benutzt.

L 4.64 (**A**) Wir können an der Ansicht von oben gut erkennen, wie viele Granitwürfel in der ersten und zweiten Schicht der Mauer übereinander lagern. Es sind $2 \cdot 24 = 48$. Für die dritte Schicht, also die Zinnen, sind noch einmal 8 Würfel erforderlich. Das sind dann insgesamt $48 + 8 = 56$. Da jeder Granitwürfel 1 Goldstück kostet, muss Graf Stolzenbein für die Mauer 56 Goldstücke bezahlen.

L 4.65 (**A**) Der Boden der großen Schachtel ist quadratisch. Also müssen die 4 kleinen Schachteln im Quadrat angeordnet werden: 2 mal 2 Stück. Die Seitenlänge des Bodenquadrats ist aber auch gleich der Höhe der großen Schachtel. Daher muss es 2 Schichten kleiner Schachteln geben. Insgesamt passen somit $2 \cdot 2 \cdot 2 = 8$ verpackte Kängurus in eine große Schachtel.

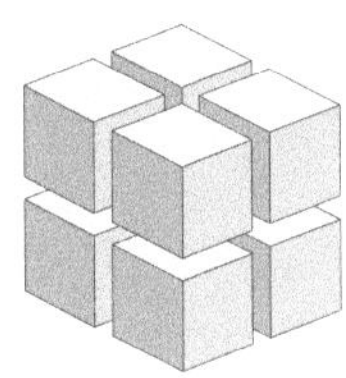

L 4.66 (**B**) Weil sich das Volumen eines Würfels als dritte Potenz seiner Kantenlänge errechnet und $1\,\text{ml} = 1\,\text{cm}^3$ ist, suchen wir zwei aufeinanderfolgende Kubikzahlen, deren Differenz 217 ist. Wenn wir die kleinere der beiden mit x bezeichnen, dann gilt $(x + 1)^3 - x^3 = 217$ bzw. $x^3 + 3x^2 + 3x + 1 - x^3 = 217$. Das ist die quadratische Gleichung $x^2 + x = 72$, die wir als $x(x + 1) = 8 \cdot 9$ schreiben können. Damit ist $x = 8$, und für das Volumen des kleinen Würfels erhalten wir $(8\,\text{cm})^3 = 512\,\text{cm}^3 = 512\,\text{ml}$. – Die Lösung $x = 8$ erhalten wir natürlich auch, wenn wir zum Lösen von $x^2 + x - 72 = 0$ die bekannte Lösungsformel für quadratische Gleichungen benutzen.

4.4 Geometrisches Vorstellungsvermögen in Ebene und Raum

Ebene Figuren

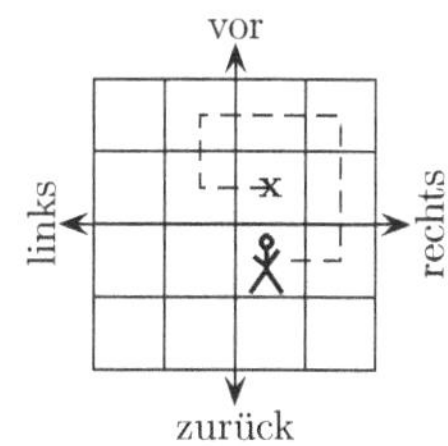

L 4.67 (**A**) Wir zeichnen im Bild rechts, wie Bert auf dem 4×4-Feld gehüpft ist. Seine Endposition ist im Bild (**A**) zu sehen.

L 4.68 (**B**) Da die Figur, die ich mir ausgesucht habe, kein Quadrat ist, fallen die Figuren (**A**) und (**C**) weg. Da die Figur grau sein soll, bleiben nur noch die Figuren (**B**) und (**E**) übrig. Und von diesen beiden ist keine rund, jedoch ist die Figur (**B**) dreieckig.

Schneller kommt zur Lösung, wer bemerkt, dass nur (**B**) und (**D**) in Frage kommen, da ja die gesuchte Figur rund oder dreieckig sein muss. Von den beiden ist nur (**B**) grau, also die gesuchte.

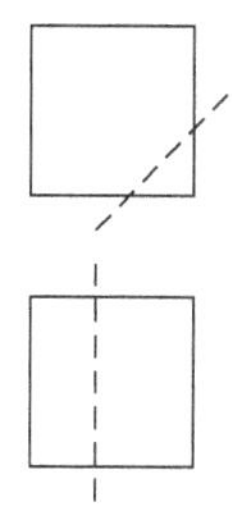

L 4.69 (**A**) Wenn von einem Quadrat mit geradem Schnitt etwas abgeschnitten wird, so ist die Restfigur gewiss kein Quadrat mehr. Beim Quadrat sind alle vier Seiten gleich lang. Also müsste vom ursprünglichen Quadrat – mit einem geraden Schnitt – von *jeder* Seite ein gleich langes Stück abgeschnitten werden. Das ist jedoch nicht möglich. Das obere Bild zeigt eine Zerlegung in ein Fünfeck und ein gleichschenkliges und rechtwinkliges Dreieck, (**C**), (**D**) und (**E**) sind also möglich. Im unteren Bild wird das Quadrat in zwei (nicht-quadratische) Rechtecke geteilt, auch (**B**) ist möglich.

L 4.70 (**E**) Egal, ob der kleine Haken links- oder rechtsherum gedreht wird, er geht nach einer halben Drehung in (**E**) über. – Um die Lösung zu finden, genügt es, einfach das Buch mit der aufgeschlagenen Seite, auf der die Aufgabe steht, um 180° zu drehen.

L 4.71 (**B**) Figur (**B**) lässt sich nicht legen, denn sie hat drei „Beulen“ nach außen, die mit den gegebenen Pappstücken nicht erzeugt werden können. Die anderen vier Figuren lassen sich legen, wie die Skizzen zeigen:

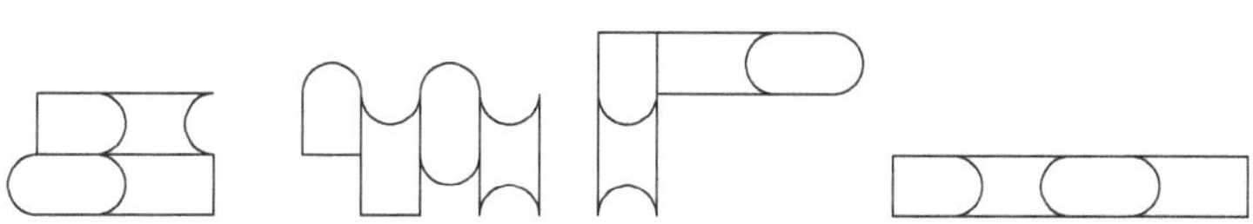

L 4.72 (**C**) Die drei Punkte, die Gero an der Tafel markiert hat, bilden ein Dreieck, das wir ABC nennen. Wenn wir die Seiten $\overline{AB}$ und $\overline{BC}$ als Seiten des Parallelogramms wählen, dann finden wir den Punkt D als Schnittpunkt der Parallelen zu $\overline{AB}$ durch C mit der Parallelen zu $\overline{BC}$ durch A. Analog finden wir einen vierten Punkt, wenn wir die Seiten $\overline{BC}$ und $\overline{AC}$ oder $\overline{AB}$ und $\overline{AC}$ als Seiten des Parallelogramms festlegen. Insgesamt gibt es also 3 Möglichkeiten.

Ein anderer Zugang, zu dem die Zeichnungen gehören, nutzt die Tatsache, dass die Diagonalen im Parallelogramm einander halbieren. In dem Dreieck ABC kann jede der Seiten als eine der Diagonalen genommen werden. Die andere Diagonale ist dann die um die eigene Länge verlängerte Seitenhalbierende jener Seite, die die Diagonale ist.

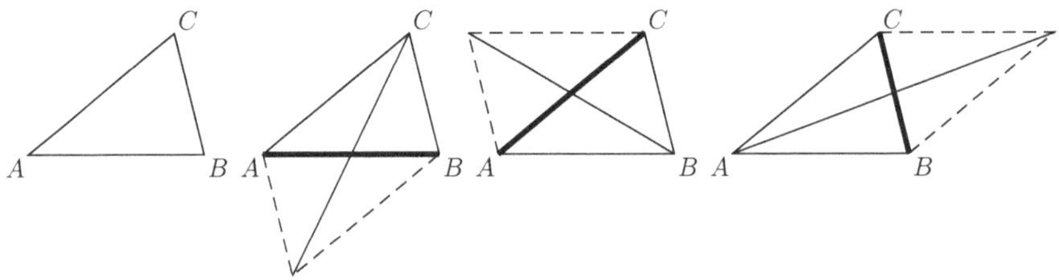

L 4.73 (**E**) Ein „Häkchen“ besteht aus 5 kleinen Quadraten. Da ein großes Quadrat entstehen soll, muss die Gesamtzahl der in diesem großen Quadrat „verbauten“ kleinen Quadrate eine Quadratzahl sein. Diese Quadratzahl muss durch 5 teilbar sein, da das große Quadrat aus den „Häkchen“ gelegt ist. Also muss die Seitenlänge des großen Quadrats durch 5 teilbar sein. Das kleinstmögliche Quadrat hätte demzufolge die Seitenlänge 5 und würde aus 5 „Häkchen“ bestehen. Dass sich aus 5 „Häkchen“ kein Quadrat erzeugen lässt, sehen wir nach wenigen Versuchen: Wir versuchen ein 5×5-Quadrat mit „Häkchen“ auszulegen und beginnen in einer Ecke. Es gibt nur drei Möglichkeiten, ein „Häkchen“ in eine Ecke zu legen, so wie es die obere Zeichnung zeigt. Wie die weiteren „Häkchen“ zu legen wären, ergibt sich, und schnell ist zu erkennen, dass sich in keinem Fall alle fünf „Häkchen“ unterbringen lassen.

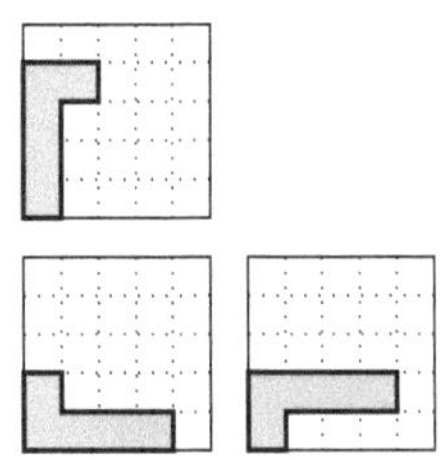

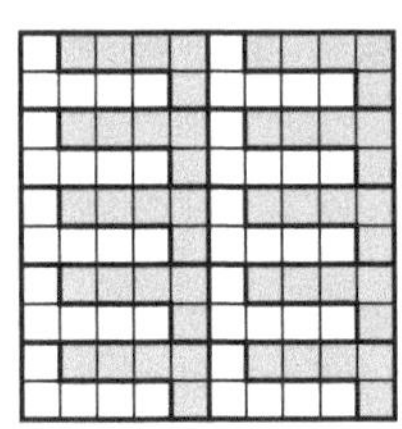

Das nächstgrößere mögliche Quadrat hätte die Seitenlänge 10 und würde aus $10 \cdot 10 : 5 = 20$ „Häkchen“ bestehen. Für die Lösungsmöglichkeit (**E**) finden wir Varianten, die 20 „Häkchen“ so zu legen, dass sie ein Quadrat bilden. Eine Variante ist in der unteren Zeichnung dargestellt.

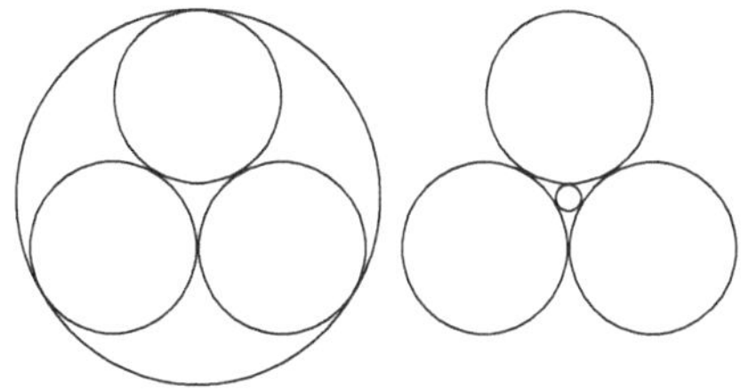

L 4.74 (**D**) Wenn zwei Kreise entsprechend der Aufgabe *genau einen gemeinsamen* Punkt haben, dann berühren sie sich. Würden sie sich schneiden, dann hätten sie zwei gemeinsame Punkte. Wenn also *jeder* der 4 Kreise *alle 3 anderen* berührt, sind das höchstens $4 \cdot 3 = 12$ Punkte – allerdings ist hier jeder Punkt doppelt gezählt worden. Die maximale Anzahl von Berührungspunkten von vier Kreisen kann folglich nie größer als 6 sein. Die Zeichnung zeigt, dass auch tatsächlich Lagemöglichkeiten existieren, bei denen es 6 Berührungspunkte gibt.

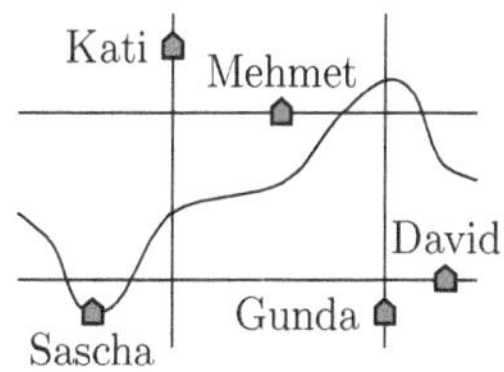

L 4.75 (**E**) Zwei schnurgerade Straßen kreuzen sich höchstens einmal. Also können die Straßen, in denen Sascha und David wohnen, nicht beide gerade sein, denn sie schneiden sich zweimal. Auch die Straßen, in denen Sascha und Mehmet wohnen, schneiden sich zweimal und können nicht beide gerade sein. Da aber nur eine der fünf Straßen nicht gerade ist, muss die Straße, in der Sascha wohnt, die gesuchte Bogenallee sein. Das rechte Bild zeigt, wie die Straßen in Wirklichkeit verlaufen könnten.

L 4.76 (**A**) Da x und y natürliche Zahlen sind, muss jede von ihnen ein Teiler von 105 sein. Es ist $105 = 1 \cdot 3 \cdot 5 \cdot 7$. Da x, y und 13 Seitenlängen eines Dreiecks sind, muss die Dreiecksungleichung erfüllt sein, d. h., die Summe zweier Seitenlängen muss stets größer sein als die Länge der dritten Seite. Insbesondere muss die Summe der beiden kleinsten Zahlen größer als die dritte sein. Ganz sicher kann die kleinste Dreiecksseite nicht 1, 3 oder 5 sein, da $1 + 13 < 105$, $3 + 13 < 35$ und $5 + 13 < 21$ gilt. Mit der Wahl von 7 als kleinster Dreiecksseite haben wir die letzte verbliebene Möglichkeit. Und hier ist mit $7 + 13 > 15$ die Dreiecksungleichung erfüllt. Die Summe der Längen der Dreiecksseiten ist $x + y = 7 + 15 = 22$.

L 4.77 (**E**) Es gibt 4 Möglichkeiten, wie die beiden gegebenen Rechtecke im großen Rechteck zusammenstoßen können: Entweder stoßen die beiden kurzen Seiten aneinander oder die beiden langen Seiten oder eine lange und eine kurze Seite:

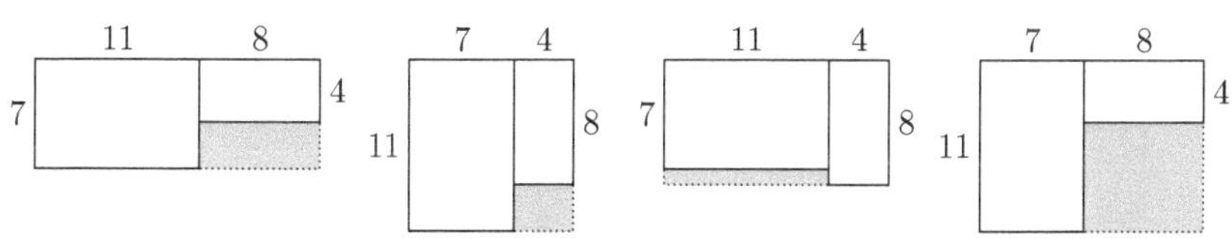

Die entsprechenden Maße des dritten (grau unterlegten) Rechtecks sind von links nach rechts: 3×8, 3×4, 1×11, 7×8. Das Maß 4×7 ist nicht möglich.

L 4.78 (**C**) Wir bezeichnen die Punkte, an denen sich Ottos, Alfreds und Edes Nester befinden, entsprechend mit O, A und E. Diese drei Punkte bilden ein Dreieck. Den drei Aussagen entsprechen die folgenden drei Ungleichungen:

$\overline{AO} > 2 \cdot \overline{EO}$ – Aussage von Otto
$\overline{AE} > 2 \cdot \overline{AO}$ – Aussage von Alfred
$\overline{AE} > 2 \cdot \overline{EO}$ – Aussage von Ede

Wenn wir annehmen, dass alle drei Recht haben, so folgt durch Addieren der letzten beiden Ungleichungen $2 \cdot \overline{AE} > 2 \cdot \overline{AO} + 2 \cdot \overline{EO}$, also $\overline{AE} > \overline{AO} + \overline{EO}$, was im Widerspruch zur Dreiecksungleichung für das Dreieck OAE steht. Also hat Ede oder Alfred falsch geschätzt. Aus den ersten beiden Ungleichungen folgt ähnlich $\overline{AO} + \overline{AE} > 2 \cdot \overline{EO} + 2 \cdot \overline{AO}$, also $\overline{AE} > 2 \cdot \overline{EO} + \overline{AO} > \overline{EO} + \overline{AO}$, ebenfalls ein Widerspruch zur Dreiecksungleichung. Also hat Alfred oder Otto falsch geschätzt. Da 2 Störche richtig geschätzt haben, muss Alfred, der in beiden Fällen zu den Verdächtigen gehört, daneben liegen. Die erste und die letzte Ungleichung können auch wirklich erfüllt werden, wenn A genügend weit von E und O entfernt ist. Das ist zum Beispiel der Fall, wenn $\overline{EO} = 100\,\text{m}$ beträgt und A von E und O jeweils 300 m entfernt ist.

Symmetrien gesucht

L 4.79 (**A**) Die Spiegelung des R zeigt die Zeichnung:  .

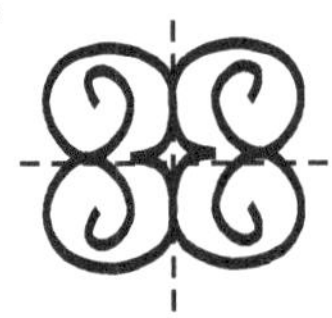

L 4.80 (**C**) Das Bild zeigt die beiden Symmetrieachsen des Doppelschweinsohrs. An ihnen kann man das Gebäck spiegeln, ohne dass sich am Aussehen etwas ändert.

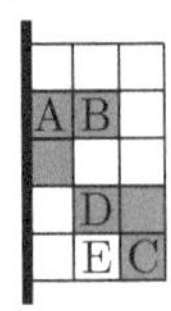

L 4.81 (**E**) Wir zeichnen, wie die grauen Quadrate nach dem Falten über den Buchstaben liegen, das heißt, wir spiegeln die Quadrate an der dicken Linie. Das E ist nicht bedeckt.

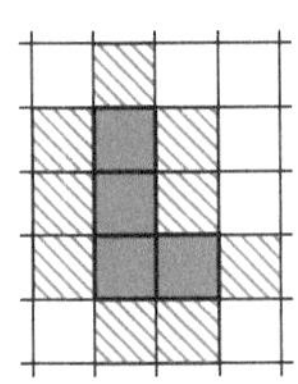

L 4.82 (**D**) Da die Figur aus vier Quadraten keine Symmetrieachse besitzt, muss das noch zu färbende Quadrat an ein bereits grau ausgemaltes Quadrat angrenzen. Die möglichen Quadrate sind im Bild rechts schraffiert. Von diesen möglichen Figuren haben nur die folgenden 3 eine Symmetrieachse:

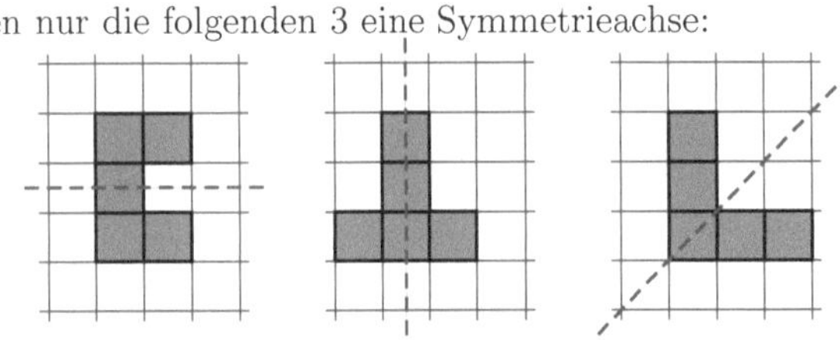

L 4.83 (**E**) Um deutlich zu machen, welche der Figuren möglich sind, umranden wir die beiden Dominosteine und machen so ihre Lage kenntlich:

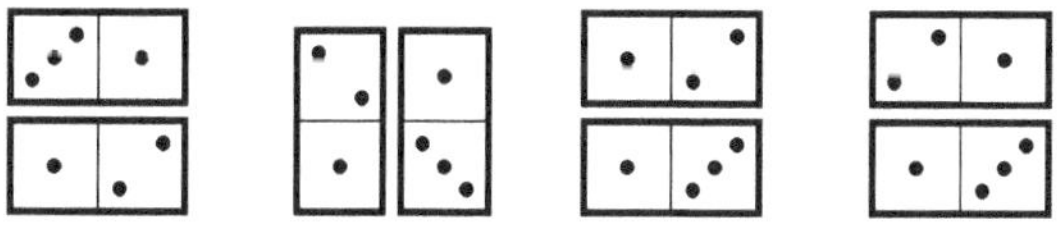

(**A**) (**B**) (**C**) (**D**)

Die Figur (**E**) lässt sich nicht zusammenschieben. Von den beiden zu verschiebenden Dominosteinen der Aufgabe kann der linke (mit einmal einem Punkt und einmal zwei Punkten) in der Figur (**E**) nur links liegen 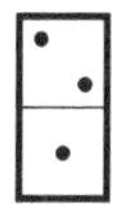, indem er um 180° gedreht wird. Auf dem Stein rechts jedoch verlaufen die drei Punkte nicht von links oben nach rechts unten, sondern umgekehrt. Die Figur (**E**) lässt sich also nicht aus den beiden in der Aufgabe gegebenen Dominosteinen zusammenschieben, sie ist die gesuchte.

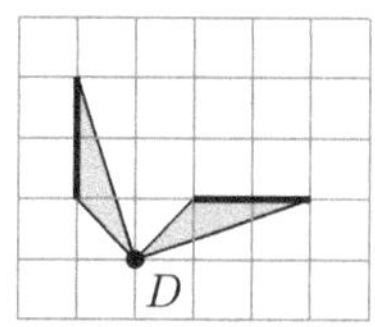

L 4.84 (**D**) Wenn ein Punkt Drehzentrum ist, dann muss er zu jedem der beiden Endpunkte des Spiegels in beiden möglichen Positionen den gleichen Abstand haben. Das ist nur für die Punkte A und D erfüllt. Die Dreiecke, die aus dem Punkt A bzw. D und den Endpunkten des Spiegels in den jeweiligen Positionen gebildet werden, sind jeweils kongruent (sss), gehen also durch Drehung um den Punkt A bzw. D auseinander hervor (siehe Bild für den Punkt D). Die Punkte A und D sind folglich beide mögliche Drehzentren.

L 4.85 (**D**) Da in der zu untersuchenden Schrittfolge dreimal hintereinander dasselbe Zeichen auftritt, kommt gewiss nur eine Skizze mit drei aufeinanderfolgenden Wendungen nach links oder rechts in Frage. Skizzieren wir drei Wendungen in dieselbe Richtung, erhalten wir ein Quadrat. Die Variante (**E**) fällt also weg. Auch Variante (**A**) können wir ausschließen. Zu (**A**) gehört zwar ein Quadrat, aber dieses Quadrat befindet sich hier am Ende der Schrittfolge, während es in der *gesuchten* Schrittfolge die drei gleichgerichteten Wendungen mittendrin gibt.

Angenommen, dem „+“ entspricht die Wendung nach rechts. Dann wäre die Skizze für (**C**) „+−+++−“, also nicht die richtige. Auch eine Änderung derart, dass „+“ für die Wendung nach links zu schreiben wäre, „−“ für die nach rechts, führt nicht zur Lösung. Bei (**B**) erhielten wir „−+++−+“, was ebenso wenig die Lösung ist wie die beim Vertauschen von links und rechts entstehende Skizze „+−−+−“. Nun muss (**D**) die Lösung sein. Setzen wir wieder „+“ mit der Wendung nach rechts gleich, so erhalten wir hier „+−−++“ und haben somit die Schrittfolge gefunden.

Körper im Raum

L 4.86 (**A**) Ein Würfel hat 6 Seitenflächen, ein Tetraeder hat 4 Seitenflächen. Insgesamt sind also $2 \cdot 6 + 1 \cdot 4 = 16$ Seitenflächen farbig.

L 4.87 (**D**) Zur Oberfäche des abgebildeten Körpers gehören zwei Quadrate, und jede Kante, die zu einem der Quadrate gehört, ist gleichzeitig Seite eines Dreiecks, das zur Oberfläche gehört. Umgekehrt besitzt auch jedes Dreieck, das zur Oberfläche gehört, genau eine gemeinsame Kante mit einem der Quadrate. Damit sind es $2 \cdot 4 = 8$ dreieckige Seitenflächen. Insgesamt sind es $2 + 8 = 10$ Seitenflächen.

L 4.88 (**B**) Es gibt vorne und hinten jeweils eine dreieckige Fläche mit einem dreieckigen Loch. Dazu kommen noch die drei rechteckigen Flächen außen und die drei rechteckigen Flächen im Loch. Zusammen hat das Objekt also 8 Begrenzungsflächen.

L 4.89 (**E**) Wir schieben die Bauwerke ein wenig auseinander und können dann gut zählen:

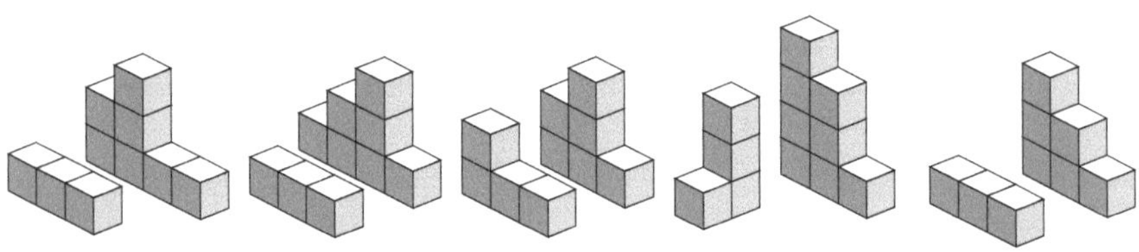

Beim Bauwerk (**E**) reichen die 9 Bausteine aus, bei allen anderen brauchen wir mehr als 9 Würfel.

L 4.90 (**D**) In den Bausteinen (**A**), (**B**), (**C**) und (**E**) ist jeweils eine Reihe aus 3 Würfeln enthalten. So etwas passt in das große Bauwerk keinesfalls hinein. Also ist (**D**) der gesuchte Baustein. Und er passt auch, wie das Bild zeigt.

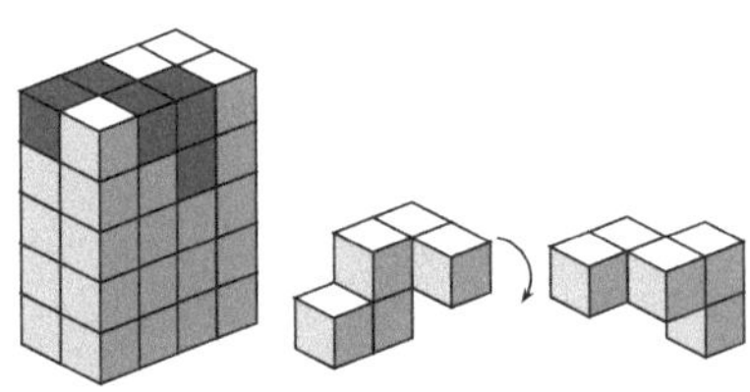

L 4.91 (**D**) Jeder Eckpunkt eines Würfels gehört zu den drei Seiten, die sich in dieser Ecke treffen. Der Eckpunkt A gehört beim zusammengefalteten Würfel zu den Seiten blau, lila und weiß und B zu grün, rot und lila. Zur lila Seite gehören beide Punkte.

L 4.92 (**D**) Wenn wir die Spule in Pfeilrichtung drehen, dann zeigen die beiden Enden nach unten. Also entfallen die Möglichkeiten (**A**) und (**E**). In unserer Spule werden auf der Vorderseite alle vier oberen Kerben vom Faden passiert. Also müssen nach dem Umdrehen *alle vier unteren* Kerben vom Faden passiert werden. Das ist nur bei Antwort (**D**) der Fall. Der Fadenverlauf vorn und hinten ist in den beiden Bildern rechts dargestellt.

Vorderseite

Rückseite

L 4.93 (**A**) Unter den kleinen Würfeln, die zur Oberfläche des großen Würfels gehören, lassen sich drei Sorten unterscheiden: Es können eine, zwei oder drei ihrer Seitenflächen zur Oberfläche des großen Würfels gehören. Diejenigen, von denen drei Seitenflächen zur Oberfläche gehören, bilden die Ecken des großen Würfels. Und von diesen insgesamt acht Ecken sind bei Hannas Streichaktion genau vier an drei Seiten gestrichen worden. (**A**) ist richtig.

L 4.94 (**D**) Zuerst bemerken wir, dass der Blick von oben nicht davon beeinflusst ist, ob von vorn oder von hinten auf das Podest geguckt wird. Damit es sich besser argumentieren lässt, beschriften wir die Würfel, die von oben sichtbar sind, mit L, M und N. Der Würfel L hat natürlich hinten drauf die 2 Punkte (denn $5+2=7$). Da diese 2 Punkte und der eine Punkt auf der oberen Seite so zueinander liegen, wie es beim Würfel N (von vorn) zu sehen ist, gehören auf die rechte Seite (von hinten) die 4 Punkte. Der Würfel M hat – ebenso wie der darunterliegende – von hinten die 4 Punkte, denn $3+4=7$. Außerdem ist beim Würfel M, wenn man von hinten guckt, die rechte Seitenfläche das Gegenüber der 2-Punkte-Seite, also sind dort die 5 Punkte zu sehen. Damit kann nur (**D**) die Ansicht des Podestes von hinten sein. – Wer gleich bemerkt hat, dass der oberste Würfel von hinten an seiner rechten Seite die 5 Punkte zeigen muss, konnte unmittelbar schließen, dass nur (**D**) die richtige Lösung sein kann.

von vorn

von hinten

L 4.95 (**B**) Ein Prisma ist ein Körper, dessen Grund- und Deckfläche zueinander kongruente und parallele Vielecke sind. Bei Vielecken ist die Seitenzahl gleich der Eckenzahl. Die Kanten, die nicht Seite der Grund- oder Deckfläche sind, verbinden die einander entsprechenden Ecken der beiden Vielecke. Es gibt also insgesamt genau dreimal so viele Kanten, wie die Grundfläche Ecken hat. Die Kantenzahl muss folglich durch 3 teilbar sein. Das trifft nur für 111 zu.

L 4.96 (**D**) Zur Lösung dieser Aufgabe nimmt man am besten einen Streifen Papier und faltet die vier möglichen Fälle. Für das erste Falten gibt es nur eine Möglichkeit; es wird einfach halb zusammengefaltet. Für die folgenden beiden Faltungen gibt es jeweils die Möglichkeit, nach oben oder nach unten zu falten. Die

Variante (**D**) erhält man dabei nicht. – Bei den verschiedenen Faltmöglichkeiten ist zu erkennen, dass der erste, dritte, fünfte und siebte Falz (die beim dritten Faltvorgang entstehen) abwechselnd nach oben und unten zeigen. Der zweite und sechste Falz (die beim zweiten Faltvorgang entstehen) zeigen ebenso in unterschiedliche Richtungen. Der vierte, also der mittlere Falz (der beim ersten Faltvorgang entsteht), kann unabhängig von den anderen sowohl nach oben als auch nach unten zeigen.

L 4.97 (**A**) Da wegen der Regelmäßigkeit des 10-Ecks alle Eckpunkte auf ein und demselben Kreis liegen, zeichnen sich die rechtwinkligen Dreiecke dadurch aus, dass ihre Hypotenusen Durchmesser dieses Kreises sind (Umkehrung des Satzes von Thales). Zu jedem Eckpunkt gibt es genau einen Durchmesser. Da der Endpunkt dieses Durchmessers ebenfalls ein Eckpunkt des 10-Ecks ist, gibt es genau 5 *verschiedene* Diagonalen, die gleichzeitig Durchmesser des Umkreises sind. Über jeder dieser 5 Diagonalen können zweimal 4 rechtwinklige Dreiecke mit Eckpunkten in den Eckpunkten des 10-Ecks gefunden werden. An einem Beispiel wollen wir dies veranschaulichen: Zur Diagonale A_1A_6 gehören die folgenden 8 rechtwinkligen Dreiecke $A_1A_2A_6$, $A_1A_3A_6$, $A_1A_4A_6$, $A_1A_5A_6$, $A_1A_7A_6$, $A_1A_8A_6$, $A_1A_9A_6$, $A_1A_{10}A_6$. Insgesamt sind es $5 \cdot 8 = 40$.

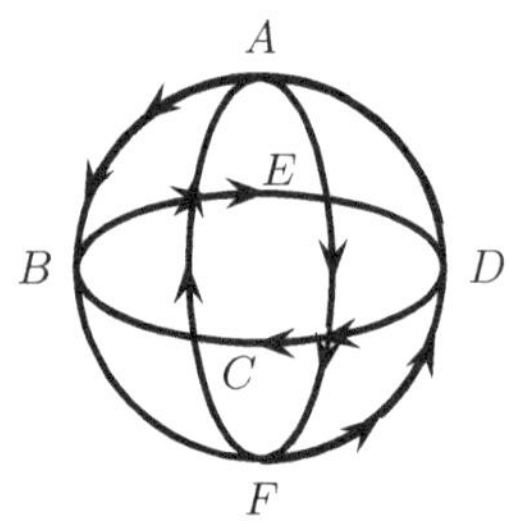

L 4.98 (**A**) Wir bezeichnen die Schweißpunkte und beschreiben von Punkt zu Punkt den Weg des Marienkäfers. Er läuft von A nach B, dort nach rechts zu E, nun nach links zu F, anschließend nach rechts zu D, von dort nach links zu C, dann wieder nach rechts zu A und ist angelangt. Damit liegen 6 Viertelkreise hinter dem Marienkäfer.

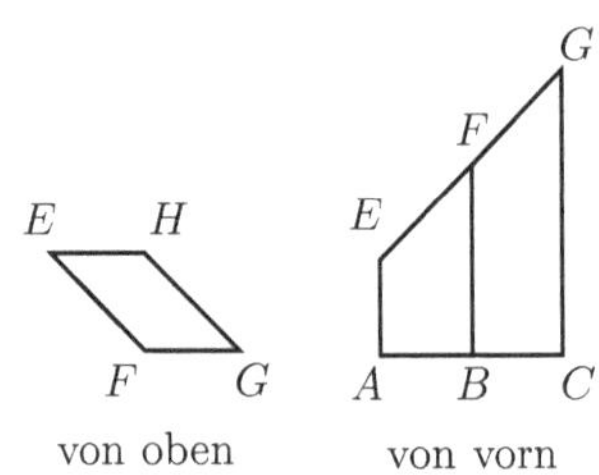

L 4.99 (**E**) Zunächst bezeichnen wir in den gegebenen Perspektiven die sichtbaren Eckpunkte des Körpers.
In dem ebenen Viereck $EFGH$ sind die gegenüberliegenden Seiten parallel. Wären nämlich zwei gegenüberliegende Seiten nicht parallel, so würden sich die Verlängerungen dieser Seiten schneiden, also auch in der Sicht von oben, wo sie jedoch parallel erscheinen. Das Viereck $EFGH$ ist also ein Parallelogramm, welches der Sicht von vorn zufolge nach links geneigt ist. Daher ist es von links betrachtet vollständig als Parallelogramm sichtbar.
Folglich kommen nur noch die Antworten (**C**) und (**E**) in Frage. Weil E tiefer als G liegt (Sicht von vorn) und weiter hinten als G (Sicht von oben), entfällt Antwort (**C**), und (**E**) ist die Lösung.

L 4.100 (B) Wegen der Symmetrie des Würfels ist die Anzahl der zu bekrabbelnden Kanten unabhängig davon, ob Käfer Klaus sich zuerst nach links oder zuerst nach rechts wendet. Wir betrachten den Fall, dass er zuerst nach links geht. Es wird übersichtlich, wenn wir die Punkte des Würfels bezeichnen (s. Bild) und den Weg dann entsprechend beschreiben. Der Käfer krabbelt von P zu Q, dort nach links zu R, dort nach rechts zu V, wieder nach links zu W, von dort nach rechts zu T und jetzt nach links zu P. Er hat dabei 6 Kanten passiert.

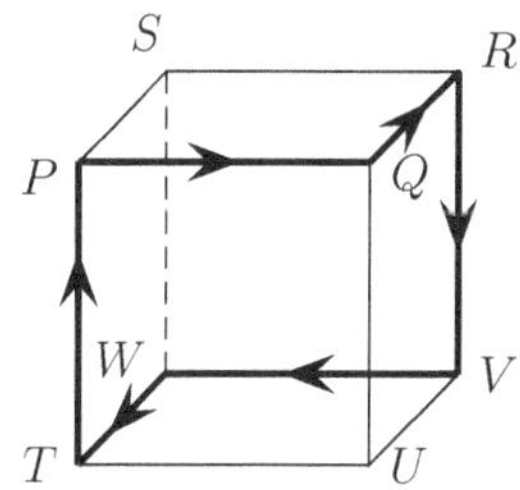

L 4.101 (B) Jede Seitenfläche des $3 \times 3 \times 3$-Würfels wird durch die kleinen $1 \times 1 \times 1$-Würfel in 9 Felder unterteilt. Wenn wir senkrecht auf eine Seitenfläche des Würfels blicken, sollen diese 9 Felder alle undurchsichtig sein. Wir brauchen also mindestens 9 undurchsichtige $1 \times 1 \times 1$-Würfel, um die Aufgabe zu erfüllen. Nun überlegen wir uns, ob es eine Lösung mit 9 undurchsichtigen Würfeln gibt.

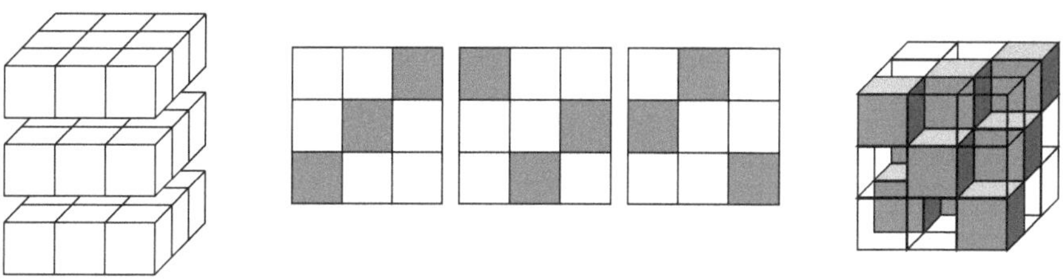

Wir starten mit einem durchsichtigen $3 \times 3 \times 3$-Würfel und unterteilen ihn wie im linken Bild in 3 Schichten. In jeder Schicht ersetzen wir nun durchsichtige mit undurchsichtigen Würfeln bis die Schichten aus den zwei horizontalen Richtungen (rechts–links und vorn–hinten) undurchsichtig erscheinen. Von oben betrachtet muss dazu in jeder Zeile und jeder Spalte ein undurchsichtiger Würfel eingebaut werden, also mindestens 3 je Schicht. Im mittleren Bild sieht man 3 von den 6 möglichen Anordnungen mit der Mindestanzahl von 3 undurchsichtigen Würfeln.
Nun legen wir die Schichten übereinander. Damit der $3 \times 3 \times 3$-Würfel auch in der vertikalen Richtung undurchsichtig wird, haben wir die undurchsichtigen Würfel in den Schichten so gewählt, dass jede der 9 Positionen, die es pro Schicht für die undurchsichtigen Würfel gibt, mindestens einmal vorkommt. Den zusammengesetzten Würfel sieht man im rechten Bild. Man kommt also mit 9 undurchsichtigen Würfeln aus.

L 4.102 (B) Für den Quader aus den 2009 kleinen $1 \times 1 \times 1$-Würfeln gibt es entsprechend den möglichen Zerlegungen der 2009 verschiedene Varianten. Es kann sich um a) einen $1 \times 1 \times 2009$-Quader, b) einen $1 \times 7 \times 287$-Quader, c) einen $1 \times 41 \times 49$-Quader oder d) einen $7 \times 7 \times 41$-Quader handeln. Im Fall a) brauchte man für die Oberfläche $4 \cdot 2009 + 2 > 2009$ Klebequadrate, also zu viele. Das trifft ebenso im Fall b) zu, wo $2 \cdot 7 + 2 \cdot 287 + 2 \cdot 7 \cdot 287\,(= 4606)$ benötigt würden sowie im Fall c) mit $2 \cdot 41 + 2 \cdot 49 + 2 \cdot 41 \cdot 49\,(= 4198)$ erforderlichen Klebequadraten. Also muss der Quader das Format $7 \times 7 \times 41$ haben. Dann benötigt man zum Bekleben $2 \cdot 7 \cdot 7 + 4 \cdot 7 \cdot 41 = 1246$. Nach dem Bekleben der Oberfläche behalten wir somit $2009 - 1246 = 763$ Klebequadrate übrig.

Knoten

L 4.103 (**E**) Um deutlicher zu sehen, welche der Abbildungen Borromäische Ringe zeigt, heben wir die einzelnen Ringe unterschiedlich hervor:

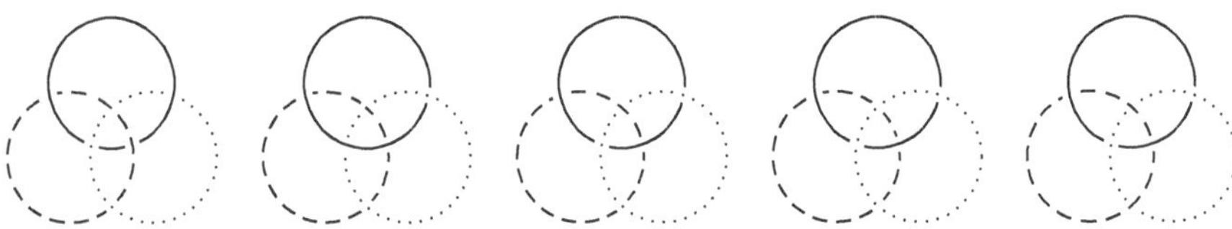

In (**A**) hängen der durchgezogene und der gestrichelte Ring ineinander. Entfernt man also den gepunkteten, so bleiben diese beiden Ringe verschlungen und die zweite Bedingung ist nicht erfüllt. In (**B**) hängen der durchgezogene und der gepunktete Ring ineinander und in (**C**) gilt dasselbe für den gepunkteten und den gestrichelten Ring. Die beiden Abbildungen zeigen also aus demselben Grund wie (**A**) keine Borromäischen Ringe. In Abbildung (**D**) sehen wir leicht, dass die drei Ringe einfach übereinander liegen, also noch nicht einmal verschlungen sind.
Weil wir die ersten vier Möglichkeiten ausgeschlossen haben, muss (**E**) die Lösung sein. Überprüfen wir das: In (**E**) sieht man an den Überkreuzungen in der Mitte, dass alle drei Ringe zusammenhängen. Der gestrichelte Ring liegt über dem gepunkteten, der gepunktete über dem durchgezogenen und der durchgezogene über dem gestrichelten Ring. Entfernt man also einen beliebigen Ring, dann werden die anderen beiden Ringe frei. Diese Abbildung zeigt Borromäische Ringe.

L 4.104 (**C**) Verfolgt man mit den Augen oder mit einem Bleistift den Verlauf der Schnüre, so stellt man schnell fest, welche der Schnurverknotungen aus mehr als einer Schnur bestehen. Es sind dies 1, 3 und 5.
In der Abbildung ist deutlich hervorgehoben, dass die Verknotungen 1 und 3 jeweils in zwei, die Verknotung 5 in drei Schnüre zerfällt.

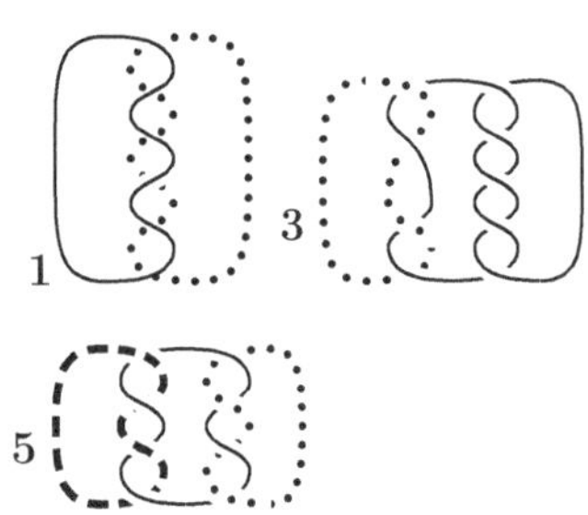

L 4.105 (**D**) Wir schauen uns der Reihe nach an, wie wir die Schlaufen in den einzelnen Schnüren auseinanderziehen können:

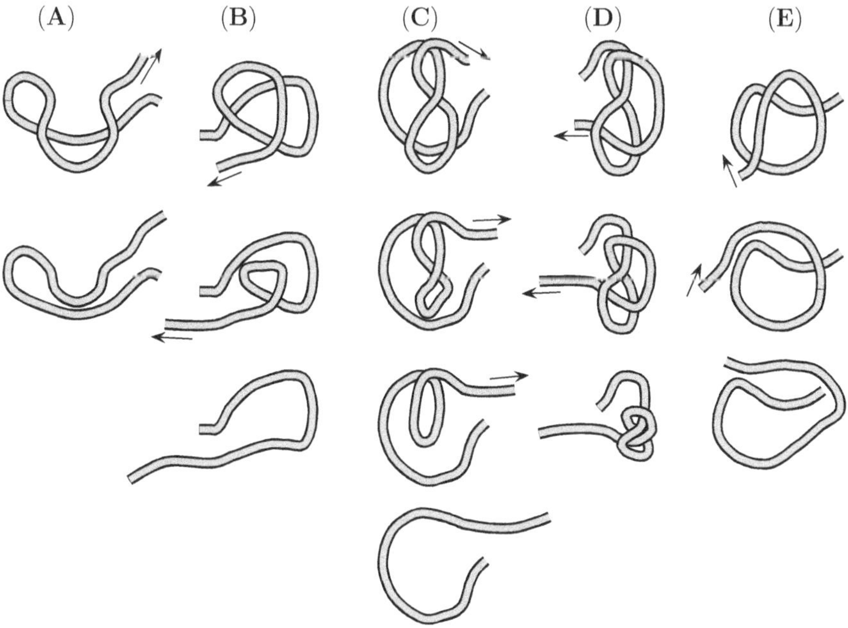

Wir sehen, dass nur bei der Schnur in (**D**) ein Knoten entsteht, wenn wir an den Enden ziehen. Bei den anderen erhalten wir unverknotete Schnüre.

5 Kryptisches, Logisches, Magisches

5.1 Logisches mit und ohne Zahlen

L 5.1 (**D**) Die maximale Augenzahl, die Harry mit vier Würfeln erzielen kann, sind $4 \cdot 6 = 24$ Augen. Er hat nur ein Auge weniger gewürfelt, was sich nur mit drei Sechsen und einer Fünf erreichen lässt.

L 5.2 (**A**) Die 11 Münzen, die Ronja in ihrer Tasche hat, sind mindestens 55 Cent wert, denn sie muss ja mindestens $11 \cdot 5\,\text{Cent} = 55\,\text{Cent}$ haben. Damit ist die Lösung der Aufgabe auch schon gefunden: Weniger als 55 Cent, wie es im Lösungsvorschlag (**A**) angeboten wird, kann Ronja nicht in ihrer Hosentasche haben. 50 Cent sind nicht möglich. Alle anderen Beträge sind möglich:

$$\begin{aligned}
60\,\text{Cent} &= 10 \cdot 5\ \text{Cent} + 1 \cdot 10\,\text{Cent}\\
75\,\text{Cent} &= 7 \cdot 5\ \text{Cent} + 4 \cdot 10\,\text{Cent}\\
100\,\text{Cent} &= 2 \cdot 5\ \text{Cent} + 9 \cdot 10\,\text{Cent}\\
105\,\text{Cent} &= 1 \cdot 5\ \text{Cent} + 10 \cdot 10\,\text{Cent}
\end{aligned}$$

L 5.3 (**C**) Da jedes der vier Pferde von genau zwei Kindern geritten wird, entstehen dabei genau acht verschiedene Paare aus je einem Pferd und einem Kind. Sarah gehört zu drei dieser Paare, Tim zu zwei Paaren und Nora zu einem. Demnach muss Hannes wegen $8-(3+2+1)=2$ zu zwei Paaren gehören, also ist Hannes auf zwei verschiedenen Pferden geritten.

L 5.4 (**E**) In einer Skizze stellen wir die aufeinanderliegenden Seiten des Würfelturms dar. A soll die Zahl der Punkte bedeuten, die sich auf der oberen Seite des untersten Würfels befinden, B die Zahl der Punkte auf der unteren Seite des mittleren Würfels usw. Dann muss also $A+B=5$ und $C+D=5$ sein. Folglich können weder A noch B noch C noch D 5 oder 6 sein. A kann auch nicht 1 sein, weil die Seite mit einem Punkt der Seite mit 6 Punkten gegenüberliegt. Die Seite mit 6 Punkten ist jedoch nach vorn gerichtet. Außerdem kann A nicht 3 und nicht 4 sein, denn im ersten Fall wäre $B=2$ und folglich $C=5$, im zweiten Fall wäre $B=1$ und folglich $C=6$, was wir bereits ausgeschlossen hatten. Damit bleibt nur $A=2$. Daraus ergibt sich $B=3$ und folglich $C=4$. Also ist $D=1$ und schließlich $E=6$.

L 5.5 (**D**) Da unklar ist, welche Socken Löcher haben, greift Lisa im ungünstigsten Fall die drei Socken mit Loch und drei Socken ohne Loch, die jedoch unterschiedliche Farben haben. Das sind schon sechs Socken, und noch ist kein geeignetes Paar dabei. Greift Lisa nun irgendeine weitere Socke, so hat sie garantiert das gewünschte farbgleiche und lochfreie Paar.

L 5.6 (C) Wir stellen uns die Kängurus der Größe nach aufgereiht vor. Die kleinsten Kängurus sind die 8 dunklen, und es folgt jenes helle Känguru, das größer ist als genau 8 der dunklen. Nun folgt das nächstgrößere dunkle Känguru, gefolgt vom nächstgrößeren hellen usw. Dann sind offenbar unter den 2009 Kängurus 8 dunkle, dann 1000 helle und 1000 dunkle, die im Wechsel aufeinander folgen, und schließlich das letzte, größte, ein helles Känguru. Insgesamt sind es 1001 helle Kängurus. – Bei dieser Aufgabe wurde stillschweigend vorausgesetzt, dass das helle Känguru, welches größer als genau 8 der dunklen ist, wirklich das kleinste helle Känguru ist.

Logik führt zum Rechenweg

L 5.7 (A) Wir ersetzen in der Rechnung „·" durch „:" und „+" durch „−". Der Quatsch-Taschenrechner rechnet also $(12 : 3) - (4 : 2) = 4 - 2 = 2$.

L 5.8 (C) Von den drei mittleren Würfeln in der Reihe fallen jeweils 7 Punkte an, denn in allen drei Fällen werden die Punkte von zwei einander gegenüberliegenden Seiten gezählt. Die beiden äußeren Würfel sind – wie die anderen auch – zueinander identisch. Die beiden liegen auch noch gleich ausgerichtet, sodass hier noch einmal 7 Punkte, nämlich 5 Punkte vom rechts außen liegenden und 2 Punkte vom links außen liegenden Würfel hinzukommen. Das sind dann insgesamt $4 \cdot 7 = 28$ Punkte.

L 5.9 (B) Das eine Gegentor muss in dem verlorenen Spiel gefallen sein, das also 0:1 endete. Das Spiel, das unentschieden ausgegangen ist, kann nur 0:0 geendet haben, da die Mannschaft keine weiteren Gegentore kassierte. Das gewonnene Spiel kann damit nur 3:0 ausgegangen sein.

L 5.10 (D) Wenn Reni doppelt so viele Punkte wie Leo hat, können es nur 2, 4 oder 6 Punkte sein. Sie hat außerdem 3-mal so viele Punkte wie Gabor, dann können es nur 3 oder 6 Punkte sein. Damit beides zutrifft, bleibt nur eine Möglichkeit, nämlich, dass Reni 6 Punkte gewürfelt hat. Daraus folgt, dass Leo eine 3 gewürfelt hat, und Gabor eine 2.

Da Tina 4-mal so viele Punkte wie John gewürfelt hat, kann Tina nur eine 4 gewürfelt haben – und John demzufolge eine 1.

Für Vincent bleibt die 5, denn jeder hat ja eine andere Punktzahl gewürfelt.

L 5.11 (**B**) Die Kinder haben die Tages- und Monatszahl ihres Geburtstages aufgeschrieben. Da die Summe 35 sein soll, also mehr, als ein Monat Tage hat, suchen wir zuerst im Dezember, dem Monat mit der größten Monatszahl, einen Tag, für den die Summe 35 zustande kommt. Einen solchen Tag gibt es. Da $35 - 12 = 23$ ist, ist das erste mögliche Datum der 23.12. Die anderen möglichen Geburtsdaten sind in der Tabelle rechts zusammengestellt.

Monat	Tag	Geburtstag
12	23	23. Dezember
11	24	24. November
10	25	25. Oktober
9	26	26. September
8	27	27. August
7	28	28. Juli
6	29	29. Juni
5	30	30. Mai

Es sind höchstens 8 Kinder am Tisch.
Wer mit dem ersten Monat des Jahres beginnt, stellt fest, dass es im Januar noch kein Tagesdatum gibt, das um das Monatsdatum 1 vergrößert 35 ergibt. Das trifft (wegen $35 - 2 = 33$) ebenso für Februar, den März (wegen $35 - 3 = 32$) und den April (wegen $35 - 4 = 31$) mit seinen nur 30 Tagen zu. In den anderen Monaten gibt es je genau ein Datum mit der gewünschten Eigenschaft, also insgesamt 8.

L 5.12 (**A**) Da von 50 Losen 11-mal so viele weiße wie hellblaue Lose in der Trommel sind, gibt es nur vier Varianten: 1 hellblaues und 11 weiße Lose, 2 hellblaue und 22 weiße Lose, 3 hellblaue und 33 weiße Lose, 4 hellblaue und 44 weiße Lose. Die übrigen der 50 Lose sind gelb. Wir stellen eine Tabelle für diese 4 Fälle auf:

hellblau	weiß	gelb
1	11	38
2	22	26
3	33	14
4	44	2

Da weniger gelbe als weiße, aber mehr gelbe als hellblaue Lose in der Trommel sind, kommt nur die dritte Variante mit 3 hellblauen und 33 weißen Losen infrage. Also sind es 14 gelbe Lose.

L 5.13 (**B**) Mit a, b, c, d, e bezeichnen wir die Zahlen, die sich Irenes Bruder zum Addieren ausgedacht hat. Wir versuchen, $a + b + c + d + e$ als Ganzes darzustellen/auszurechnen: Dazu bilden wir $(a + b) + (a + c) + (a + d) + (a + e) + (b + c) + (b + d) + (b + e) + (c + d) + (c + e) + (d + e) = 4 \cdot (a + b + c + d + e) = -3 + (-1) + 0 + 2 + 3 + 3 + 4 + 5 + 6 + 9 = 28$. Und daraus erhalten wir für $a + b + c + d + e$ folglich $28 : 4 = 7$. – Übrigens hätte Irene die Zahlen, die sich ihr Bruder ausgesucht hat, auch eindeutig ermitteln können. Es sind $-2, -1, 1, 4$ und 5.

L 5.14 (C) Aufgabe 1 haben genau 10 Teilnehmer *nicht* gelöst. Analog haben Aufgabe 2 genau 15, Aufgabe 3 genau 22 und Aufgabe 4 genau 33 Teilnehmer *nicht* gelöst. Wenn kein Teilnehmer mehr als eine Aufgabe *nicht* gelöst hat, haben höchstens $10+15+22+33 = 80$ Teilnehmer irgendeine der Aufgaben *nicht* gelöst. Damit haben mindestens 20 Teilnehmer alle Aufgaben gelöst.

L 5.15 (D) Die 6 Kinder, die mit nur einem Geschwisterkind bei der Regionalrunde dabei sind, stammen aus 3 Familien; die 9 Kinder, die mit zwei Geschwisterkindern dabei sind, stammen aus 3 Familien; und die 4 Kinder, die mit drei Geschwisterkindern dabei sind, müssen alle Geschwister sein, stammen also aus derselben Familie. Von den 48 Teilnehmern sind es $6 + 9 + 4 = 19$ Teilnehmer, die nicht allein aus ihren Familien kommen, die restlichen $48 - 19 = 29$ sind die einzigen aus ihren Familien. Folglich sind Teilnehmer aus $29 + 3 + 3 + 1 = 36$ Familien bei der Regionalrunde dabei.

L 5.16 (C) Mit jedem Spielzug vermindert sich die Summe der Zahlen, die auf der Tafel stehen, genau um 1. Nach neun Zügen ist aber nur mehr eine Zahl auf der Tafel, die also genau um 9 kleiner als die Summe der ursprünglichen Zahlen sein muss, egal wie gespielt wurde. Die Ausgangssumme war die Summe aller Zahlen von 1 bis 10, also 55. Zum Schluss bleibt also sicher die Zahl $55 - 9 = 46$ auf der Tafel übrig

L 5.17 (A) Kurts Alter war vor 7 Jahren eine durch 8 teilbare Zahl, also (da Kurts gegenwärtiges Alter geringer als 100 Jahre ist) eine der Zahlen $8, 16, 24, 32, 40, 48, 56, 64, 72, 80, 88$. Addieren wir $15 = 7+8$ zu Kurts Alter vor 7 Jahren, dann erhalten wir Kurts Alter in 8 Jahren, also eine der Zahlen $23, 31, 39, 47, 55, 63, 71, 79, 87, 95, 103$. Die einzige durch 7 teilbare Zahl in dieser Folge ist 63. Kurt ist also $63 - 8 = 55$ Jahre alt.
Wir führen nun mit Walters Alter dieselben Betrachtungen und Rechnungen durch wie mit dem von Kurt: Vor 8 Jahren war sein Alter eine der Zahlen $7, 14, 21, 28, 35, 42, 49, 56, 63, 70, 77, 84, 91$ und in 7 Jahren wird es folglich eine der Zahlen $22, 29, 36, 43, 50, 57, 64, 71, 78, 85, 92, 99, 106$ sein. Von diesen ist die einzige durch 8 teilbar Zahl die 64. Walter ist folglich $64 - 7 = 57$ Jahre alt.
Walter ist somit 2 Jahre älter als Kurt, wie in Antwortmöglichkeit (**A**) angegeben ist.

Reihenfolgen und Buchstabenschlangen

L 5.18 (D) Aus der Information, dass der Hund *direkt hinter* der Katze trottet, können wir folgern, dass nur die Lösungsvarianten (**C**) und (**D**) infrage kommen. Und der Esel läuft nur bei (**D**) zwischen Hahn und Katze, bei (**C**) nicht. Also ist die Reihenfolge Hahn, Esel, Katze, Hund richtig.

L 5.19 (**D**) Wir erfahren, wie die Reihenfolge der Stadtmusikanten am Ende ihrer Wanderung ist: Hahn, Esel, Hund, Katze. Diese Reihenfolge war entstanden durch den Tausch von Katze und Hahn. Folglich war die Reihenfolge vor diesem Tausch: Katze, Esel, Hund, Hahn. Bei dem Tausch davor, aus dem diese Reihenfolge entstanden war, hatten Esel und Katze ihre Plätze getauscht. Also war die Reihenfolge zu Beginn der Wanderung: Esel, Katze, Hund, Hahn.

L 5.20 (**C**) Wir sehen uns das Schema, das die Mathelehrerin an die Tafel geheftet hat, genau an. Die Zahlen wachsen von links nach rechts und sie wachsen von oben nach unten. Dann kann (**B**) nicht Lösung sein, denn die 58 befindet sich hier in einer Zeile oberhalb der kleineren 52. Weiter erkennen wir, dass alle Zahlen in der ersten Spalte entweder auf eine 1 oder auf eine 6 enden. Alle Zahlen in der zweiten Spalte enden entweder auf eine 2 oder auf eine 7. Schon können wir drei weitere Lösungsvorschläge ausschließen, denn bei (**A**) endet die in der 2. Spalte stehende Zahl 43 auf 3, bei (**D**) sind sowohl 81 als auch 86 falsch angesiedelt. Bei (**E**) schließlich ist die 90 verkehrt eingetragen.
Damit muss (**C**) die Lösung sein. Und tatsächlich passt sowohl die 69 in die 4. Spalte als auch die 72 in die 2. Spalte, eine Zeile unterhalb jener mit der 69.

66	67	68	**69**	70
71	**72**	73	74	75

L 5.21 (**B**) Wir überlegen uns, dass die einzige Entfernungsangabe, in der das Ziel des Boten Agnus, die G-Burg, auftaucht, diejenige für die Entfernung der B-Burg zur G-Burg ist. Sie beträgt 60 km. Nun müssen wir herausfinden, wie weit es von der A-Burg zur B-Burg ist. Diese Entfernung ist nicht angegeben, aber wir finden, dass für die B-Burg die Entfernung zur D-Burg bekannt ist. Sie beträgt 25 km. Da es von der D-Burg zur A-Burg 36 km sind, ist die B-Burg von der A-Burg also 36 km − 25 km = 11 km entfernt. Daraus errechnen wir dann, dass von der A-Burg zur G-Burg 11 km + 60 km = 71 km zurückzulegen sind.

L 5.22 (**C**) Da es sich um nicht allzu große Zahlen handelt und das Rechnen schnell geht, ist ein vernünftiger Lösungsweg, das Wachsen des Münzhaufens Schritt für Schritt zu protokollieren: Nachdem wir für Barbossa die 155 Münzen ausgerechnet haben, wissen wir, dass Sparrow 145 Goldmünzen gehören. Denn: Barbossa hat nun 20 Münzen mehr als Turner und die Differenz zwischen seinem und dem Anteil Turners wächst ständig weiter, es gibt also, wenn weiter verteilt werden würde, keinen weiteren Punkt, an dem er genau 20 Münzen

Sparrow	Barbossa	Turner
1	2	3
5	7	9
12	15	18
22	26	30
35	40	45
51	57	63
70	77	84
92	100	108
117	126	135
145	155	

mehr als Turner hat. – Grund dafür ist die Bedingung aus der Aufgabe, dass bei diesem Aufteilungsverfahren alle Münzen ohne Rest zugeordnet werden können.

L 5.23 (**C**) Bei Tafel (**C**) hat Karl sich geirrt. Damit die Buchstabenschlange auf das doppelte S endet, müssen die beiden S in benachbarten Karos stehen. Die anderen Buchstabenschlangen können nach Karls Regel geschrieben werden, wie wir hier zeigen:

5.2 Wahre und falsche Aussagen

Wo findet sich ein Widerspruch?

L 5.24 (**A**) Sonja teilt mit, dass die Schokolade weder in der weißen noch in der grünen Dose ist. Dann muss die Schokolade in der roten Dose sein. Da die Kaugummis entweder in der weißen oder in der roten Dose sind, die rote Dose aber schon die Schokolade enthält, kann Sonjas Bruder die Kaugummis nur in der weißen Dose finden.

L 5.25 (**C**) Da jeder dieselbe Summe auf seinen Karten hat, errechnen wir zuerst diese Summe. Sie ist die Hälfte der Summe aller 8 Zahlen, also $(1 + \cdots + 8) : 2 = 36 : 2 = 18$. Da die Summe eine gerade Zahl ist, muss unter den 5 Zahlen eine gerade Anzahl ungerader Zahlen sein. Damit fallen die Antwortmöglichkeiten (**A**) und (**E**) weg. Die Karte mit der 1 könnte bei den 5 Karten sein, denn es ist z. B. $1+2+4+5+6 = 18$. Also entfällt (**B**). Die Karte mit der 5 könnte bei den 3 Karten sein, denn $5+6+7 = 18$, womit auch (**D**) als Lösungsmöglichkeit entfällt. Nach den Regeln des Känguru-Wettbewerbs ist damit klar, dass (**C**) die Lösung sein muss. Das wollen wir nun aber auch noch mathematisch begründen. Angenommen die 2 würde zu den 3 Karten gehören, die ich habe. Auch mit diesen Karten muss als Summe 18 erzielt werden. Das ist allerdings unmöglich, denn selbst wenn ich die beiden Karten mit den größten hier vorhandenen Zahlen, 7 und 8, hätte, ergäbe sich als Summe der drei Zahlen nur $2 + 8 + 7 = 17$, und das ist zu klein. Folglich muss die Karte mit der 2 bei den fünf Karten sein.

L 5.26 (**E**) Die Verneinung der Aussage „Alle sind mindestens 17 Jahre alt." lautet: *Es gibt einen*, für den das Kriterium, mindestens 17 Jahre alt zu sein, *nicht zutrifft*, also einen, der jünger ist.

L 5.27 (**B**) Nehmen wir an, die beiden ersten Aussagen sind richtig, die Zahl wäre also sowohl durch 5 und als auch durch 11 teilbar. Dann ist sie allerdings auch durch $5 \cdot 11 = 55$ teilbar, d. h., es wären 3 Aussagen richtig, was der Bedingung, dass *genau* 2 richtig sind, widerspricht. Hier bemerken wir bereits, dass die Wahrheit der 3. Aussage (*Sie ist durch 55 teilbar.*) sofort nach sich zieht, dass die 1. und 2. Aussage auch richtig sind. Damit ist klar, dass die 3. Aussage falsch sein muss. Also muss genau eine der beiden ersten Aussagen und die 4. Aussage richtig sein. Die 2. Aussage zusammen mit der 4. Aussage wird nur von der 0 erfüllt, womit dann aber auch die 1. und 3. Aussage richtig wären. Demzufolge wissen wir, dass die beiden richtigen Aussagen die 1. und die 4. sind. Die gesuchte Zahl ist 5.

L 5.28 (**E**) Mit den Ergebnissen 4, 4, 4, 4 hat Ute das Durchschnittsergebnis 4, und Aussage (**A**) kann richtig sein. Mit 3, 3, 5, 5 hat sie ebenfalls den Durchschnitt 4, und (**B**) kann also auch stimmen. Auch für (**C**) ist mit 3, 4, 4, 5 eine Variante vorhanden, bei der der Durchschnitt 4 erreicht wird. Und mit 1, 5, 5, 5 hat Ute wiederum den Durchschnitt 4, sodass auch (**D**) richtig sein kann. Folglich muss (**E**) die Lösung sein. Dies kann man aber auch direkt einsehen, da ein Durchschnittsergebnis von 4 bei vier Ergebnissen eine Summe von 16 auf alle vier Ergebnisse bedeutet. Hat Ute genau dreimal 3, so muss sie beim vierten Mal $16 - 3 \cdot 3 = 7$ erreichen, und dies ist nicht möglich.

Der Lüge mit Logik zu Leibe

L 5.29 (**C**) Angenommen, die erste vernommene Person hätte die Wahrheit gesagt – alle anderen würden lügen. Dann wäre die Aussage der zweiten Person, die behauptet, dass die erste gelogen habe, eine Lüge. Die dritte Person würde also die Wahrheit sprechen – im Widerspruch zur Aussage der ersten. Folglich ist die Aussage der ersten Person eine Lüge. Damit hat die zweite Person die Wahrheit gesprochen. Die dritte jedoch, die die zweite als Lügner bezeichnet, hat eine falsche Aussage gemacht. Dies bedeutet, dass die vierte Person die Wahrheit spricht. Nun ist klar, dass in der Gruppe der verhörten Personen jede zweite die Wahrheit spricht, also die 2., 4., 6., 8., 10., 12. und 14. Das sind 7 Personen, während die verbleibenden 8 Personen gelogen haben.

L 5.30 (**D**) Da nur *eine* Zahl zwischen 0 und 7 die Anzahl der Lügenbäume angeben kann, müssen mindestens 6 der Bäume lügen, da jeder Baum eine andere Zahl sagt. Würden alle 7 Bäume lügen, hätte der siebte Baum die Wahrheit gesagt. Also kann es nur 6 Lügenbäume geben, Lösung (**D**). Der sechste Baum hat als einziger nicht gelogen.

L 5.31 (**B**) Zuerst stellen wir fest, dass *höchstens einer* der Kraken die Wahrheit sprechen kann, da vier unterschiedliche Angaben zur Anzahl der Arme gemacht werden, wovon ja nur eine zutreffen kann.

Nehmen wir also an, dass *alle vier* Kraken lügen. Da nur die 7-armigen Kraken lügnerisch sind, muss es also genau vier 7-armige Kraken geben. Dann hätten die vier Kraken zusammen $4 \cdot 7 = 28$ Arme. 28 Arme – das ist die Aussage, die der blaue Krake macht – wäre folglich eine wahre Aussage. Und das ist ein Widerspruch dazu, dass der blaue Krake – wie alle anderen – lügt.

Nun wissen wir: Da höchstens ein Krake die Wahrheit sagt und – wie eben gezeigt – nicht alle lügen können, ist nur noch die folgende Situation möglich: Genau ein Krake sagt die Wahrheit, genau drei Kraken lügen. Jene drei Kraken, die lügen, haben zusammen $3 \cdot 7 = 21$ Arme. Der Krake, der die Wahrheit sagt, hat entweder 6 oder 8 Arme. Er muss demzufolge entweder von $21+6 = 27$ oder von $21+8 = 29$ Armen berichten. Es gibt keinen, der von 29 Armen berichtet, jedoch spricht der grüne Krake von 27 Armen, also hat der die Wahrheit sprechende Krake die Farbe grün.

5.3 Magische Figuren und Kryptogramme

Zahlen und Figuren

L 5.32 (**B**) Da auf jeder Sechseckseite die Summe der beiden Zahlen gleich ist, stehen auf den beiden zur 5 benachbarten Ecken dieselben Zahlen. Und gehen wir von diesen jeweils einen Schritt weiter, so trifft dasselbe erneut zu, was bedeutet, dass wieder jeweils eine 5 zu schreiben ist. Dieselbe Überlegung ist auch aus Richtung der Ecke mit der 2 richtig. Wir finden also abwechselnd 5 und 2 an den Sechsecksecken, woraus sich $x = 5$ ergibt.

L 5.33 (**D**) Bezeichnen wir die Punkte der Reihe nach, beginnend dort, wo in der Aufgabe die 1 stand, im Uhrzeigersinn mit A, B, C, D, E, F, G und H, so muss bei den Punkten B, D, F und H jeweils 4 geschrieben werden, da diese Punkte mit den drei Punkten A, C und E verbunden sind, und somit weder 1, 2 noch 3 stehen kann. Bei G kann aber nicht 4 stehen, da G mit allen Punkten mit 4 verbunden ist. Die Zahl 4 erscheint also viermal in der Figur.

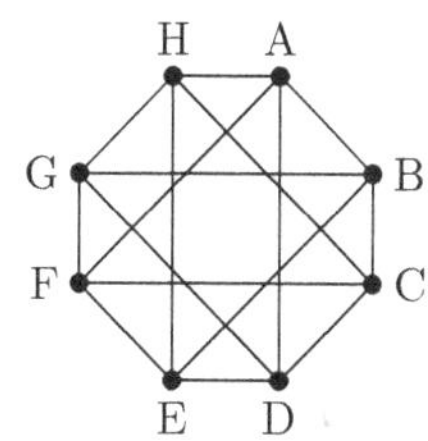

L 5.34 (**E**) Genauere Betrachtung der fünf Zahlen zeigt, dass wir auf drei verschiedene Weisen Paare mit gleicher Summe bilden können. Diese Paare sind (4, 13) und (7, 10) wegen $4 + 13 = 7 + 10 = 17$, (1, 13) und (4, 10) wegen $1 + 13 = 4 + 10 = 14$ sowie (1, 10) und (4, 7) wegen $1 + 10 = 4 + 7 = 11$. Die jeweils 5. Zahl – 1 bzw. 7 bzw. 13 – gehört ins Zentrum des Kreuzes. Die möglichen Summen der drei Zahlen einer Reihe sind folglich: $1 + 17 = 18$, $7 + 14 = 21$ und $11 + 13 = 24$. Davon ist 24 – mit der 13 im Zentrum des Kreuzes – die größte Zahl.

L 5.35 (C) Wir benennen die Zahlen in den Kreisen mit A bis D (siehe Bild rechts). Die Zahl A ist mit drei weiteren Kreisen verbunden. In diesen drei Kreisen kann weder Vorgänger noch Nachfolger von A stehen – dafür bleibt nur der Kreis mit der Zahl C. Folglich kann A unter den Zahlen $1, 2, 3, 4, 5$ nur *entweder* einen Vorgänger *oder* einen Nachfolger besitzen. Also ist A gleich 1 oder 5.

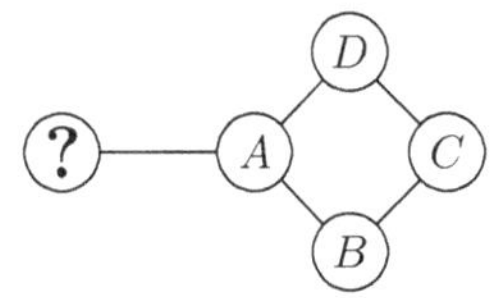

1. Fall: A ist gleich 1: In diesem Fall ist C gleich 2. Die 3 als Nachfolger der Zahl 2 kann weder B noch D sein, muss also an die Stelle des Fragezeichens.

2. Fall: A ist gleich 5: In diesem Fall ist C gleich 4. Auch hier kann die 3 als Vorgänger der Zahl 4 weder B noch D sein, muss also an die Stelle des Fragezeichens.

An die Stelle des Fragezeichens gehört in jedem Fall die 3. In den beiden beschriebenen Fällen findet man schnell insgesamt 4 Möglichkeiten, die fünf Zahlen aufzuteilen:

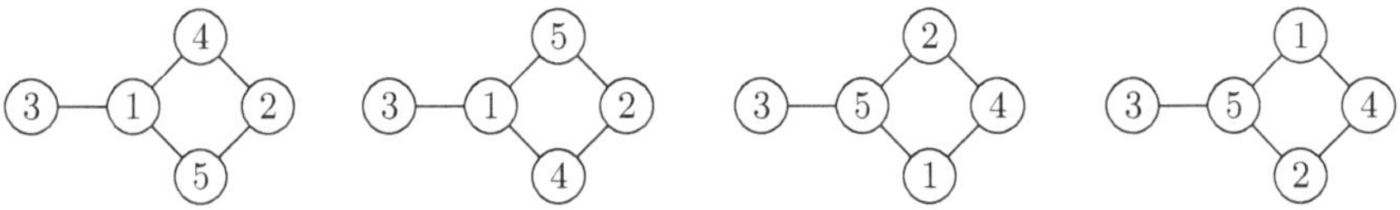

L 5.36 (E) Georg könnte sich überlegen, dass er ganz gewiss die 5 nicht in eine Reihe mit der 8 schreiben darf, denn dann bliebe bis zur Summe 13 nur noch 0, und 0 ist bei den Zahlen, die er eintragen darf, nicht dabei. Folglich muss die 5 in der Ecke unten rechts stehen. Nachdem dort die 5 ist, sind alle anderen Eintragungen ein Leichtes, denn es ist stets nur die Ergänzung zu 13 auszurechnen. Die Summe in den grauen Kreisen ist folglich $8 + 2 + 5 + 1 = 16$.

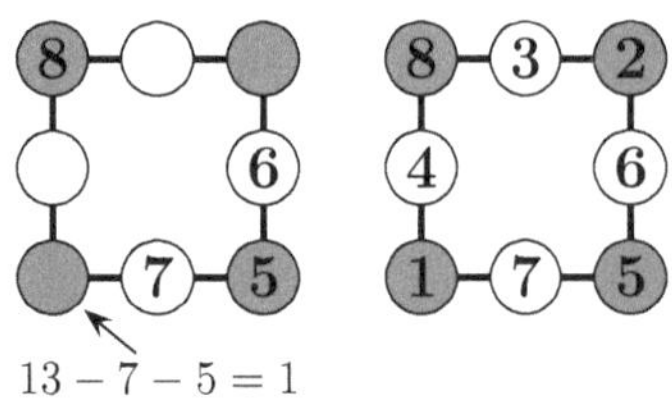

L 5.37 (C) Wir schreiben an die drei Ecken, für die geeignete Zahlen zu finden sind, die Buchstaben x, y und z. Dann gibt es eine Seitenfläche des Körpers, an deren Ecken sich 5, 1 und x befinden. Ebenso gibt es eine Seitenfläche, an deren Ecken sich 5, 1 und y befinden. Weil entsprechend den in der Aufgabe gegebenen Bedingungen $5+1+x = 5+1+y$ gelten muss, können wir folgern, dass x und y gleich sein müssen. Da es auch eine Seitenfläche gibt, an deren drei Ecken einmal die 1 und zweimal ein x stehen, kann wegen $5 + 1 + x = 1 + x + x$ nur $x = 5$ richtig sein.

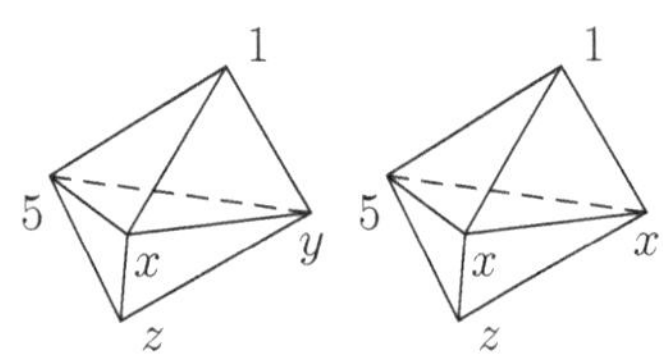

Wenden wir uns jetzt der Ecke zu, an der das z steht. Wir sehen, dass $1+5+5 = z+5+5$ gelten muss. Daraus ergibt sich unmittelbar $z = 1$. Die gesuchte Summe der fünf Eckzahlen ist folglich $5+5+5+1+1 = 17$.

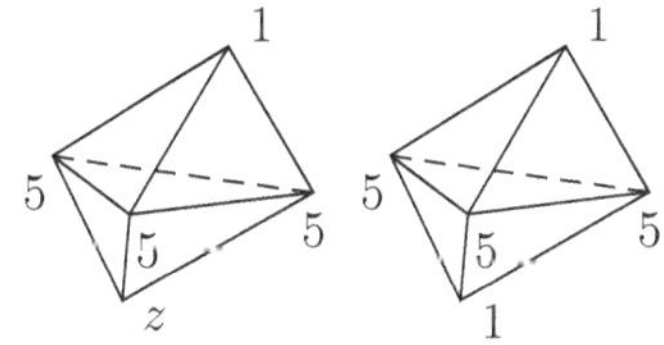

L 5.38 (B) Die Summe der Zahlen von 1 bis 9 ist gleich 45. Diese Summe finden wir, wenn wir die Zahlen in den schraffierten Gebieten und die Zahlen in den unteren Kreisen zusammenrechnen. Da in jedem Kreis die Summe 11 steht, ist die Summe der Zahlen in den schraffierten Gebieten gleich $45 - 2 \cdot 11 = 23$. Die einzige Möglichkeit, die Zahl 23 als Summe von 3 Zahlen zwischen 1 und 9 darzustellen, ist $23 = 9+8+6$. Daher müssen 9, 8 und 6 in den schraffierten Gebieten stehen.

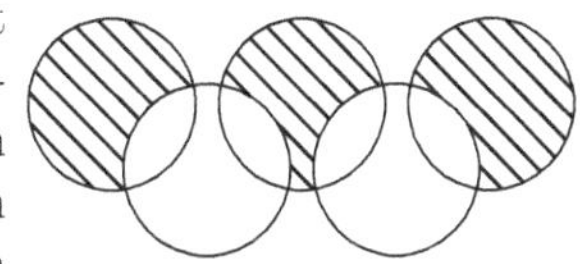

1. Fall: Im Gebiet mit dem Fragezeichen steht die 9. Dann müsste in den beiden übrigen Gebieten in diesem Kreis jeweils eine 1 stehen. Das ist aber nicht möglich.

2. Fall: Im Gebiet mit dem Fragezeichen steht die 8. Dann sind 1 und 2 im selben Kreis. Die 9 müsste in einem der äußeren Kreise sein – zusammen mit der 2, die aber im mittleren Kreis steht.

3. Fall: Im Gebiet mit dem Fragezeichen steht die 6. Das ist die letzte verbleibende Möglichkeit. Wir zeigen, dass das Füllen hier auch möglich ist: Im Kreis mit der 6 fehlen noch 5, also 2 und 3 oder 1 und 4. Da die 2 in einem der äußeren Kreise bei der 9 stehen muss, bleiben nur 1 und 4 für den mittleren Kreis. In den äußeren Kreisen stehen 9 und 2 bzw. 8 und 3. Die Zahlen 5 und 7 lassen sich eindeutig in die unteren Kreise schreiben. Wir erhalten zwei mögliche (zueinander gespiegelte) Lösungen:

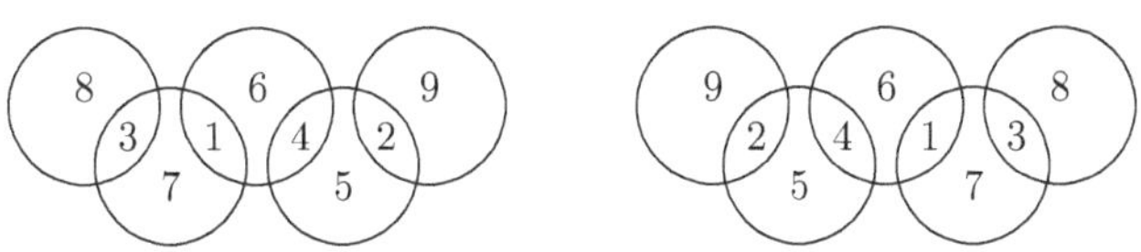

L 5.39 (B) Wir bemerken, dass keine der 5 Zahlen eine Primzahl sein kann, da jede Zahl mit den beiden nicht benachbarten Zahlen jeweils einen gemeinsamen Teiler > 1 hat, und diese beiden Teiler verschieden sein müssen, da benachbarte Zahlen keine gemeinsamen Teiler > 1 besitzen. Es ist $18 = 2 \cdot 9$, $91 = 7 \cdot 13$, $99 = 9 \cdot 11$ und $119 = 7 \cdot 17$. Diese Zahlen haben sämtlich mindestens 2 verschiedene Primteiler, jede von ihnen könnte an einer Ecke eines solchen Fünfecks vorkommen. Die Zahl 31 ist eine Primzahl, sie ist nicht möglich.

Rechteck-Ausfüllrätsel

L 5.40 (A) Wir bezeichnen die fehlenden Zahlen mit a, b, c, d und summieren die Zahlen in den beiden dick umrandeten 2×2-Teilquadraten:
$(1+2+a+b)+(2+3+c+d) = 10+10$, also $a+b+c+d = 20-8 = 12$. Wir können auch versuchen, die leeren Zellen mit Zahlen so zu füllen, dass die Bedingung erfüllt ist. Eine Möglichkeit ist im unteren Bild zu sehen.

1	b	0
a	2	c
4	d	3

1	5	0
2	2	3
4	2	3

L 5.41 (E) Wir tragen in die leeren Felder Variablen ein und erhalten aus den Voraussetzungen: $a+c+1+2 = 10$, $b+c+1+4 = 10$, $c+d+3+4 = 10$ und $c+e+2+3 = 10$, woraus durch Addition $a+b+d+e+4c = 40 - 2 \cdot (1+2+3+4) = 20$ folgt. Damit ist $a+b+c+d+e = 20 - 3c$. Die Summe der 5 einzutragenden Zahlen hängt also davon ab, welche Zahl wir für c wählen. Außerdem lässt die Zahl $20 - 3c$ bei Division durch 3 den Rest 2, was für keine der Zahlen 9, 10, 12 und 13 zutrifft.

a	2	e
1	c	3
b	4	d

L 5.42 (C) Es gibt jeweils eine Färbung mit nur weißen oder nur schwarzen Feldern. Ebenso gibt es jeweils eine mit genau einem weißen bzw. genau einem schwarzen Feld. Dazu kommen 2 Färbungen mit 2 weißen und 2 schwarzen Feldern, da die gleich gefärbten einander entweder diagonal gegenüberstehen oder aber eine geneinsame Seite haben können. Zusammen gibt es also 6 Färbungen.

L 5.43 (C) Um in der obersten Zeile 2 Kästchen lila zu färben, haben wir drei verschiedene Möglichkeiten (siehe Bild). In keinem der Fälle ist in der zweiten Zeile ein Kästchen zu färben. Für die Lage des einen lila Kästchens in der dritten Zeile gibt es in den ersten beiden Fällen jeweils 2 Möglichkeiten und im dritten Fall nur eine. Das zu färbende Kästchen in der vierten Zeile ist durch die ersten drei Zeilen jeweils eindeutig bestimmt. Insgesamt gibt es 5 verschiedene Möglichkeiten:

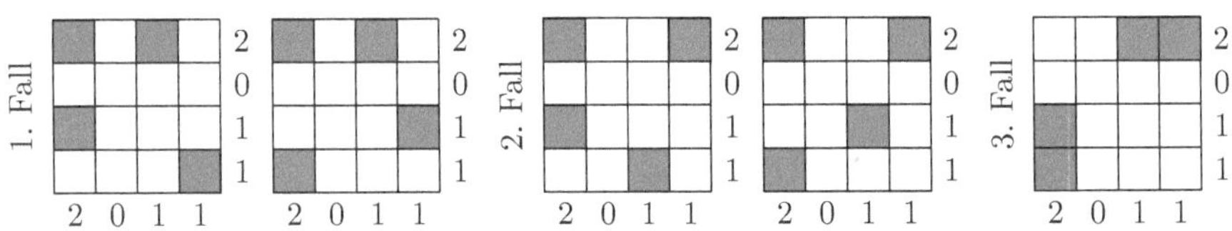

L 5.44 (C) Von den 11 grauen Feldern dürfen nur fünf grau bleiben (in jeder Zeile eines). Es müssen also sechs weiß gefärbt werden. Dies ist auf verschiedene Arten möglich. Rechts sind zwei Beispiele gezeichnet.

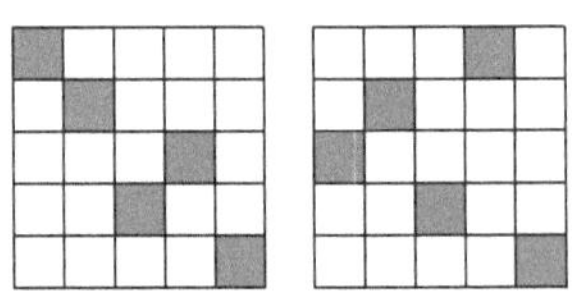

L 5.45 (**A**) In der Lösung verwenden wir nur die Käfigzahlen und setzen erst zum Schluss die Kaninchen dazu. Um den Stall übersichtlich zu bezeichnen, schreiben wir z. B. (r1,s1) für den Käfig in der Reihe 1 (von oben) und Spalte 1 (von links). – Für den Käfig in (r2,s1) kommt sowohl die 3 als auch die 4 infrage. Dabei ist klar, dass dann in (r2,s2) gerade die andere dieser beiden Rassen gehört. Auf der rechten Seite des Stalls können wir analog in (r2,s5) entweder 1 oder 2 und dann in (r2,s4) entsprechend 2 oder 1 sperren. Es sind jedoch nicht alle denkbaren Belegungen der eben betrachteten vier Ställe möglich: Auf den Bildern rechts sind die einzelnen Fälle dargestellt. Im 1. Fall (Bild oben) kann das graue Feld nicht besetzt werden, im 2. Fall (2. Bild v. o.) muss die 4 in das hellgraue Feld – und dann kann das graue Feld darunter nicht belegt werden. Offenbar ist aber auch die Belegung, die im 3. Bild v. o. zu sehen ist, nicht möglich – für den grauen Käfig gibt es keine geeignete Kaninchenrasse. In das graue Feld kann nur die Rasse 1 gesetzt werden, und für das Feld darunter gibt es dann keine Belegungsmöglichkeit mehr. Es bleibt die im 4. Bild dargestellte Belegung. Wir stellen fest, dass hier die zweite Reihe abgesehen vom mittleren Feld (r2,s3) das Spiegelbild der ersten Reihe ist. Also wiederholen sich für die 3. und 4. Reihe die Betrachtungen und folglich gehört in den Fragezeichenkäfig das Kaninchen (**1**), der schwarze Zwergwidder.

1	2		3	4
3	**4**		**1**	**2**

1	2		3	4
4	**3**		**1**	**2**

1	2		3	4
3	**4**		**2**	**1**

1	2		3	4
4	**3**		**2**	**1**

L 5.46 (**C**) Wir tragen in einige der leeren Felder Buchstaben ein und beginnen beim Fragezeichen mit a. Wir müssen geschickt nutzen, dass Zeilen-, Spalten- und Diagonalensummen übereinstimmen. Eine Möglichkeit wird nun kurz beschrieben: Es gilt, dass $b+c+63 = d+47+e = a+b+d = a+c+e$ ist. Dann gilt auch: $b+c+63+d+47+e = a+b+d+a+c+e$, woraus wir nach Subtraktion der auf beiden Seiten der Gleichung anzutreffenden b, c, d und e die Gleichung $63+47 = 2a$ erhalten, woraus $a = 55$ folgt.

a	b	d
	c	47
	63	e

Kryptogramme

L 5.47 (**A**) Die Anzahl der verschiedenen Buchstaben ist 10. Folglich treten alle 10 einstelligen Zahlen in der Produktgleichung auf, insbesondere die 0. Damit ist klar, dass jenes Produkt, in dem die 0 als Faktor enthalten ist, 0 ist. Also steht auf einer Seite der Gleichung 0. Dann muss jedoch auch das auf der anderen Seite der Gleichung stehende Produkt 0 sein, mit anderen Worten muss der Faktor 0 auf beiden Seiten der Gleichung vorkommen. Der einzige Buchstabe, den wir auf beiden Seiten finden, ist E. Dann ist $E = 0$ und demzufolge das Produkt $Z \cdot W \cdot E \cdot I$ gleich 0.

L 5.48 (E) Da z auf 0 endet, muss $\sqrt{z}$ auch auf 0 enden und z demzufolge auf 00. Die 5 vor den beiden Nullen in z kann nur entstehen, wenn $\sqrt{z}$ auf 50 endet. Dann muss $\sqrt{z} = 450$ sein. — Eine Teilbarkeitsbetrachtung führt ebenso zum Ziel: Da die Quadratzahl z durch 27 teilbar ist, muss $\sqrt{z}$ durch 9 teilbar sein. Von den vorgeschlagenen Zahlen ist nur 450 durch 9 teilbar – und es hat $450^2 = 202\,500$ die in der Aufgabe gegebene Form.

L 5.49 (D) Wir schreiben die Aufgabe in Form einer Additionsaufgabe, damit sich diese Känguruaufgabe leichter lösen lässt:

$$\begin{array}{r} 2\;0\;1\;1 \\ +\,L\,O\,T\,T \\ \hline C\,H\,A\,R \end{array}$$

Falls T eine der Ziffern von 0 bis 8 ist, dann ist die Summe $11 + TT$ eine zweistellige Zahl, die aus zwei gleichen Ziffern besteht. Da jedoch A und R verschiedene Ziffern sind, muss $T = 9$ sein. Bei der Addition $1 + T$ wird also der Zehner überschritten. Und dann ergibt sich $11 + 99 = 110$, also $A = 1$ und $R = 0$. Die gesuchte Summe ist $A + R + T = 1 + 0 + 9 = 10$.

L 5.50 (C) Da $\blacksquare + \bigstar - \triangle$ gefragt ist, versuchen wir, dies aus den gegebenen Summen zusammenzustellen. Es gibt dafür mehr als eine Möglichkeit. Eine ist die folgende: Addieren wir die erste Zeile und die erste Spalte, so erhalten wir $(\blacksquare + \bigstar + \blacksquare) + (\blacksquare + \bigstar + \bigstar) = 11 + 10$ bzw. $3 \cdot (\blacksquare + \bigstar) = 21$. Daraus folgt $\blacksquare + \bigstar = 7$. Damit erhalten wir aus der 2. Zeile der Tabelle $(\bigstar + \blacksquare) + \triangle = 7 + \triangle = 8$ bzw. $\triangle = 1$. Und nun ist klar, dass $\blacksquare + \bigstar - \triangle = 7 - 1 = 6$ ist.

L 5.51 (D) Da das Produkt der Endziffer L von KKL mit L, also $L \cdot L$, auf die Endziffer L von $ML5L$ endet, kommen für L nur die Werte 0, 1, 5 und 6 infrage. Darunter scheiden 0 und 1 sofort aus, weil L einer der Faktoren ist und sich das Produkt $ML5L$ von 0 und vom anderen Faktor KKL unterscheidet. Angenommen es ist $L = 5$. Dann wäre $L \cdot L = 25$. Damit im Produkt die 5 an der Zehnerstelle entsteht, muss zu dem Übertrag 2 eine 3 addiert werden. Da das Produkt, das bei der Multiplikation $K \cdot 5$ entsteht, jedoch nur auf 0 oder auf 5 enden kann, ist $L = 5$ nicht möglich. Also kommt nur noch $L = 6$ infrage. Wir setzen dies ein und rechnen: $6 \cdot 6 = 36$. Der Übertrag 3 muss nun, wenn wir ihn zum Einer des Produkts $K \cdot 6$ addieren, 5 ergeben. Also muss der Einer des Produkts $K \cdot 6$ gleich 2 sein. Es enden nur die Produkte $2 \cdot 6 = 12$ und $7 \cdot 6 = 42$ auf 2. Wir probieren es mit $K = 2$. Dies eingesetzt, führt zu $KKL \cdot L = 226 \cdot 6 = 1356$, was nicht möglich ist, da die Hunderterziffer des Produktes 6 sein muss. Es bleibt nur noch die Möglichkeit $KKL \cdot L = 776 \cdot 6 = 4656$. Das ist die Lösung der Multiplikationsaufgabe. Für die Aufgabe, die zu bearbeiten ist, muss nun noch $K + L + M$ gebildet werden, das ist $7 + 6 + 4 = 17$.

L 5.52 (**B**) Zuerst kürzen wir das A und erhalten $\frac{F \cdot E \cdot B \cdot R \cdot U \cdot R}{M \cdot I}$. Da der Wert des Bruchs möglichst klein werden soll, versuchen wir den Nenner so groß wie möglich zu machen, d. h., wir ersetzen M und I durch 8 und 9: $\frac{F \cdot E \cdot B \cdot R \cdot U \cdot R}{8 \cdot 9}$. Nun müssen wir im Zähler für die Buchstaben möglichst kleine Zahlen finden, sodass sich die 8 und die 9 im Nenner kürzen lassen. Weil 8 und 9 nur durch 2 und 3 teilbar sind, betrachten wir neben der 1 nur solche einstellige Zahlen, die ebenfalls nur die Primfaktoren 2 und 3 enthalten: 2, 3, 4 und 6. Der Zähler wird am kleinsten, wenn das doppelt auftretende R gleich 1 ist. Dann ist der Bruch gleich $\frac{2 \cdot 3 \cdot 4 \cdot 1 \cdot 6 \cdot 1}{8 \cdot 9} = 2$.

Wenn wir die Buchstaben durch die Zahlen $1, 2, 3, 4, 6, 8, 9$ ersetzen, ist kein kleinerer Wert möglich, wie wir gesehen haben. Würden wir statt einer dieser Ziffern die 5 verwenden, dann kann diese nur im Zähler stehen, da sonst keine ganze Zahl entsteht. Der Wert des Bruchs wäre dann aber mindestens 5. Für 7 gilt das analog.

L 5.53 (**E**) Wir stellen zuerst fest, dass sich $R \neq D$ nur realisieren lässt, wenn $1 + E \geq 10$ ist, woraus $E = 9$ folgt. Dann folgt $D = 0$ und $R = 1$. Nun muss $S + 1 = A$ und $A + 2 = G$ bzw. $A + 3 = G$ (falls ein Übertrag entsteht) gelten. Da die Ziffern 0, 1 und 9 nicht mehr zur Verfügung stehen, gibt es die folgenden 4 Möglichkeiten für die Ziffern S, A und G:

$$\begin{array}{lcl} S = 2,\ A = 3,\ G = 5 & \Longrightarrow & 5310 - 3299 = 2011 \\ S = 3,\ A = 4,\ G = 6 & \Longrightarrow & 6410 - 4399 = 2011 \\ S = 4,\ A = 5,\ G = 7 & \Longrightarrow & 7510 - 5499 = 2011 \\ S = 5,\ A = 6,\ G = 8 & \Longrightarrow & 8610 - 6599 = 2011 \end{array}$$

Puzzelei

L 5.54 (**D**) Frederic hat sich bei (**D**) geirrt, indem er die dunkle Linie, statt sie diagonal von Ecke zu Ecke zu zeichnen, parallel zur Fliesenseite gezeichnet hat.

L 5.55 (**B**) Der Münzenkreis lässt sich durch das Verschieben von zwei Münzen aus dem Münzendreieck erzeugen, wie die Zeichnung zeigt. Dass eine Münze nicht ausreicht, erkennen wir daran, dass unabhängig davon, welche Münze wir entfernen, von den anderen fünf Münzen stets noch eine nicht zu einem Münzenkreis gehört, also noch entfernt werden muss.

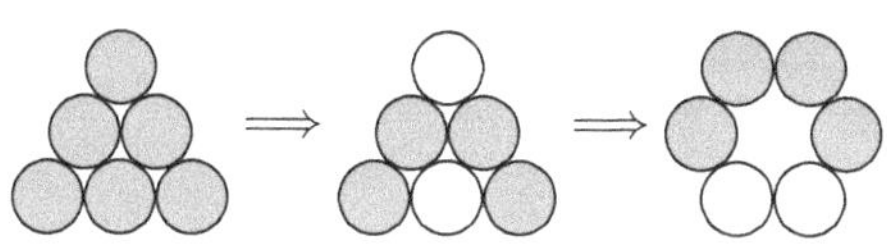

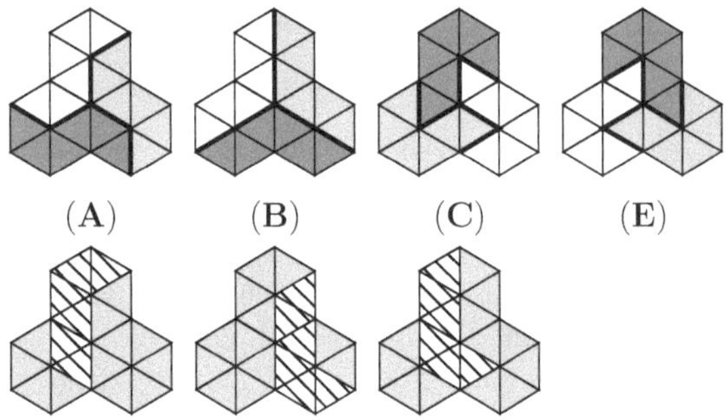

L 5.56 (**D**) Wir zeichnen mit dicken Linien ein, wie die Teile zusammengelegt sein können und heben die Teile hervor. Wir sehen, dass sich aus jeweils 3 Teilen der Sorten (**A**), (**B**), (**C**) und (**E**) das Legebild zusammenschieben lässt. Im Fall (**D**), bei dem von den 6 kleinen Dreiecken 5 in einer Reihe hintereinander angeordnet sind, finden wir keine Möglichkeit, das Legebild zu puzzeln. Egal, wie wir die lange 5-er-Reihe platzieren, sie teilt stets den Rest in zwei ungleiche Teile. In der unteren Abbildung haben wir das für die senkrechte Lage dargestellt.

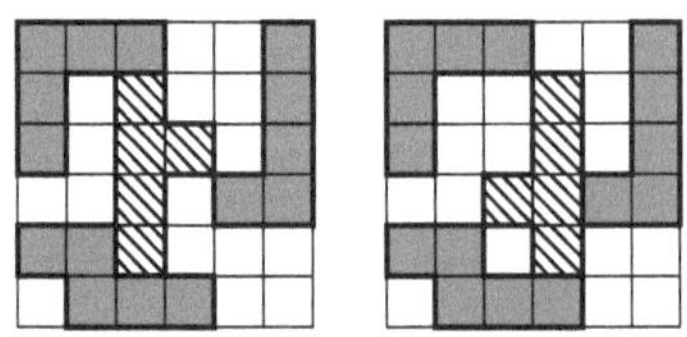

L 5.57 (**C**) Es gibt mehrere Möglichkeiten, den Stein aus (**C**) so auf das Feld zu legen, dass keiner der anderen 4 Steine mehr dazupasst. Im Bild sind zwei davon zu sehen. – Dass mit keinem der anderen 4 Steine die Bedingung der Aufgabe erfüllt werden kann, lässt sich durch systematisches Probieren nachweisen.

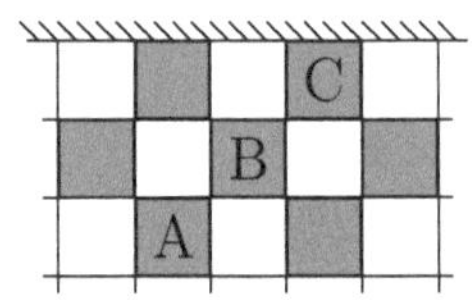

L 5.58 (**B**) Wir stellen uns vor, dass die Kisten auf einem Quadratraster stehen. Die Quadrate färben wir wie im Bild schachbrettartig abwechselnd schwarz und weiß. Beim Bewegen der Kisten ist die Buchstabenrichtung auf Quadraten gleicher Farbe stets gleich und auf Quadraten verschiedener Farbe stets verschieden: Auf schwarzen Feldern stehen die Buchstaben immer aufrecht oder über Kopf, und auf weißen Feldern liegen die Buchstaben stets auf der Seite. In der Endposition befinden sich die Kisten B und C wie zu Beginn auf Quadraten gleicher Farbe, die Kiste A hingegen auf einem Quadrat der anderen Farbe. Die Buchstabenrichtung der Kisten B und C muss also gleich sein, die von Kiste A muss davon verschieden sein. Das ist nur bei Position (**B**) der Fall, die anderen Positionen sind nicht möglich. Hier ist eine (von vielen) Möglichkeiten, wie die Kisten in die Position (**B**) bewegt werden können:

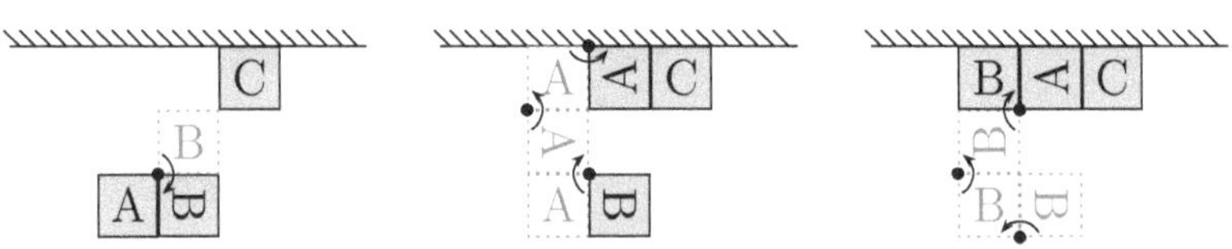